河 流 生 态 丛 书

江河鱼类早期资源研究

李新辉　李跃飞　谭细畅 ◎ 著

科学出版社
北京

内 容 简 介

本书是"河流生态丛书"的组成部分,是作者依托农业农村部珠江中下游渔业资源环境科学观测实验站在珠江 10 余年的具体实践,对江河鱼类早期资源的研究成果的系统总结。本书从江河鱼类早期资源观测方法、种类识别、补充过程及与环境关系、生长发育、变化与演替等方面出发,阐明河流重点生态单元鱼类资源的成因机制。介绍了江河鱼类早期资源断面控制采样方法和观测体系、河流生态系统对鱼类需求的理论、鱼类繁殖的"功能流量"概念,建立基于鱼类早期资源量的河流生态系统评价体系。

本书内容丰富,实用性强,适合与河流领域相关的生态学、环境保护、水利、渔业资源等专业的高校师生、科研工作者及管理工作者参阅。

图书在版编目(CIP)数据

江河鱼类早期资源研究/李新辉,李跃飞,谭细畅著. —北京:科学出版社,2021.11

(河流生态丛书)

ISBN 978-7-03-067979-6

Ⅰ.①江… Ⅱ.①李… ②李… ③谭… Ⅲ.①珠江流域-鱼类资源-研究 Ⅳ.①S922.67

中国版本图书馆 CIP 数据核字(2021)第 015371 号

责任编辑:郭勇斌 彭婧煜/责任校对:杜子昂
责任印制:师艳茹/封面设计:黄华斌

科学出版社 出版

北京东黄城根北街 16 号
邮政编码:100717
http://www.sciencep.com

北京九天鸿程印刷有限责任公司 印刷

科学出版社发行 各地新华书店经销

*

2021 年 11 月第 一 版 开本:787×1092 1/16
2021 年 11 月第一次印刷 印张:19
字数:380 000

定价:138.00 元

(如有印装质量问题,我社负责调换)

"河流生态丛书"编委会

本书编写人员

李新辉　（中国水产科学研究院珠江水产研究所）
李跃飞　（中国水产科学研究院珠江水产研究所）
谭细畅　（珠江流域水资源保护局）

丛 书 序

河流是地球的重要组成部分，是生命发生、生物生长的基础。河流的存在，使地球充满生机。河流先于人类存在于地球上，人类的生存和发展，依赖于河流。如华夏文明发源于黄河流域，古埃及文明发源于尼罗河流域，古印度文明发源于恒河流域，古巴比伦文明发源于两河流域。

河流承载生命，其物质基础是水。不同生物物种个体含水量不同，含水量为 60%～97%，水是生命活动的根本。人类个体含水量约为 65%，淡水是驱动机体活动的基础物质。虽然地球有 71%的面积为水所覆盖，总水量为 13.86 亿 km³，但是淡水仅占水资源总量的 2.53%，且其中 87%的淡水是两极冰盖、高山冰川和永冻地带的冰雪形式。人类真正能够利用的主要是河流水、淡水湖泊水及浅层地下水，仅占地球总水量的 0.26%，全球能真正有效利用的淡水资源每年约 9000 km³。

中国境内的河流，仅流域面积大于 1000 km² 的有 1500 多条，水资源约为 2680 km³/a，相当于全球径流总量的 5.8%，居世界第 4 位，河川的径流总量排世界第 6 位，人均径流量为 2530 m³，约为世界人均的 1/4，可见，我国是水资源贫乏国家。这些水资源滋润华夏大地，维系了 14 亿人口的生存繁衍。

生态是指生物在一定的自然环境下生存和发展的状态。当我们闭目遥想，展现在脑海中的生态是风景如画的绿水青山。然而，由于我们的经济社会活动，河流连通被梯级切割而破碎，自然水域被围拦堵塞而疮痍满目，清澈的水质被污染而不可用……然而，我们活在其中似浑然不知，似是麻木，仍然在加剧我们的活动，加剧我们对自然的破坏。

鱼类是水生生态系统中最高端的生物之一，与其他水生生物、水环境相互作用、相互制约，共同维持水生生态系统的动态平衡。但是随着经济社会的发展，人们对河流生态系统的影响愈加严重，鱼类群落遭受严重的环境胁迫。物种灭绝、多样性降低、资源量下降是全球河流生态面临的共同问题。鱼已然如此，人焉能幸免。所幸，我们的社会、我们的国家重视生态问题，提出生态文明的新要求，河流生态有望回归自然，我们的生存环境将逐步改善，人与自然将回归和谐发展，但仍需我们共同努力才能实现。

在生态需要大保护的背景下，我们在思考河流生态的本质是什么？水生生态系统物质间的关系状态是怎样的？我们在水生生态系统保护上能做些什么？在梳理多年研究成果的基础上，有必要将我们的想法、工作向社会汇报，厘清自己在水生生态保护方面的工作方向，更好地为生态保护服务。在这样的背景下，决定结集出版"河流生态丛书"。

"河流生态丛书"依托农业农村部珠江中下游渔业资源环境科学观测实验站、农业农村部珠江流域渔业生态环境监测中心、中国水产科学研究院渔业资源环境多样性保护与利用重点实验室、珠江渔业资源调查与评估创新团队、中国水产科学研究院珠江水产研究所等平台，在学科发展过程中，建立了一支从事水体理化、毒理、浮游生物、底栖生物、鱼类、生物多样性保护等方向研究的工作队伍。团队在揭示河流水质的特征、生物群落的构成、环境压力下食物链的演化等方面开展工作。建立了河流漂流性鱼卵、仔鱼定量监测的"断面控制方法"，解决了量化评估河流鱼类资源量的采样问题；建立了长序列定位监测漂流性鱼类早期资源的观测体系，解决了研究鱼类种群动态的数据源问题；在不同时间尺度下解译河流漂流性仔鱼出现的种类、结构及数量，周年早期资源的变动规律等，搭建了"珠江漂流性鱼卵、仔鱼生态信息库"研究平台，为拥有长序列数据的部门和行业、从事方法学和基础研究的学科提供鱼类资源数据，拓展跨学科研究；在藻类研究方面，也建立了高强度采样、长时间序列的监测分析体系，为揭示河流生态现状与演替扩展了研究空间；在河流鱼类生物多样性保护、鱼类资源恢复与生态修复工程方面也积累了一些基础。这些工作逐渐呈现出了我们团队认识、研究与服务河流生态系统的领域与进展。"河流生态丛书"将侧重渔业资源与生态领域内容，从水生生态系统中的鱼类及其环境间的关系视角上搭建丛书框架。

丛书计划从河流生态系统角度出发，在水域环境特征与变化、食物链结构、食物链与环境之间的关系、河流生态系统存在的问题与解决方法探讨上，陆续出版团队的探索性的研究成果，也将吸收支持本丛书工作的各界人士的研究成果，为生态文明建设贡献智慧。

通过"河流生态丛书"的出版，向读者表述作者对河流生态的理解，如果书作获得读者的共鸣，或有益于读者的思想发展，乃是作者的意外收获。

本丛书内容得到了科技部社会公益研究专项"珠江（西江）漂浮性卵鱼类繁殖状态与资源评估"、国家科技重大专项"水体污染控制与治理"河流主题"东江水系生态系统健康维持的水文、水动力过程调控技术研究与应用示范"项目、农业农村部珠江中下游渔业资源环境科学观测实验站、农业农村部财政项目"珠江重要经济鱼类产卵场及洄游通道调查"、广西壮族自治区自然科学基金委重大项目"西江鱼类优势种群形成机理及利用策略研究"、国家公益性行业（农业）科研专项"珠江及其河口渔业资源评价和增殖养护技术研究与示范"、国家重点研发计划"蓝色粮仓科技创新"等项目的支持。"河流生态丛书"也得到许多志同道合同仁的鞭策、支持和帮助，在此谨表衷心的感谢！

李新辉

2020 年 3 月

前　言

　　水是维系生命与健康的基本要素，地球虽有71%的面积为水所覆盖，但是淡水仅占水资源总量的2.53%，且其中87%的淡水是两极冰盖、高山冰川和永冻地带的冰雪。人类真正能够利用的水来自江河湖泊以及部分地下水，这部分水仅占地球总水量的0.26%。

　　鱼类是水生生态系统中的重要生物，与其他水生生物、水环境相互作用和相互制约，共同维持水生生态系统的动态平衡。但是随着经济社会的发展，人们对淡水生态系统的影响愈加严重，鱼类群落遭受严重的环境胁迫。物种灭绝、多样性降低、资源量下降是全球各大江河面临的共同问题。鱼类早期发育阶段是鱼类生活史中最脆弱的一个环节，鱼类的早期资源补充是否成功直接影响鱼类种群世代的强弱、种群大小及年龄结构的变化。研究江河鱼类早期资源的发生规律、资源状况及其与水文环境之间的关系，可了解鱼类早期生活史特征及其影响因素，对鱼类保护措施的制定具有重要意义。

　　我国在淡水鱼类早期资源研究方面已有悠久的历史。1933年，林书颜就发表了《西江鱼苗调查报告书》。20世纪60年代，为了评估葛洲坝水利枢纽建成以后对长江四大家鱼的影响，易伯鲁等（1964）对长江四大家鱼的早期形态发育、产卵场分布、产卵量及其与水文关系等进行了调查。为更好地开展鱼类早期资源研究，王昌燮（1959）对长江野仔鱼的形态特征进行了观察并制定了检索表；珠江水系渔业资源调查编委会（1985）对西江常见鱼类的早期发育特征进行了描述。随着我国育种技术和养殖业的进步与发展，一系列人工繁殖成功的鱼类胚胎发育观测研究为鱼类早期资源研究奠定了基础。曹文宣等（2007）对长江流域多年的研究工作进行了系统的整理，结合先进的显微拍摄技术，描述了102种鱼类的早期形态特征，编制了检索表。加之现代分子测序技术的发展，利用基因条码技术（DNA barcoding）可实现早期发育阶段的鱼类种类鉴定，极大地促进了淡水鱼类早期资源研究的发展。

　　《江河鱼类早期资源研究》从鱼类早期生活史的阶段划分、鱼类早期形态变化与生长发育、分子鉴定技术、江河鱼类早期补充特征及与环境关系、早期资源补充机制等多个方面出发，结合农业农村部珠江中下游渔业资源环境科学观测实验站在珠江10余年的具体实践，对江河鱼类早期资源的研究成果进行系统的总结。本书工作依托农业农村部珠江中下游渔业资源环境科学观测实验站、中国水产科学研究院珠江渔业资源调查与评估创新团队、中国水产科学研究院渔业资源环境多样性保护与利用重点实验室、中国水产科学研究院珠江水产研究所等开展，得到农业农村部渔业渔政管理局、科技教育司、计划财务司、长江流域渔政监督管理办公室、珠江流域渔业管理委员会，广东省农业农村厅，广西壮族自治区农业农村厅等部门和单位的大力支持，得到科技部社会公益研究专项"珠江（西江）漂浮性卵鱼类繁殖状态与资源评估"、国家科技重大专项"水体污染控制与治理"河流主题"东江水系生态系统健康维持的水文、水动力过程调控技术研究与应用示范"项目子课题"基于鱼类的东江水系生态系统健康监测、维持技术研究与应用示范"、农业农村部珠江中下游渔业资源环境科学观测实验站运转费、农业农村部财政项目"珠江重要经济鱼类产卵场及洄游通道调查"、广西壮族自治区自然科学基金委重大项目"西江鱼类优势种群形成机理及利用策略研究"、国家公益性行业（农业）科研专项"淡水水生生物资源增殖放流及生态修复技术研究"和"珠江及其河口渔业资源评价和增殖养护技术研究与示范"、国家重点研发计划"蓝色粮仓科技创新"重点专项、广东省基础与应用基础研究基金联合基金重点项目"珠江—河口—近海典型渔业种群退化机理和恢复机制"等项目的资助。感谢中国水产科学研究院珠江水产研究所吴淑勤研究员、罗建仁研究员等，珠江流域渔业管理委员会吴壮、刘添荣、邓伟兴、陈楚荣等相关领导，原广东省渔政总队肇庆支队林建志、黎杰容、植子荣、苏少芳、江志庆、席广津、刘水清、黄湛波等，原广东省渔政总队河源支队邓兴福、黄科锋、王超等，广西壮族自治区梧州市渔业管理部门赵春宝、林瑛、陈勇佳、韦智鹏、钟纯等，桂平市渔政监督管理站曾凡俊、刘创等为长期仔鱼监测工作提供了基础保障与支持；老渔工彭桂友、黄金洪、杨炳权、叶海其、林寿兴、麦贵才、杨天才等为长期定点采样地的建立提供了持续支持。华南师范大学陈湘粦教授、台湾清华大学曾晴贤教授、广州市环境保护科学研究院梁秩燊高级工程师为早期资源种类鉴定及研究方向提供了技术指导；法国图卢兹第三大学教授 Sovan Lek，法国气象局、国家科研中心、图卢兹第三大学概率统计实验室 Christophe Baehr 博士，广东工业大学余煜棉教授在数据分析方面给予了支持。中国水产科学研究院珠江水产研究所潘澎、帅方敏、黄艳飞、李捷、杨计平、朱书礼、武智、夏雨果、张迎秋、刘亚秋、陈蔚涛、张晶晶以及研究生李锐、何美峰、戴娟、毕晔、吴茜、李琳、陈方灿、于红亮、徐田振、匡天旭、薛慧敏、李策、黄稻田、张改等参与了珠江鱼类资源调查或相关数据分析工作。广西壮族自治区水产科学研究院何安尤、韩耀全、施军、王大鹏、雷建军、彭敏、吴伟军参与了西江水系仔鱼监测工作，华南师范大学赵俊教授参与了北江的仔鱼调查工作，青海湖裸鲤救护中心史建全、杨建新、祁洪芳等提供了相关资料。

尚有许多从事水生生态与生物多样性保护、渔业资源保护的同行和社会各界人士对本书工作给予长期关切，谨在此一并表示深切的谢意。

　　由于作者水平有限，书中难免存在疏漏之处，希望读者提出宝贵意见，以便将来进一步完善。

作　者

2021 年 5 月 5 日

目　　录

丛书序

前言

第1章　鱼类早期资源 ·· 1

　1.1　鱼类早期资源基本概念 ·· 3

　1.2　鱼类早期生活史研究 ·· 6

　　1.2.1　鱼类种类识别 ··· 6

　　1.2.2　鱼类早期发育期 ·· 8

　　1.2.3　世代强度 ··· 15

　　1.2.4　时空分布 ··· 16

　　1.2.5　早期资源保护与利用 ··· 22

　1.3　鱼类早期资源主要种类形态 ··· 24

　1.4　江河鱼类早期资源调查采样 ··· 37

　　1.4.1　抽样原则 ··· 37

　　1.4.2　采样方法 ··· 39

　1.5　样本鉴定与保存 ·· 43

　1.6　资源估算 ·· 43

第2章　鱼类早期资源发生与水文情势关系 ····························· 47

　2.1　水文、水动力基本概念 ·· 48

　2.2　洪汛 ·· 50

　　2.2.1　洪水期 ··· 50

　　2.2.2　洪水过程对早期资源发生的影响 ····································· 52

　2.3　功能流量 ·· 57

　　2.3.1　功能流量总体特征 ·· 57

　　2.3.2　部分鱼类的功能流量特征 ··· 60

　2.4　漂流性鱼类早期资源发生与流量过程关系 ································ 84

　　2.4.1　小波分析技术 ··· 84

　　2.4.2　流量周期性特征 ·· 86

　　2.4.3　鱼类早期资源年际补充规律 ·· 88

第 3 章　漂流性鱼类早期资源发生与温度关系 ································· 118
　3.1　中国温度带区 ··· 118
　　3.1.1　寒温带温度特征 ·· 119
　　3.1.2　中温带温度特征 ·· 119
　　3.1.3　暖温带温度特征 ·· 120
　　3.1.4　亚热带温度特征 ·· 120
　　3.1.5　热带温度特征 ··· 122
　　3.1.6　青藏高寒区温度特征 ·· 122
　3.2　鱼类早期资源与温度 ·· 122
　　3.2.1　胚胎发育与积温 ·· 122
　　3.2.2　胚胎发育与温度 ·· 125
　　3.2.3　仔鱼出现温度范围 ·· 126
第 4 章　时空分布与生长 ··· 153
　4.1　鱼类早期资源种类与数量 ·· 153
　　4.1.1　不同江河鱼类早期资源的主要种类 ···································· 154
　　4.1.2　漂流性鱼类早期资源量研究 ·· 162
　4.2　鱼类早期资源补充过程研究 ··· 164
　　4.2.1　不同种类鱼类早期资源发生时间 ······································ 164
　　4.2.2　鱼类早期资源发生批次 ··· 166
　　4.2.3　珠江水系干支流早期资源 ··· 167
　4.3　分布模式 ··· 190
　　4.3.1　季节分布模式 ··· 190
　　4.3.2　昼夜分布模式 ··· 192
　　4.3.3　断面分布模式 ··· 194
　4.4　鱼类早期生长 ··· 195
　　4.4.1　耳石形态 ··· 196
　　4.4.2　耳石微结构 ··· 198
　　4.4.3　耳石结构与应用 ·· 203
　4.5　早期资源异速生长 ··· 211
　　4.5.1　全长与早期摄食日龄 ·· 211
　　4.5.2　功能器官异速生长 ·· 212
　　4.5.3　毒害因子影响 ··· 220

第 5 章　河流鱼类早期资源量的评价体系及应用 ···················· 224

　5.1　构建鱼类早期资源量评价体系思路 ························· 224

　　　5.1.1　单位径流量鱼类早期资源量 ························· 225

　　　5.1.2　单位面积承载鱼类种类 ····························· 226

　　　5.1.3　鱼产出量的单位计量 ······························· 228

　　　5.1.4　单位面积水资源量 ································· 231

　5.2　河流鱼类早期资源量评价体系建立 ························· 231

　　　5.2.1　珠江肇庆段鱼类早期资源量变化评价 ················· 231

　　　5.2.2　基于鱼类早期资源量的河流生态系统功能评价体系的建立 ·· 233

　　　5.2.3　基于鱼类早期资源量的河流生态系统功能评价体系应用示例 ·· 236

　　　5.2.4　河流生态系统的其他评价体系 ····················· 237

第 6 章　河流生态系统的鱼类生物量管理 ···················· 242

　6.1　河流生态系统面临的问题 ······························· 242

　　　6.1.1　鱼类群落趋同性 ································· 242

　　　6.1.2　富营养化 ······································· 243

　　　6.1.3　初级生产力过剩 ································· 244

　　　6.1.4　鱼类生物量不足 ································· 245

　6.2　鱼类早期资源生态信息库支撑系统构建 ····················· 246

　　　6.2.1　体系 ··· 246

　　　6.2.2　数据信息形式 ··································· 249

　6.3　基于食物链鱼类生物量的河流生态系统管理 ················· 251

　　　6.3.1　鱼类对河流物质的输出贡献 ····················· 251

　　　6.3.2　鱼类需求测算 ··································· 253

　6.4　增加鱼类资源的方法 ································· 254

　　　6.4.1　禁渔 ··· 254

　　　6.4.2　产卵场功能保障 ································· 256

　　　6.4.3　繁殖功能流量与生态调度 ······················· 258

　　　6.4.4　增殖放流 ······································· 260

参考文献 ··· 261

第1章　鱼类早期资源

我国利用鱼类的历史悠久,范蠡所著的《陶朱公养鱼经》是我国最早的一部养鱼专著。至唐代,人们逐渐建立了从江河采捕仔鱼用于生产的技术。宋代周密所著的《癸辛杂识》用文字描述了口口相传的捞仔鱼、运仔鱼和养仔鱼的技术方法。清代《广东新语》中记录了仔鱼出现的规律,展示了人们对早期资源的调查研究工作。

20世纪30年代主要的文献资料有《广东西江鱼苗第一次调查报告》(陈椿寿,1930)、《西江鱼苗调查报告书》(林书颜,1933)、《鳡鲥之产卵习性及人工受精法》(林书颜,1935)、《中国鱼苗志》(陈椿寿等,1935)等,如图1-1所示。

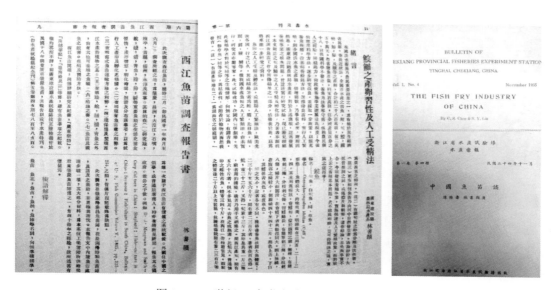

图1-1　20世纪30年代鱼类早期资源部分文献

这些资料记录了原生态下珠江鱼类繁殖的盛况,也从侧面反映了产卵场的许多信息。其中《中国鱼苗志》是调查人员历时4年(1930、1931、1932、1934年),途经万余里对珠江及长江的仔鱼捕捞及鱼类状况进行细致观察后撰写的。"每当大雨之后,江潦骤涨,鳡及其他鱼类,咸聚集此间跳跃产卵,景象最为可观。"湘江上游河段鱼类繁殖时,成群的亲鱼在产卵场激烈追逐,卵精都排出了水面,鱼类繁殖时在水面形成"浮花"状景观(陈椿寿等,1935)。该时期对鱼类(主要为四大家鱼)产卵繁殖的描述,涉及繁殖期、繁殖水温、产卵场分布、鱼卵特性、水位变化等。珠江鱼类产卵特点是繁殖时间早,高峰期集中在 5 月至 6 月中旬；产卵场分布广泛，范围包括三水以上的珠江干流及支流郁江百色市以下、左江龙州县以下江段；鱼苗繁殖规模大，仅四大家鱼鱼苗捕捞记录总量达 80 亿 ind.。当时对珠江鱼类早期资源的研究已现系统雏形，鱼苗的种类形态研究和鉴定达 49 种（类），当时关注重点是如何提高四大家鱼仔鱼采捕量。同期，为得到更多的鱼苗，也从江河中采捕成熟亲鱼（如草鱼、鲥等）进行人工繁殖研究。20 世纪 50 年代珠江西江的鱼苗资源仍比较丰富，年产量高达 110 亿 ind.，捕捞生产的鱼苗除供当地养殖业用外，也输送到我国河北、江西、海南等地，甚至运往东南亚国家（广东省科学技术协会等，1998）。这一时期的文献记录主要是如何提高鱼苗的采捕效率（陈理等，1952）、鱼苗种类的鉴别（王昌燮，1959）。

　　20 世纪 60 年代的主要文献资料有 1960 年费鸿年发表的《西江鱼苗数量变动的初步研究》（周镇宏等，1998），研究了早期资源的变动。20 世纪 60 年代前珠江干流受人为干扰小，基本保持自然水文节律。该时期四大家鱼主要繁殖期为 4~8 月，高峰期为 5 月至 6 月中旬，一般有多次苗汛；产卵场水温 24~30℃，流速 0.5~1.5 m/s，水位升幅达 0.8 m，溶解氧 5 mg/L 以上；肇庆段流量 16000~20000 m³/s 时，鱼苗产量最大；种类组成上草鱼比例最高。易伯鲁等（1964）发表了《长江家鱼产卵场的自然条件和促使产卵的主要外界因素》，对产卵场进行了定性描述，重点关注繁殖期、仔鱼成色（种类组成）、繁殖批次、径流量、洄游行为、产卵场水文状况等。之后对长江草鱼、青鱼、鲢、鳙产卵场分布与生产力状况也进行了分析（可仪等，2011）。

　　1958 年实现养殖鲢人工繁殖成功，结束从江河捕捞鱼苗的历史（戴来了，1958；钟麟等，1965），从此养殖业不再依赖江河采捕鱼苗。

　　随后对江河鱼苗研究转向产卵场功能研究，主要聚焦在河流开发对产卵场影响的评估，通过鱼类早期资源的数量变化评估开发工程对渔业资源的影响（何学福等，1979；周春生等，1980；贾敬德，1981）。这些工作包括周春生等（1980）针对汉江丹江口水利枢纽建设对产漂流性卵鱼类影响的评估，葛洲坝截流对四大家鱼产卵场的影响分析（长江四大家鱼产卵场调查队，1982）。之后也陆续开展了铜鱼（许蕴玗等，1981）、中华鲟（余志堂等，1983）、鳡（梁秩燊等，1984）的早期资源或产卵场相关研究。

　　《葛洲坝水利枢纽与长江四大家鱼》分析了四大家鱼与水文的关系（易伯鲁等，1988），建立了针对四大家鱼早期资源的长期监测体系。四大家鱼属典型的产漂流性卵鱼类，其产卵活动需要江水涨落的洪峰过程、温度等自然环境条件的刺激，且其产卵量与涨水幅度、持续涨水时间成正比（李翀等，2006）。2011 年以来，长江流域围绕三峡工程进行了以鱼类早期资源增殖为目标的生态调度。

　　鱼类早期资源调查采样具有以下优点：①鱼类早期发育阶段缺乏躲避风险的能力，

容易捕捞，在成鱼调查中不能发现的种类，在早期资源调查中有可能采集到。②样本数量有保证，对资源破坏程度小，对资源的估算较精确。③采样简单，费用较低，很容易利用网具采捕。我国淡水鱼类 1300 余种，根据生态习性鱼类可分为许多不同的类型，如可将鱼类分为适应急流底栖类群、缓流生境类群、静水类群，也可将鱼类分为洄游性类群和定居类群等。采样要根据不同目的需要，根据鱼类的类型特征，确定合适的采样方法。

2005 年本书作者在珠江建立了鱼类早期资源长期观测体系，通过"断面控制方法"对河流漂流性仔鱼定量监测，制定了《河流漂流性鱼卵、仔鱼采样技术规范》《河流漂流性鱼卵和仔鱼资源评估方法》等水产行业标准。2005 年以来，珠江水系 10 多个连续定位观测点的早期资源观测标本每年以 3000～4000 瓶（次）样品入库，10 多年来仔鱼标本库样本累计超 50 000 瓶（次）。珠江漂流性鱼类早期资源包括 60 余种（类）鱼，作者围绕珠江水系鱼类早期资源的空间分布、种群关系、发生过程、演变、世代强度变化、早期资源与水动力关系、受气候及环境变化的影响及响应机制，河流生态系统功能评价及保障机制、繁殖生态水文需求等方面展开研究。

1.1　鱼类早期资源基本概念

1. 鱼类早期资源

鱼类早期资源是鱼类处于胚胎（鱼卵）、仔鱼、稚鱼和幼鱼四个阶段补充群体的总称，反映鱼类种群补充群体资源状况。

2. 鱼苗

鱼苗是受精卵孵化出膜后至幼鱼的阶段，但通常多指水产养殖生产中的早期苗种。

3. 鱼类早期生活史

鱼卵从受精开始发育至与成体具有相似的形态特征，但性腺尚未发育成熟的整个阶段称为早期生活史阶段。鱼类的早期生活史通常划分为胚胎期、仔鱼期、稚鱼期和幼鱼期四个发育阶段。

4. 鱼卵

鱼类的雌性生殖细胞。繁殖前由性腺细胞快速发育形成包括配子细胞、卵黄营养物质的球状体（或其他形状），储存于卵巢中。繁殖时大部分鱼类的卵子排入水体中受精。大多数鱼卵呈圆球形或椭圆形，如草鱼、赤眼鳟卵子圆球；也有少许例外，如鳡鲌鱼类卵子呈梨形。浮性卵和漂流性卵的卵膜一般吸水后会膨胀，出现较大的卵周隙；而黏沉性卵的卵膜吸水后膨胀幅度较小。不同鱼类卵子大小差别很大，一般卵径为 1~3 mm。一些虾虎鱼的卵径仅 0.3~0.5 mm；草鱼等产的漂流性卵吸水后卵径可达 6 mm 左右；中华鲟卵径有 5.0~5.5 mm。一般无护卵行为鱼类的卵子较小，卵胎生和胎生鱼类卵子较大。

根据卵子生态特点和密度，一般分为漂流性卵、黏沉性卵、黏草性卵、浮性卵、蚌内寄生卵等类型。

1）漂流性卵

漂流性卵又称半浮性卵。这类卵产出后吸水膨胀，出现较大的卵周隙。密度稍大于水，在流水中悬浮于水层中，静水中则下沉至底部，如草鱼（*Ctenopharyngodon idellus*）、青鱼（*Mylopharyngodon piceus*）、鲢（*Hypophthalmichthys molitrix*）、鳙（*Hypophthalmichthys nobilis*）、赤眼鳟（*Squaliobarbus curriculus*）、壮体沙鳅（*Botia robusta*）、鳡（*Luciobrama macrocephalus*）、鳤（*Ochetobius elongatus*）、鳤（*Elopichthys bambusa*）等的卵均属于漂流性卵。

2）黏沉性卵

黏沉性卵比水重，卵粒一般较小。鱼卵产出后沉在水底或黏附于卵石、砂砾或礁石上发育。产黏沉性卵鱼类，有中华鲟（*Acipenser sinensis*）、广东鲂（*Megalobrama terminalis*）、宽鳍鱲（*Zacco platypus*）、叉尾平鳅（*Oreonectes furcocaudalis*）、福建纹胸鮡（*Glyptothorax fukiensis fukiensis*）等。

3）黏草性卵

黏草性卵比水重，卵粒一般较小。鱼卵产出后黏附在水生植物的茎、叶上，如鲤（*Cyprinus carpio*）、鲫（*Carassius auratus*）等。

4）浮性卵

浮性卵比水轻，产出后漂浮于水面。江河鱼类中产浮性卵的种类较少，有七丝鲚（*Coilia grayii*）、鲥（*Tenualosa reevesii*）、短颌鲚（*Coilia brachygnathus*）等。卵粒一般较小，内含油球，一般无色透明，自由漂浮在水体表层。油球的有无、色泽、数量、大小和分布是重要的种类分类特征。有些鱼类的卵只有一个油球，如斑鰶（*Clupanodon punctatus*）等的卵，为单油球卵；有些鱼类如鲥（*Tenualosa reevesii*），它们产的卵含有数个大小不等的油球，属多油球卵。胚胎发育时，单油球卵的油球位于卵子的植物极，而多油球卵的油球则散布在卵黄之间。孵化前后便集中起来变成油块，位于卵黄囊的一端，直至被吸收消失。

5）蚌内寄生卵

蚌内产卵鱼类有大鳍鱊（*Acheilognathus macropterus*）、短须鱊（*Acheilognathus barbatulus*）、越南鱊（*Acheilognathus tonkinensis*）、高体鳑鲏（*Rhodeus ocellatus*）等。

5. 胚胎

胚胎是卵膜包裹在开放性水体或在亲体内发育的幼体。精、卵结合后精核核膜消失，雌雄核融合后进入卵分裂的发育期。受精卵会先分裂成两个细胞，之后细胞通常会逐次倍增。细胞分裂成 16～32 个细胞的阶段称为桑椹胚（morula）期，32 个以上细胞阶段称为囊胚（blastula）期，然后形成囊胚腔、体节、原肠至形成生命雏形。

6. 胚前发育

鱼类的胚胎发育通常划分为胚前发育和胚后发育两个时期，以胚体孵出为界限。胚前发育在卵膜内进行，从一个受精卵逐渐发育至最后破膜孵出，这个时期常被称作孵化。

7. 胚后发育

胚后发育指出膜仔鱼发育至鳍条完全形成，鳞片开始出现（有鳞鱼类）的整个发育过程。此期主要器官形成，开始摄食外界营养。

8. 仔鱼

仔鱼指胚胎孵化出膜至鳍条基本形成时的早期发育个体。初孵仔鱼一般体透明、眼色素开始形成，大部分鳍呈薄膜状，无鳍条，鳃未发育，口器和消化道发育不完全，营养来源依靠卵黄囊，这一阶段称为早期仔鱼或卵黄囊期仔鱼。随着卵黄消耗完毕，眼、鳍、口、消化道等器官逐步完成发育，仔鱼开始从内源性营养向外界捕食营养过渡。

9. 稚鱼

稚鱼是指从鳍条和鳞片刚出现至发育到鱼体外形、各部分比例、鳞片、生态习性等均与成鱼一致时期的个体。

10. 幼鱼

幼鱼是指具有与成鱼相似的形态特征，但性腺尚未发育成熟的鱼类个体。

11. 世代

世代是指亲体和子体的关系。狭义上反映遗传关系，广义上包含同期亲体和子体。总体上同时期出生的一群个体称为一个世代。影响世代的因素很多，如果某一批次的类群对世代贡献不大，其可能受到诸如饵料、水温、水流、敌害等因素的影响导致仔鱼、稚鱼大量死亡。Jr Methot（1983）认为仔鱼每月不同的相对存活率与不同的环境条件相关。

12. 世代长度

世代长度是当前群体（种群中新生个体）亲体的平均年龄，反映了种群繁殖个体的周转率。

13. 世代重叠

不同世代各龄期（age class）的个体同时共存，称为世代重叠（generation overlapping）。在一般时期里，只存在一部分龄期的，称为不完全世代重叠。

1.2　鱼类早期生活史研究

1.2.1　鱼类种类识别

我国自殷商时代开始池塘养鱼，青鱼、草鱼、鲢和鳙是我国影响最大的养殖种类。传统水产养殖苗种来自捕捞的天然鱼苗，长江、珠江是我国传统的天然鱼苗来源地，有大量从江河采捕鱼苗的记录资料。

从江河众多鱼苗中选出所需的苗种，需要进行种类鉴定，学者建立了四大家鱼鱼苗形态特征识别方法。渔民建立了溶解氧耐受性差异识别法来区分四大家鱼鱼苗。渔民利用"撇花箩筐"分拣鱼苗，箩筐内壁涂层遇水柔软，不伤幼体。江河现场采捕的鱼苗转入箩筐，通常受惊吓或胁迫的鱼苗会潜入筐底藏匿，但筐中过高密度的鱼苗会造成缺氧，随着时间的推移，缺氧状况加剧。这样环境中溶解氧耐受性不同的种类上浮的先后不同，溶解氧耐受性差的种类首先上浮水面吸氧。渔民依据鱼苗分批上浮的时间节点，快速将不同批次上浮的鱼苗分层取出，通过习称为"撇花"的技术，将不同种的鱼苗分拣出来。

于殿乙等（1958）描述"珠江和长江一带采捕鱼苗工人（鱼花师傅）对鱼苗鉴别有丰富的经验，他们从眼距大小、尾部形状、'腰点'（即鳔）的位置及形状、口形以及游泳状态和分布水层来进行鉴别"，但不具备熟练技术和经验的话，还是难以分类鉴别。王昌燮（1959）发表了长江中游"野鱼苗"的种类鉴定方法，介绍了不同种类肌节和色素数量具有差异，可作为识别鱼苗的方法。目前，鱼类胚后发育研究的文献有100多种，积累了各种鱼类的早期形态特征资料。曹文宣等（2007）对长江100多种鱼类的早期资源形态识别进行了梳理，涉及鲟形目2种、鲱形目1种、鲑形目4种、鲤形目67种、鲇形目10种、鳉形目1种、颌针鱼目1种、合鳃鱼目1种、鲈形目12种、鲉形目1种、鲀形目2种，为研究鱼类早期资源提供了不同种类的发育图谱。梁秩燊等（2019）对长江、珠江123种鱼类早期发育形态进行了描绘，突出了不同种类早期资源的形态差异，其中包括鲟形目1种、鲱形目4种、鲑形目3种、鲤形目82种、鲇形目14种、鳉形目

2 种、颌针鱼目 1 种、合鳃鱼目 1 种、鲈形目 12 种、鲉形目 1 种、鲀形目 2 种。

　　鱼类在早期发育阶段个体小，可用于种类识别的形态信息少，一般研究时可划分的最小分类单元为属或亚科。例如，珠江肇庆段鲌亚科鱼类，调查过程中出现的种类包括广东鲂、海南鲌（*Culter recurviceps*）、红鳍原鲌（*Cultrichthys erythropterus*）、南方拟鱊（*Pseudohemiculter dispar*）、银飘鱼（*Pseudolaubuca sinensis*）、鰲（*Hemiculter leucisculus*）和鳊（*Parabramis pekinensis*）等，但是在早期仔鱼阶段形态识别仅可分为三大类，通过 DNA 条形码技术，可将其鉴定到种的水平，发现该水域共有 11 种鲌亚科仔鱼出现（图 1-2）。虾虎鱼类也是很有特点的一个类别，但通过形态识别仅能鉴定到科的水平，通过 DNA 条形码技术鉴定可知：珠江中下游识别有 6 种虾虎鱼科仔鱼，分别是子陵吻虾虎鱼（*Rhinogobius giurinus*）、李氏吻虾虎鱼（*Rhinogobius leavelli*）、波氏吻虾虎鱼（*Rhinogobius cliffordpopei*）、粘皮鲻虾虎鱼（*Mugilogobius myxodermus*）、犬牙细棘虾虎鱼（*Yongeichthys caninus*）和细斑吻虾虎鱼（*Rhinogobius delicatus*）（表 1-1）（李策，2019）。DNA 条形码技术在鉴定鱼类早期资源种类中不断得到应用（李琳，2014；季晓芬等，2016）。

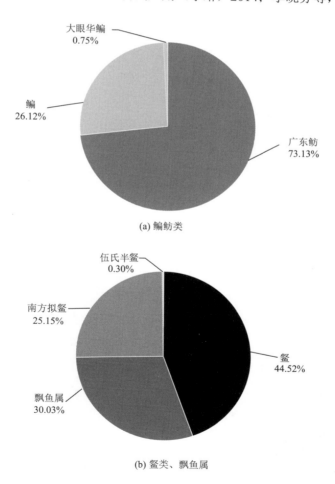

(a) 鳊鲂类

(b) 鰲类、飘鱼属

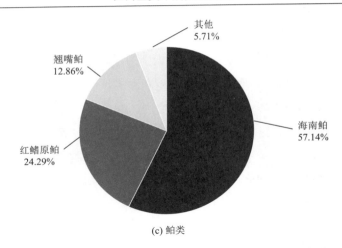

(c) 鲌类

图 1-2　珠江肇庆段鲌亚科仔鱼三大类群中各具体种的占比

表 1-1　珠江肇庆段虾虎鱼科仔鱼种类数量组成　　　　　　　　（单位：%）

种类	各月出现的种类资源量比例								各种类虾虎鱼占3～10月总量比例
	3 月	4 月	5 月	6 月	7 月	8 月	9 月	10 月	
粘皮鲻虾虎鱼	0.00	23.14	2.40	0.00	2.53	14.27	20.73	43.50	16.84
犬牙细棘虾虎鱼	0.00	0.00	43.56	12.62	0.00	0.00	0.00	0.00	1.44
子陵吻虾虎鱼	5.85	6.01	2.87	0.00	0.00	55.83	38.30	25.38	39.84
细斑吻虾虎鱼	8.58	6.09	0.63	0.00	0.00	0.00	0.00	0.00	0.11
波氏吻虾虎鱼	0.00	0.68	0.07	0.00	97.47	0.00	0.00	0.00	5.17
李氏吻虾虎鱼	85.57	64.08	50.47	87.38	0.00	29.90	40.97	32.12	36.60
各月虾虎鱼科仔鱼占比	0.64	1.02	2.49	1.84	5.30	33.00	55.02	0.69	—

1.2.2　鱼类早期发育期

　　鱼类早期发育是其完成生活史的关键环节，早期生活史阶段受温度、溶解氧、浊度、饵料、光照等因素的影响。基于不同的研究目的，早期发育研究领域出现阶段发育理论和连续发育理论。阶段发育理论认为鱼类早期发育过程是由一系列离散的"时期"所组成的序列，也就是说鱼类发育存在不同的阶段。连续发育理论认为鱼类整个早期发育是一个连续变化的过程，并不存在人为界定的、稳定的发育状态。Miller 等（2009）将鱼类早期发育划分为鱼卵、卵黄囊期、前弯曲期、弯曲期、后弯曲期和稚鱼期。易伯鲁等（1988）将四大家鱼的早期发育过程划分为 48 个时期（表 1-2），其中胚前发育 14 个时期，胚后发育 17 个时期。

表 1-2　鱼类早期发育主要时期及特征

序号	发育期	主要特征	序号	发育期	主要特征
1	胚盘形成	原生质集中于动物极，形成胚盘	25	心脏原基	出现直管状心脏
2	2 细胞	第一次卵裂	26	耳石出现	耳石出现
3	4 细胞	第二次卵裂	27	血液循环	血液开始在血管内缓慢流动
4	8 细胞	第三次卵裂	28	心脏搏动	心脏开始缓慢地搏动
5	16 细胞	第四次卵裂	29	孵化出膜	胚体出膜
6	32 细胞	第五次卵裂	30	胸鳍原基	胸鳍芽出现
7	桑椹胚	分裂球已较难分辨	31	鳃弧出现	出现 4 对鳃弧
8	囊胚	囊胚腔形成，囊胚层高度逐渐下降	32	鳃丝出现	鳃弧上出现疣状突起
9	原肠早期	胚环形成	33	消化道贯通	消化道与咽、肛门接通
10	原肠中期	胚盾形成，胚层下包 1/2 卵径	34	眼色素出现	眼色素出现
11	原肠晚期	胚层下包至 2/3 卵径	35	眼全黑	眼球外观呈黑色
12	神经胚	胚盾背侧形成神经沟	36	鳔雏形	出现鳔原基
13	胚孔封闭	卵黄囊腔出现	37	鳔一室	鳔充气，巡游模式建立
14	肌节出现	胚体出现肌节	38	卵黄耗尽	卵黄耗尽
15	眼原基出现	出现致密的细胞团	39	背鳍分化	背鳍褶前部隆起，其中出现致密的细胞团
16	眼囊形成	眼囊形成，外观呈豆形，边缘清晰	40	尾索上翘	尾部脊索开始上翘
17	嗅板形成	出现致密的细胞团	41	鳔前室出现	鳔前室出现
18	尾芽出现	胚体后端出现末球	42	尾鳍分叉	尾鳍中间出现凹陷
19	听囊出现	出现致密的细胞团	43	腹鳍芽出现	腹鳍芽出现
20	尾泡出现	克氏泡出现	44	背鳍形成	背鳍中鳍条出现
21	尾鳍出现	尾部与卵黄囊分离，并出现鳍褶	45	臀鳍形成	臀鳍鳍条出现
22	尾泡消失	克氏泡消失	46	腹鳍形成	腹鳍末端超出肛前褶边缘
23	晶体形成	眼晶体形成	47	鳞片出现	鳞片出现
24	肌肉效应	胚体开始抽动	48	鳞被形成	鳞被形成

　　野外样本可通过形态识别方法进行鉴定。胚胎发育至仔胚从卵膜中孵出便进入了仔鱼期。仔鱼期又可分为早期仔鱼（或卵黄囊期仔鱼）和晚期仔鱼。仔鱼在卵黄囊期完成一系列与摄食、消化有关的器官功能发育，其营养来源开始从内源卵黄营养转入外源摄食营养。卵黄囊期仔鱼大多在卵黄耗尽前开始摄食外源食物，因而会经历一个内源和外源共存的混合营养期。晚期仔鱼指的是从卵黄和油球耗尽至各鳍鳍条发育完整，特别是鳞片开始出现的仔鱼。从鳞片开始出现到全身披满鳞片为止称为稚鱼期，经历变态期后结束稚鱼期。在江河鱼类早期资源研究中，也直接用鱼卵、仔鱼、稚鱼或 0+幼鱼表示研究对象的各个发育阶段。

　　伴随着鱼类人工繁殖技术的发展，早期开展的鱼类发育期研究主要解决如何将野生种自然繁殖转化为人工繁殖，生产鱼苗服务于水产养殖业。我国记录淡水鱼类 1300 余种（Xing et al.，2016），文献记录已开展胚胎发育研究的鱼类约 190 种（类），分别为鳙（吴鸿图等，1964）、鲢（郭永灿，1982；唐丽君等，2014a，2014b）、胡子鲇（*Clarias fuscus*）（潘炯华等，1982）、云南光唇鱼（*Acrossocheilus yunanensis*）（唐安华等，1982）、铜鱼（*Coreius heterodon*）和圆口铜鱼（*Coreius guichenoti*）（余志堂等，1984）、叉尾斗鱼（*Macropodus opercularis*）（郑文彪，1984）、长江鲹（*Phoxinus lagowskii variegatus*）（熊邦喜等，1984）、鳡（梁秩燊等，1984；任丽珍等，2011）、麦穗鱼（*Pseudorasbora parva*）（屠明裕，1984）、泥鳅（*Misgurnus anguillicaudatus*）（郑文彪，1985；路志鸣等，2009；胡廷尖等，2012；邱楚雯等，2014）、鳜（刘友亮等，1987；罗仙池等，1992）、大弹涂鱼（*Boleophthalmus pectinirostris*）（张其永等，1987）、中华乌塘鳢（*Bostrichthys sinensis*）（李慧梅等，1987）、黄鳝（韩名竹等，1988；周秋白等，2003）、黄颡鱼（*Pelteobagrus fulvidraco*）（王令玲等，1989）、大鳍鳠（*Hemibagrus macropterus*）（张耀光等，1991）、大银鱼（*Protosalanx hyalocranius*）（张开翔，1992）、团头鲂（*Megalobrama amblycephala*）（李军等，1993；于淼等，2018）、鲇（魏刚等，1994；乔志刚等，2007）、鲂（*Megalobrama skolkovii*）（赵俊等，1994；万成炎等，1999）、暗纹东方鲀（*Takifugu obscurus*）（胡亚丽等，1995；莫根永等，2009）、圆尾斗鱼（周洁等，1995）、河川沙塘鳢（*Odontobutis potamophilus*）（谢仰杰等，1996）、鲫（陈玉琳，1996）、蛇鮈（*Saurogobio dumerili*）（何学福等，1996）、太湖短吻银鱼（*Neosalanx tangkahkeii taihuensis*）（张开翔，1998）、香鱼（*Plecoglossus altivelis*）（王韩信等，1998）、瓣结鱼（*Tor brevifilis*）（谢恩义等，1998，2002）、宽口光唇鱼（*Acrosochilus monticola*）（严太明等，1999）、唇鲭（*Hemibarbus labeo*）（贺吉胜等，1999；姚子亮等，2008）、花羔红点鲑（*Salvelinus malma*）（黄权等，1999）、长薄鳅（*Leptobotia elongata*）（梁银铨等，1999；张运海等，2018）、梭鲈（*Lucioperca lucioperca*）（丁海等，1999；黄金善等，2009）、施氏鲟（*Acipenser schrencki*）（刘洪柏等，2000）、胭脂鱼（*Myxocyprinus asiaticus*）（张春光等，2000；张涛等，2002；赵鹤凌，2006；石小涛等，2013；万远等，2013）、鳗鲡（谢刚等，2000；谢骏等，2005；柳凌等，2010）、福建纹胸鮡（*Glyptothorax fukiensis*）（王志坚等，2000a）、黑鳍鳈（*Sarcocheilichthys nigripinnis*）（王志坚等，2000b）、松潘裸鲤（*Gymnocypris potanini*）（吴青等，2001）、黑脊倒刺鲃（*Spinibabus calddwelli*）（苏敏等，2002）、尖鳍鲤（*Cyprinus acutidorsalis*）（易祖盛等，2002）、丁鲹（*Tinca tinca*）（凌去非等，2003；海萨等，2004；陈福艳等，2011）、瓦氏黄颡鱼（*Pelteobagrus vachelli*）（蔡焰值等，2004；杨明生等，2005）、松江鲈（*Trachidermus fasciatus*）（王金秋等，2004；赵一杰等，2012）、花斑副沙鳅（*Parabotia fasciata*）（杨明生，2004；杨明生等，2005）、倒刺鲃（*Spinibarbus denticulatus denticulatus*）（易祖盛等，2004）、齐口裂腹鱼（*Schizothorax prenanti*）（张立彦等，2004）、高体鳑鲏（*Rhodeus ocellatus*）（谢增兰等，2005）、尖塘鳢（*Eleotris* oxycephala）（陈永乐等，2005）、翘嘴红鲌（*Culter alburnus*）（黄玉玲等，2005；顾志敏等，2008；刘丹阳等，2012；邵建春等，2016；董学飒等，2017）、泰山赤鳞鱼（*Onychostoma macrolepis*）（杨晓梅等，2005）、白甲鱼（*Onychostoma sima*）（李勇等，2006）、花𩾌（*Hemibarbus maculatus*）（顾若波等，2006）、小裂腹鱼（*Schizothorax parvus*）（冷云等，2006）、河鲈（*Perca fluviatilis*）（乔德亮等，2006）、西藏亚东鲑（*Salmo trutta*）（豪富华等，2006）、鲥（*Tenualosa reevesii*）（曹文宣等，2007；梁秩燊等，2019）、池沼公鱼（*Hypomesus olidus*）（睢鑫等，2007）、间下鱵（*Hyporhamphus intermedius*）（曹文宣等，2007；梁秩燊等，2019）、青鳉（*Oryzias latipes*）（曹文宣等，2007；梁秩燊等，2019）、斑𫚉（*Hemibagrus guttatus*）（焦宗垚等，2007）、粘皮鲻虾虎鱼（*Mugilogobius myxodermus*）（陈玉龙等，2007）、斑鳜（*Siniperca scherzeri*）（王丹等，2007；刘毅辉等，2012；胡振禧等，2014）、塔里木裂腹鱼（*Schizothorax biddulphi*）（张人铭等，2007）、扁吻鱼（*Aspiorhynchus laticeps*）（任波等，2007；张人铭等，2008）、似刺鳊鮈（*Paracanthobrama guichenoti*）（顾志敏等，2008；李燕等，2018）、细鳞裂腹鱼（*Schizothorax chongi*）（陈礼强等，2008）、纹缟虾虎鱼（*Tridentiger trigonocephalus*）（赵优等，2008）、子陵栉虾虎鱼（*Rhinogobius giurinus*）（戚文华等，2008）、沙塘鳢（*Odontobutis obscurus*）（张德志等，2008；韩晓磊等，2016）、裸项栉虾虎鱼（*Ctenogobius gymnauehen*）（李建军等，2008）、茴鱼（*Thymallus arcticus*）（韩英等，2009）、贝氏高原鳅（*Trilophysa bleekeri*）（李忠利等，2009；熊洪林等，2013）、波氏吻虾虎鱼（*Rhinogobius cliffordpopei*）（王华等，2009a）、安氏高原鳅（*Triplophysa angeli*）（王华等，2009b）、赤眼鳟（*Squaliobarbus curriculus*）（谭细畅等，2009c）、鲤（谭细畅等，2009a）、中华倒刺鲃（*Spinibarbus sinensis*）（黄洪贵等，2009a）、黄河裸裂尻鱼（*Schizopygopsis pylzovi*）（申志新等，2009；邓思红等，2014）、鮈类（王芊芊等，2010）、大鳞副泥鳅（*Paramisgurnus dabryanus*）（孟庆磊等，2010）、宽体沙鳅（*Sinibotia reevesae*）（岳兴建等，2011）、四川华吸鳅（*Sinogastromyzon szechuanensis*）（吴金明等，2011）、大鳞鲃（*Barbus capito*）（徐伟等，2011；于振海等，2018）、异齿裂腹鱼（*Schizothorax oconnori*）（张良松，2011）、伊犁裂腹鱼（*Schizothorax pseudaksaiensis*）（蔡林钢等，2011）、雅鲁藏布江尖裸鲤（*Oxygymnocypris stewarti*）（骆小年等，2011）、宽鳍鱲（*Zacco platypus*）（邢迎春等，2011）、光唇鱼（*Acrossocheilus fasciatus*）（姜建湖等，2012）、松江鲈（赵一杰等，2012）、细鳞鲑（*Brachymystax lenok*）（施德亮等，2012）、匙吻鲟（*Polyodon spathula*）（杨华莲等，2012）、江鳕（*Lota lota*）（高晓田等，2012）、乌苏里鮠（*Pseudobagrus ussuriensis*）（崔宽宽等，2012）、粗唇鮠（*Leiocassis crassilabris*）（陈友明等，2012）、翘嘴鳜（刘毅辉等，2012；刘希良等，2013；连庆安等，2016）、弹涂鱼（*Periophthalmus cantonensis*）

（王磊等，2013）、葛氏鲈塘鳢（*Perccottus glenii*）（夏玉国等，2013）、光唇裂腹鱼（*Schizothorax lissolabiatus*）（申安华等，2013）、厚唇裸重唇鱼（*Gymnodiptychus pachycheilus*）（张艳萍等，2013）、白甲鱼（李强等，2012）、塔里木裂腹鱼（龚小玲等，2013）、瓯江光唇鱼（*Acrossocheilus fasciatus*）（练青平等，2013）、半刺厚唇鱼（*Acrossocheilius hemispinus*）（陈熙春，2013；秦志清，2015a）、后背鲈鲤（*Percocypris pingi retrodorslis*）（申安华等，2014）、重口裂腹鱼（*Schizothorax davidi*）（严太明等，2014b）、中华沙鳅（*Botia superciliaris*）（何斌等，2014）、鲈鲤（*Percocypris pingi pingi*）（赖见生等，2013；邓龙君等，2016）、洛氏鱥（*Phoxinus lagowsrii*）（牟振波等，2014；郭文学等，2015）、裸鲤（*Gymnocypris przewalskii*）（王万良等，2014）、滇池金线鲃（*Sinocyclocheilus grahami*）（华泽祥等，2014）、长鳍吻鮈（*Rhinogobio ventralis*）（管敏等，2015；吴兴兵等，2015）、波纹唇鱼（*Cheilinus undulatus*）（陈猛猛等，2015）、短须裂腹鱼（*Schizothorax wangchiachii*）（刘阳等，2015；左鹏翔等，2015；甘维熊等，2015，2016）、刀鲚（*Coilia nasus*）（施永海等，2015）、叶尔羌高原鳅（*Triplophysa yarkandensis*）（陈生熬等，2015）、达氏鳇（*Huso dauricus*）（郭长江等，2016）、哲罗鲑（*Hucho taimen*）（杨焕超等，2016）、花鲈（*Lateolabrax maculatus*）（韩枫等，2016）、舌虾虎鱼（*Glossogobius giuris*）（严银龙等，2016）、白乌鳢（*Opniocepnalus argus*）（符鹏等，2017）、东方高原鳅（*Triplophysa orientalis*）（汪帆等，2017）、鳅鮀（*Gobiobotia filife*）（田辉伍等，2017）、马口鱼（*Opsariichthys bidens*）（金丹璐等，2017）、云南光唇鱼（*Acrossocheilus yunnanensis*）（华泽祥等，2017）、云南盘鮈（*Discogobio yunnanensis*）（赵健蓉等，2017；王建等，2017；周燕等，2018）、滇池高背鲫（*Carassius auratus*）（陈俊等，2017）、长丝裂腹鱼（*Schizothorax dolichonema*）（刘小帅等，2017）、乌原鲤（*Procypris merus*）（韩耀全等，2018）、硬刺松潘裸鲤（*Gymnocypris potanini firmispinatus*）（徐滨等，2018）、花斑裸鲤（*Gymnocypris eckloni*）（董艳珍等，2018）、秀丽高原鳅（*Triplophysa venusta*）（梁祥等，2018），以及引进种尼罗罗非鱼（*Oreochromis niloticus*）（王令玲等，1981）、露斯塔野鲮（*Labeo rohita*）（刘家照等，1982）、斑点胡子鲇（*Clarias macrocephalus*）（罗建仁等，1994）、加州鲈鱼（*Micropterus salmonoides*）（刘文生等，1995）、云斑尖塘鳢（*Oxyleotris marmoratus*）（廖志洪等，2004；木亮亮等，2015a）、蓝太阳鱼（*Lepomis cyanellus*）（文红波等，2005）、线纹尖塘鳢（*Oxyeletris lineolatus*）（莫介化等，2006）、苏氏圆腹（鱼芒）（*Pangasias sutchi*）（申玉春等，2008；赵云辉等，2009）、盘丽鱼（*Symphysodon aequifascitus axelrodi*）（童永等，2008）、斑点叉尾鲴（*Ictalurus punctatus*）（乔德亮等，2009；唐晟凯等，2011）、淡水黑鲷（*Hephaestus fuliginosus*）（闫永健等，2009）、银鲈（*Bidyanus bidyanus*）（李恒颂等，2000）、神仙鱼（*Pterophyllum scalare*）（周玉等，2001；徐玲玲等，2012）、条纹

锯鮨（*Centropristis striata*）（贾瑞锦等，2012）、云纹石斑鱼（*Epinephelus moara*）（宋振鑫等，2012）、美洲鲥（*Alosa sapidissima*）（宓国强等，2014）、硬头鳟（*Oncorhynchus mykiss*）（寇景莲等，2014）、六须鲶（*Silurus soldatovi*）（郭贵良等，2014）、凹目白鲑胚胎（*Coregonus autumnalis*）（程先友等，2016）、脂孟加拉国鲮（*Bangana dero*）（雷春云等，2017）等。

　　我国进行胚后发育研究的鱼类大致有青鱼（叶奕佐，1964）、梭鱼（*Liza dussumieri*）（钟贻诚等，1979）、尼罗罗非鱼（王令玲等，1981）、胡子鲶（潘炯华等，1982）、云南光唇鱼（唐安华等，1982）、叉尾斗鱼（郑文彪，1984）、麦穗鱼（屠明裕，1984）、长江鳄（*Phoxinus lagowskii variegatus*）（熊邦喜等，1984）、泥鳅（郑文彪，1985；郑闽泉等，1992；路志鸣等，2009）、中华鲟（黄德祥，1986）、中华乌塘鳢（李慧梅等，1987）、大弹涂鱼（张其永等，1987）、黄颡鱼（王令玲等，1989）、鳜（罗仙池等，1992）、大银鱼（张开翔，1992）、团头鲂（李军等，1993）、鲇（魏刚等，1994；乔志刚等，2007）、斑点胡子鲇（罗建仁等，1994）、圆尾斗鱼（周洁等，1995）、加州鲈鱼（刘文生等，1995）、沙塘鳢（谢仰杰等，1996；张德志等，2008）、白甲鱼（李军林等，1998；李勇等，2006）、太湖短吻银鱼（张开翔，1998）、香鱼（王韩信等，1998）、瓣结鱼（谢恩义等，1998，2002；李军林等，1998）、稀有鮈鲫（*Gobiocypris rarus*）（王剑伟等，1998）、广东鲂（谢刚等，1998；谭细畅等，2008）、花羔红点鲑（黄权等，1999）、梭鲈（丁海等，1999；黄金善等，2009）、鲂（万成炎等，1999）、黑鳍鳈（王志坚等，2000b）、施氏鲟（刘洪柏等，2000）、银鲈（李恒颂等，2000）、鳗鲡（谢刚等，2000；谢骏等，2005；柳凌等，2010）、松潘裸鲤（吴青等，2001；徐滨等，2018）、盘丽鱼（周玉等，2001；徐玲玲等，2012）、丁鲹（凌去非等，2003；海萨等，2004；陈福艳等，2011）、黄鳝（周秋白等，2003）、瓦氏黄颡鱼（蔡焰值等，2004；杨明生等，2005）、白斑狗鱼（*Esox lucius*）（杜劲松等，2004；乔德亮等，2005）、云斑尖塘鳢（廖志洪等，2004；陈永乐等，2005；木亮亮等，2015b）、齐口裂腹鱼（张立彦等，2004）、泰山赤鳞鱼（杨晓梅等，2005）、蓝太阳鱼（文红波等，2005）、厚颌鲂（*Megalobrama pellegrini*）（李文静等，2005）、花鳎（顾若波等，2006）、唐鱼（*Tanichthys albonubes*）（方展强等，2006）、胭脂鱼（赵鹤凌，2006；万远等，2013）、河鲈（乔德亮等，2006）、白甲鱼（李勇等，2006；李强等，2012）、线纹尖塘鳢（莫介化等，2006；张邦杰等，2007）、斑鳜（王丹等，2007；刘毅辉等，2012；胡振禧等，2014）、粘皮鲻虾虎鱼（陈玉龙等，2007）、西藏亚东鲑（豪富华等，2006）、池沼公鱼（睢鑫等，2007）、塔里木裂腹鱼（张人铭等，2007；龚小玲等，2013）、扁吻鱼（任波等，2007；张人铭等，2008）、翘嘴红鲌（顾志敏等，2008；刘丹阳等，2012；邵建春等，2016）、似刺鳊鮈（顾若波等，2008；李燕等，2018）、子陵栉虾虎鱼（戚文华等，2008）、细鳞裂腹鱼（陈礼强等，2008）、哲罗鱼（*Hucho taimen*）（王玲等，2008）、鲮（毕晔等，2008）、西伯利亚鲟（*Acipenser Baerii*）（庄平等，2009；宋炜等，2012）、刀鲚（张冬良等，2009；施永海等，2015）、黑脊倒刺鲃（黄洪贵，2009a）、中华倒刺鲃（黄洪贵，2009b）、匙吻鲟（黄洪贵，2009c，2010）、黑龙江茴鱼（*Thymallus arcticus grubei*）（韩英等，2009；贺文辉，2016）、暗纹东方鲀（莫根永等，2009）、苏氏圆腹（鱼芒）（*Pangasius sutchi*）（赵云辉等，2009）、斑点叉尾鮰（乔德亮等，2009；唐晟凯等，2011）、贝氏高原鳅（李忠利等，2009）、安氏高原鳅（王华等，2009b）、赤眼鳟（谭细畅等，2009c）、鲤（谭细畅等，2009a）、菊黄东方鲀（*Fugu flavidus*）（施永海等，2010）、黑尾近红鲌（*Ancherythroculter nigrocauda*）（殷海成等，2010）、大鳞副泥鳅（孟庆磊等，2010）、尖吻细鳞鲑（杜佳等，2010）、白点鲑（*Salvelinus leucomaenis*）（张永泉等，2010）、江鳕（肖国华等，2011a，2011b，2011c；高晓田等，2012）、异齿裂腹鱼（张良松，2011）、雅鲁藏布江尖裸鲤（骆小年等，2011）、伊犁裂腹鱼（蔡林钢等，2011）、尖裸鲤（*Oxygymnocypris stewartii*）（许静等，2011）、大银鱼（施炜纲等，2011）、鳡（任丽珍等，2011）、三角鲤（*Cyprinus multitaeniata*）（马桂玉等，2011）、光唇鱼（姜建湖等，2012）、云纹石斑鱼（宋振鑫等，2012；刘银华等，2015）、条纹锯鮨（贾瑞锦等，2012）、松江鲈（赵一杰等，2012）、达氏鳇（李艳华等，2013）、光唇裂腹鱼（丁登虎等，2013；申安华等，2013）、洛氏鲹（杨培民等，2014a；牟振波等，2014）、半刺厚唇鱼（陈熙春，2013；秦志清，2015b）、软刺裸裂尻（*Schizopygopsis malacanthus*）（严太明等，2014a）、鲈鲤（赖见生等，2014；邓龙君等，2016）、祁连山裸鲤（*Gymnocypris chilianensis*）（王万良等，2014）、秦岭细鳞鲑（*Brachymystax lenok tsinlingensis*）（高祥云等，2014）、硬头鳟（寇景莲等，2014；王振富，2015）、唇鲭（杨培民等，2014b）、长鳍吻鮈（管敏等，2015）、叶尔羌高原鳅（陈生熬等，2015）、波纹唇鱼（陈猛猛等，2015）、西昌高原鳅（*Triplophysa xichangensis*）（陈修松等，2015）、短须裂腹鱼（刘阳等，2015；左鹏翔等，2015；甘维熊等，2015，2016）、舌虾虎鱼（严银龙等，2016）、翘嘴鲌（邵建春等，2016）、蒙古鲌（*Culter mongolicus*）（姜海峰等，2016）、花鲈（韩枫等，2016）、黑龙江茴鱼（贺文辉，2016）、翘嘴鳜（连庆安等，2016）、脂孟加拉国鲮（*Bangana lippa*）（雷春云等，2017）、马口鱼（金丹璐等，2017）、乌鳢（符鹏等，2017）、东方高原鳅（汪帆等，2017）、长丝裂腹鱼（刘小帅等，2017）、小黄鱼（*Larimichthys polyactis*）（李建生等，2018）、云南盘鮈（蔡瑞钰等，2018）、长薄鳅（张运海等，2018）、大鳞鲃（于振海等，2018）等。

20世纪70年代以后，一些欧美学者将孵化出膜至开口摄食这一阶段定义为自由胚。现在较为普遍的观点是把自由胚归于仔鱼范畴，定义为卵黄囊期仔鱼。因此，将鱼类从受精瞬间到孵化出膜这段时间定义为胚胎期。联合国粮农组织咨询委员会海洋资源调查机构将"鱼卵和仔鱼"统一简称为"鱼类浮游生物"（Ichthyoplankton）。通常学者关注受精率、出膜和摄食三个发育节点。其间包括眼黑色素期、眼黑期、鳔雏形期等发育过程。图 1-3 为广东鲂早期发育的几个特征阶段。

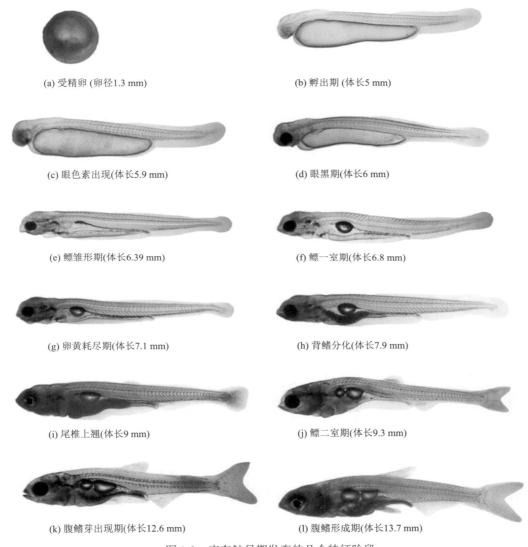

(a) 受精卵 (卵径1.3 mm)　　　　　　　　　　(b) 孵出期 (体长5 mm)

(c) 眼色素出现(体长5.9 mm)　　　　　　　　(d) 眼黑期(体长6 mm)

(e) 鳔雏形期(体长6.39 mm)　　　　　　　　(f) 鳔一室期(体长6.8 mm)

(g) 卵黄耗尽期(体长7.1 mm)　　　　　　　　(h) 背鳍分化(体长7.9 mm)

(i) 尾椎上翘(体长9 mm)　　　　　　　　　　(j) 鳔二室期(体长9.3 mm)

(k) 腹鳍芽出现期(体长12.6 mm)　　　　　　(l) 腹鳍形成期(体长13.7 mm)

图 1-3　广东鲂早期发育的几个特征阶段

1.2.3　世代强度

鱼类早期发育阶段的生长与存活率是决定种群世代强度的重要因素。临界期假说认为初次摄食成功与否决定种群世代强度，匹配论假说认为仔鱼开口期和饵料生物的出现时间是否一致决定仔鱼存活率及年际补充强度，生长-死亡假说认为生长快、个体大的鱼要比生长慢、个体小的鱼存活率高。鱼类在完成内源营养阶段后，若不能获得外源营养将因饥饿而死亡（于欢欢等，2015；李彩娟等，2016；曲焕韬等，2017），获得适口的开口饵料是存活的关键（吴金明等，2015；林贞贤等，2015），早期发育阶段鱼类耐受饥饿能力与能量收支有关，不同水温下鱼类的饥饿耐受性不同（王芊芊等，2010；骆小年等，2011；许郑超等，2015；王茂元，2015；王川等，2015；秦志清等，2015a）。大部分鱼类在卵黄耗尽前开始摄食（凌去非等，2003；胡先成等，2007），早期阶段内源能量支配是决定鱼类能否顺利过渡至外源营养的关键（木亮亮等，2015a），鱼类获取外源营养后机体生命代谢旺盛，表现在酶活性变化上（刘铭等，2008）。饥饿和被捕食是鱼类在早期发育阶段死亡的主要因素，鱼类刚孵化时死亡率很高，随着摄食和运动器官的发育，其获取外部营养物质的能力逐渐增强，死亡率逐渐下降。

　　鱼类世代强度除与早期发育阶段的饵料生物有关外，与其他环境因子也有关系。不同鱼类的早期发育阶段对环境因子的适应性或耐受性不同，盐度（高振义，1965；钟海浪，1988；Tang et al.，1988；岳丙宜等，1997，1998a；郭永军等，2004；胡先成等，2007；冯广朋等，2009；何丽斌等，2010；徐伟等，2011；周天舒等，2012；王杰等，2012）、温度（赵明蓟等，1982；郭永灿，1982；谢仰杰等，1996；龚世园等，1996；岳丙宜等，1998b；郭永军等，2004；黄洪贵等，2009a，2010；陈凤梅等，2013；陈冬明等，2014；木亮亮等，2015b；张廷廷等，2016）、pH（陈光明等，1984）、水体离子（王倩等，2015）、溶解氧（黄少涛等，1983；谢刚等，2000）等环境因子影响早期发育。鱼类早期资源世代强度变化将影响河流生态系统鱼类种群数量、年龄结构，进而影响河流生态系统的生物群落结构及河流生态系统服务功能。鱼类世代强度研究需要建立长期的早期资源观测体系，本书作者于2005年在珠江建立了漂流性仔鱼定位观测体系，通过连续采样观测掌握了珠江肇庆断面漂流性仔鱼的补充特征（谭细畅等，2007，2010），以及珠江支流郁江金陵江段仔鱼发生的周年动态分布特征（徐田振等，2018）。在珠江对单种鱼的时空分布特征和世代强度进行了跟踪研究，这些种类包括赤眼鳟（谭细畅等，2009c）、鲤（谭细畅等，2009a）、广东鲂（Tan et al.，2009）、鲮（李跃飞等，2011）、鳤（李跃飞等，2012）、鲴属（李跃飞等，2013）、日本鳗鲡（帅方敏等，2015）、鲌亚科鱼类11种、虾虎鱼科6种（李策，2019）以及四大家鱼等50多种鱼类。

1.2.4　时空分布

1. 漂流特性

　　鱼类从受精卵至仔鱼阶段躯体运动器官尚未发育健全，在河流水动力的驱动下随水流向下游漂流。仔鱼漂流的时间与繁殖的时间直接相关（Brown et al.，1985），早期发育阶段漂流过程对不同鱼类的意义不同。一些鱼类生活史需要漂流过程，如四大家鱼受精卵需要在漂流过程中才能正常发育；也有溪流种类如鲤、鲫等的受精卵附着在水中的植物茎、叶等基质上发育，并不一定需要漂流过程（Reichard et al.，2001），这些鱼类的早期资源漂流被认为是受偶然发生的环境因素影响（如水流和光照）导致的被动过程（Robinson et al.，1998）。早期发育阶段漂流是鱼类种群扩散的方式，因此漂流运动也认为是主动活动过程（Jurajda，1998），但也有学者不这样认为（Copp et al.，2002；Schludermann et al.，2012）。

　　鱼类生活史是否需要漂流运动模式很大程度上取决于其产卵方式及卵属性（Pavlov et al.，1994）。浮性或半浮性的卵在水流中漂流，胚胎和仔鱼在漂流过程中发育，运动过程受水动力影响（Araujo-Lima et al.，1998；Jiang et al.，2010；Widmer et al.，2012）。大麻哈鱼（筑巢产卵）或中华鲟（产黏沉性卵）的早期胚胎在砾石底下发育（Bardonnet，2001），待卵黄耗尽后才进入水流向下游扩散。洄游鱼类在淡水和海洋之间的流动是生命史中不可或缺的一部分，其幼体漂流是生活史过程中的一部分。淡水鱼类中，有些种类的仔鱼在强水流中漂流发育，也有些种类的仔鱼在近岸缓流漂流，表现出多样化的漂流模式（Oesmann，2003）。不同种类早期资源发育的漂流运动形式与适应河流环境的协同进化有关，如淡水鱼类漂流运动会避免进入咸水区，有些鱼类早期发育阶段需要连续漂流数百公里，也有些鱼类通过短距离漂流完成生活史，这些种类间的差异是鱼类适应环境的体现。

　　漂流性卵受精后吸水膨胀，胚胎包裹在膜里发育，随水漂流直至仔鱼期；黏沉性卵通过卵膜与基质黏附，待发育至出膜阶段也会在水动力的驱动下随水漂流，如广东鲂的受精卵在浊度较大的环境下出现脱黏，或发育至出膜阶段，脱离黏附体后也随水被动漂流。

　　鱼类个体发育至出膜阶段尚不具备自主游泳能力，因此无论是黏沉性卵还是漂流性卵，出膜仔鱼均可能在水流的推动下被动漂流。这一时期容易采样，是定量研究江河鱼类资源的最好"窗口"期。鱼类早期资源调查，即以早期生活史阶段为对象进行观测。通常采集的样本包括胚胎（卵）、仔鱼和稚鱼这三个发育阶段的个体，有时也包括当年的幼鱼。鱼类繁殖季节（春天或初夏），在河里放置网具，可采捕到向下游漂流的胚胎（卵）、仔鱼或稚鱼。

　　我国很早就掌握了鱼类早期资源的漂流规律，利用漂流规律在江河定置网具采捕仔鱼供养殖利用。目前捕捞天然仔鱼的生产已经成为历史，但利用早期资源的漂流特性进行渔业资源和河流生态监测依然存在。迄今，对江河 100 多种具有漂流属性的鱼类早期资源进行了监测分析，这些监测工作主要在长江和珠江开展（广西壮族自治区内陆水域渔业自然资源调查，1984；珠江水系渔业资源调查编委会，1985）。针对江河漂流性卵和仔鱼的漂流特征（黎明政等，2011）、仔鱼分布的昼夜规律（李跃飞等，2013；刘飞等，2014；郭国忠等，2017）、早期发育过程集群行为（石小涛等，2013）、仔鱼发生的时空分布规律（谭细畅等，2007，2009a，2010；Tan et al.，2009；李跃飞等，2011，2012，2013，2014，2015；高天珩等，2015；帅方敏等，2015；胡兴坤等，2017；李建生等，

2018)、仔鱼断面分布（刘建康等，1955；刘全圣等，2017）也开展了研究。刘雪飞等（2018）通过粒子追踪测速试验方法模拟研究鱼卵、仔鱼的漂流运动。

2. 季节模式

江河鱼类群落种类多样，不同鱼的繁殖习性差异大，仔鱼出现时间也不同。2008 年西江肇庆段鱼卵、仔鱼补充群体主要出现在 5～9 月，5 月前和 10 月后其数量相对较少（图 1-4）。从出现频率上分析，赤眼鳟、鳜属、鮈亚科和鲞类等仔鱼的出现频率高、持续时间长，说明这些种类对产卵场环境要求不高，适宜产卵的栖息地相对较多；而草鱼、鳡等仔鱼的出现频率低，间断性出现，说明其对产卵场环境或水文过程要求较高，产卵场较少或产卵机会较少（图 1-5）。

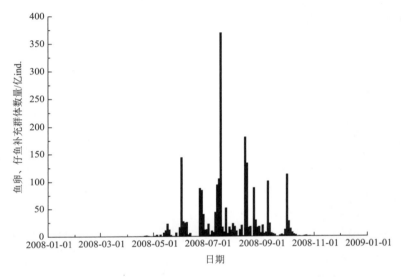

图 1-4　2008 年西江肇庆段鱼卵、仔鱼补充群体数量

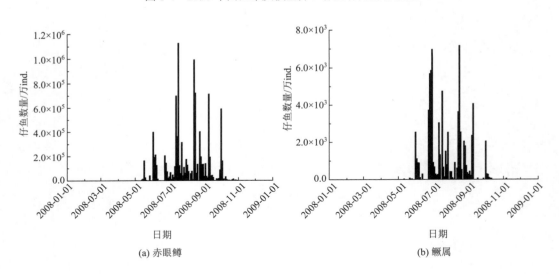

(a) 赤眼鳟

(b) 鳜属

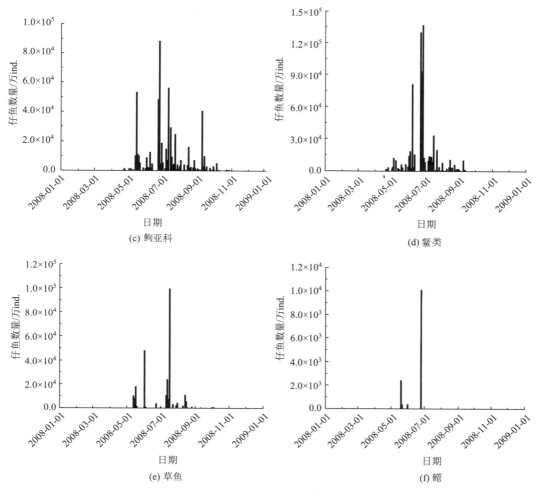

图 1-5　不同类型仔鱼的数量比较

　　我国开展鱼类早期资源研究涉及的种类有 100 余种，曹文宣等（2007）对长江水系鱼类早期资源种类、空间分布等进行了系统研究，梁秩燊等（2019）除观测长江鱼类早期资源外，也对珠江鱼类早期资源进行了研究，不同江河鱼类群落组成不同，鱼类早期资源的种类也不同。有些鱼类在一个繁殖周期中，显示单峰值模式，如青鱼、草鱼、鳙、鲮、鲴、鲤等，单月仔鱼量占全年总量的 40%～60%；有些鱼类一年出现两个峰值，如虾虎鱼科在 3 月、11 月各出现一个峰值。虾虎鱼科在珠江无论全年温度和水文周期如何变化，各月均可出现仔鱼。表 1-3 列示了 2014 年珠江肇庆段鱼类早期资源主要种类及出现的时序情况，数据显示不同种类出现的时间不同，相对多度季节分布不同，鱼类早期资源的时间分布差异存在复杂的机制。

表1-3　2014年珠江肇庆段鱼类早期资源主要种类相对多度月分布

早期资源主要种类	相对多度/%											
	1月	2月	3月	4月	5月	6月	7月	8月	9月	10月	11月	12月
青鱼	0	0	0	3.0	42.4	24.3	24.2	5.1	0.5	0.5	0	0
草鱼	0	0	0	4.5	47.1	17.0	13.4	15.5	1.7	0.8	0	0
鲢	0	0	0	1.3	15.9	13.3	17.1	21.2	7.2	24.0	0	0
鳙	0	0	0	1.1	33.2	16.6	26.4	14.1	0.7	0	0	7.9
广东鲂	0	0	0.2	18.6	10.6	14.1	26.2	22.1	6.9	1.1	0.2	0
赤眼鳟	0	0	0	0.3	7.7	9.4	14.5	19.1	24.9	20.7	3.4	0
鲴属	0	0	0.4	28.9	16.8	18.1	11.7	9.6	8.8	5.7	0	0
鲮	0	0	0	2.2	19.2	33.1	7.7	7.6	9.1	21.1	0	0
鲌类	0	0	0	0	6.9	18.0	33.6	14.2	22.5	4.8	0	0
鲤	0	23.5	69.4	5.8	1.1	0.2	0	0	0	0	0	0
鮈类	0	0	0	30.8	30.4	10.7	7.5	4.8	10.3	4.6	0.9	0
鳘类	0	0	0	46.1	23.1	10.5	8.6	4.3	7.0	0.4	0	0
鳡	0	0	0	22.0	52.7	13.0	11.8	0.5	0	0	0	0
鳤	0	0	0	0	60.7	37.1	1.1	1.1	0	0	0	0
鳜属	0	0	0	2.1	6.9	16.7	11.1	19.4	16.7	9	18.1	0
壮体沙鳅	0	0	0	0.9	14.5	6.1	5.5	4.5	4.0	37.4	27.1	0
银鱼	24.0	27.8	13.8	0.6	0.2	0.3	0	0	0	0.1	6.3	26.9
虾虎鱼科	14.5	1.7	25.2	4.3	1.5	0.2	0.1	0.2	1.3	4.7	37.6	8.7
飘鱼属	0	0	0	0	4.3	6.3	9.5	8.3	22.4	15.6	29.9	3.7
其他	8.5	1.4	15	14	5.7	7.4	5.8	5.5	4.1	4.0	28.6	0

3. 昼夜分布模式

每种仔鱼都有各自的转运模式，这种转运模式也体现在昼夜丰度变化上。Gadomski等（1998）发现仔稚鱼晚上出现的丰度要明显高于白天，Zitek等（2004）和 Reichard等（2002）认为这种特殊的昼夜分布状况与它们的生活史模式相关。Reichard（2001）发现，多瑙河盆地的两条河流仔鱼出现的高峰期较为一致（5月中旬到7月中旬），并且主要集中在晚上，表现出仔鱼分布的昼夜差异。

2006年珠江肇庆段圆锥网四次采集的昼夜分布样品中仔鱼密度的变化整体表现为晚上密度大，白天密度小，仔鱼密度最大值在晚上8:00至凌晨2:00（图1-6）。在种类组成上，鳊和鳘在全天几乎各个时刻的样品中都有出现，而鲴属、飘鱼属、鲌类、草鱼、鲢、鳙、广东鲂、鳡和鳤等的仔鱼主要在晚上出现（表1-4）。

表 1-4　昼夜分布样品中各种类仔鱼出现时间分布

种类	时间											
	8:00	10:00	12:00	14:00	16:00	18:00	20:00	22:00	0:00	2:00	4:00	6:00
鳊	+		+		+		+	+	+	+	+	
鲴属			+					+	+	+	+	
赤眼鳟			+				+	+	+	+	+	
鲌类							+		+			
鳌	+	+	+	+	+	+	+	+	+	+	+	+
鲮								+				
广东鲂							+	+	+			
银鮈	+						+	+		+		
鳜							+		+			
鳤							+					
飘鱼属		+					+	+	+	+	+	+
虾虎鱼科						+	+		+	+	+	
草鱼							+	+				
鲢							+					
鳙									+			

注：＋表示该种类仔鱼在该时刻有出现。

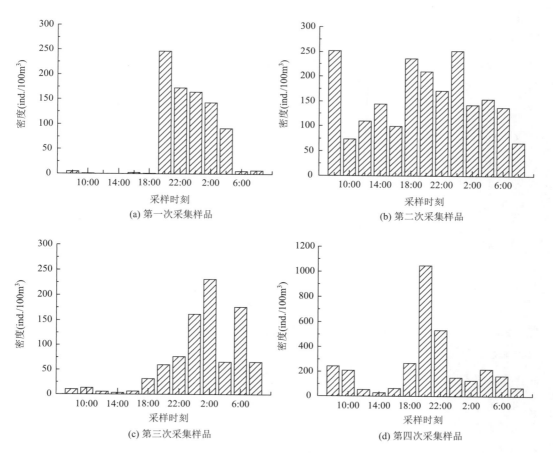

(a) 第一次采集样品　　(b) 第二次采集样品

(c) 第三次采集样品　　(d) 第四次采集样品

图 1-6　昼夜仔鱼密度变化

1.2.5　早期资源保护与利用

采捕鱼苗首先需要了解鱼苗的分布，因此需要进行早期资源调查，掌握鱼苗的发生季节和分布时间。我国鱼类养殖历史悠久，在鱼类人工繁殖技术成功之前，养殖鱼苗采自江河。单宗棠（1910）记录了鱼苗生产是重要的农事活动，涉及鱼苗生产与长效保障内容。1911 年的"捕捉仔鱼"画报是鱼苗采捕的最早的方法记录（佚名，1911），当时采捕鱼苗需要经行政部门的批准（佚名，1928）。陈椿寿（1930）发表《广东西江鱼苗第一次调查报告》，随后出现《西江鱼苗调查报告书》（林书颜，1933）、《长江鱼苗概况》（陈谋琅，1935）、《长江流域鱼苗之调查》（佚名，1935）、《中国之鱼苗（续完）》（孙经迈，1942）、《鱼苗与鱼秧》（麟昌，1937）等文献，1935～1941 年出版了专门的《中国鱼苗志》报告（陈椿寿等，1935；陈椿寿，1941），可见珠江（陈椿寿，1930）和长江（陈椿寿等，1935）中下游沿线是鱼苗的主要产出地。各地有专门管理鱼苗生产的管理部门（陈同白，1930；佚名，1937a），统计鱼苗生产（陈同白，1933；佚名，1936a，1936b，1936c，1937b），关注鱼苗生产保障问题（陈同白，1932）。为获得更多的鱼苗供生产利用，林书颜（1935）研究了捕捞亲鱼施人工授精的方式生产鱼苗，也有文献研究改进捕捞渔具（陈同白，1937）、制定产卵场禁捕亲鱼规定（佚名，1941）等。从以上历史资料可知，鱼苗生产是国家重要的经济活动，产卵场调查、鱼苗捕捞、销售、保障管理均纳入政府行政管理范畴。

1958 年家鱼人工繁殖成功之前（戴来了，1958；钟麟等，1965），养殖鱼苗主要依靠从江河采捕。鱼苗生产管理纳入政府的重要农事范畴，当时长江流域的鱼苗生产进入兴旺期，流域相关省陆续出台鱼苗生产、管理计划，如江西省制定《江西省九江专区鱼苗业管理暂行办法》（佚名，1952a）、《九江专区采购鱼苗登记暂行实施细则》（佚名，1952b）、《江西省人民委员会关于积极发展仔鱼生产的指示》（佚名，1957）；湖北省制定《力争完成鱼苗生产任务》计划（钟子恕，1958）；湖南省制定《湖南省人民委员会关于做好鱼苗生产与保护亲鱼工作的指示》规定（佚名，1955）等。1951 年珠江三角洲水产养殖产量为 5 万余吨，淡水鱼的养殖鱼苗依靠天然河流，长江、珠江沿岸渔民相互借鉴经验，发展了简便高效的定置网具捕捞仔鱼（陈理等，1952；硕青，1959）。改进鱼苗的生产方法、高效采捕鱼苗（佚名，1958a；佚名，1960a）是当时生产的主要目标和任务（佚名，1958b；吴秀鸿，1959；郭明德，1960）。1960 年还记录了"长江鱼苗汛已开始千军万马夺丰收"的景象。1958 年，全国鱼苗生产量 469.23 亿 ind.，其中青鱼、草鱼、鲢、鳙鱼苗 241.67 亿 ind.，鲤鱼苗 131.34 亿 ind.，鲮鱼苗 96.22 亿 ind.（佚名，1958c），

1959 年全国鱼苗生产超过 1140 亿 ind.（佚名，1959）。1958 年钟麟率先成功实现鲢、鳙人工繁殖后，人工繁殖技术迅速在全国推广（佚名，1958d；佚名，1960b）。刘建康等 1955 年在长江、费鸿年 1960 年在珠江开展了鱼苗资源评估（广东省科学技术协会等，1998）；20 世纪 60 年代易伯鲁对长江草鱼、青鱼、鲢、鳙的产卵场进行了较为系统的调查，对产漂流性卵的鱼类胚胎发育进行比较研究，分析了长江干流草鱼、青鱼、鲢、鳙四大家鱼产卵场的分布、规模和自然条件，研究了四大家鱼早期发育过程、卵苗形成的环境条件（易伯鲁等，1964；可仪等，2011）。这些工作成为研究长江、珠江渔业资源和河流生态系统演变的珍贵资料。

　　20 世纪 70 年代后，我国基本结束了通过江河采捕鱼苗进行养殖的生产，鱼类早期资源监测成为渔业资源保护和河流生态系统评估的工作内容。鱼类早期发育阶段游泳能力弱，运动处随水漂流状态，极易用抄网或定置网采捕。由于鱼类在早期发育阶段躲避网具能力差，容易定量获得样品。四川省长江水产资源调查组（1975）通过监测鱼类早期资源掌握了经济鱼类的产卵期、产卵场及幼鱼索饵场。20 世纪 80 年代农牧渔业部组织开展了全国主要江河渔业资源调查工作，涉及长江（长江水系渔业资源调查协作组，1990）、珠江（珠江水系渔业资源调查编委会，1985）主要经济鱼类产卵场和早期资源的调查。

　　随着长江支流汉江水利枢纽的建设，围绕拦河水坝对四大家鱼产卵场影响的评估开展了系列的鱼类早期资源监测工作（周春生等，1980；许蕴玕等，1981；长江四大家鱼产卵场调查队，1982；邱顺林等，2002；李修峰等，2006a，2006b；段辛斌等，2008；王芊芊，2008；姜伟，2009；谢文星等，2009；黎明政等，2010，2011；唐锡良等，2010；李世健等，2011；唐会元等，2012；彭期冬等，2012；刘飞等，2014；秦烜等，2014；高少波等，2015；王红丽等，2015；高天珩等，2015；郭国忠等，2017；胡兴坤等，2017；田辉伍等，2017；王涵等，2017；雷欢等，2017，2018；刘明典等，2018；吕浩等，2019；王珂等，2019）。由于河流开发力度不断加大，产卵场生境不断丧失，鱼类早期资源数量不断减少，人们试图通过找到鱼类早期资源发生与水文、水动力的关系为渔业资源保护寻找出路（李翀等，2006；李建等，2010；柏海霞等，2014），考虑生态调度方式为产卵场提供鱼类繁殖的水动力条件（唐会元等，1996；刘邵平等，1997；沈忱，2015；王军红等，2018；刘雪飞等，2018；汪登强等，2019；徐薇等，2014，2020）。尽管许多科研工作者为渔业资源的保护做了大量的工作，渔业资源数量下降的趋势仍然未见遏制。

　　在河流高度开发的状态下，拦河水利枢纽、航运码头建设工程、防洪设施等改变了河流的物理环境和水文情势，其运行也干扰了鱼类的生存环境，鱼类资源数量呈现总体下降趋势。20 世纪 80 年代起，我国进入水电快速发展时期，利用水力势能发电需要拦河建坝蓄水，水坝阻断了鱼类洄游通道，鱼类无法进入产卵场繁殖，拦河水坝束水改变了河流的水文情势，鱼类因繁殖需要的周期性水文节律、水动力条件丧失而无法繁殖。拦河水坝对河流生态系统、鱼类生物多样性及资源量最直接的影响可以通过鱼类早期资源监测数据来体现。早期以主要渔业资源种类为对象，监测评价的种类包括铜鱼（许蕴玕等，1981）、四大家鱼（长江四大家鱼产卵场调查队，1982）、中华鲟（余志堂等，1983）、广东鲂（Tan et al.，2009）、赤眼鳟（谭细畅等，2009c）、鲤（谭细畅等，2009a）、刀鲚（张冬良等，2009）、鳙（李跃飞等，2012）、鲴属（李跃飞等，2013）等。随后逐渐关注产漂流性卵鱼类的产卵场（李修峰等，2006a，2006b）及江河的主要漂流性仔鱼，曹文宣等（2007）、梁秩燊等（2019）列出了长江和珠江可监测到的 100 多种鱼类。

鱼类是水生生态系统中的重要生物类群，其生物量的变化可反映生态系统的功能状态，因此，鱼类早期资源也成为水生生态系统的监测和评估的对象（徐兆礼等，1999，2008；徐兆礼，2010；蒋玫等，2006a，2006b；刘磊等，2008；林楠等，2010；蒋雪莲等，2015；李安东等，2015；宋超等，2015；刘晓霞等，2016；秦雪等，2017；王小谷等，2017；毛成责等，2018；李建生等，2018）。作者于 2005 年在肇庆江段建立了珠江第一个针对漂流性卵、仔鱼的长期定位观测点，在总结前人采捕鱼苗的工作基础上，结合最新的研究和经验，制定了《河流漂流性鱼卵、仔鱼采样技术规范》（全国水产标准化技术委员会渔业资源分技术委员会，2012）、《河流漂流性鱼卵和仔鱼资源评估方法》（全国水产标准化技术委员会渔业资源分技术委员会，2016）、《淡水渔业资源调查规范河流》（全国水产标准化技术委员会渔业资源分技术委员会，2019），规范了利用定量弶网开展漂流性鱼卵、仔鱼监测的采样方法和资源评估方法，为行业的发展统一了标准，使不同实验室、不同学者的调查研究结果更具可比性，同时跟踪监测了珠江中下游约 60 余种鱼类的早期资源发生、变化规律（李新辉等，2020a，2020b，2020c，2020d，2020e；谭细畅等，2007，2009a，2009b，2009c，2010，2012；李跃飞等，2011，2012，2013，2014，2015；李琳，2014；帅方敏等，2015；杨计平等，2018；徐田振等，2018；李策，2019），并开展了珠江鱼类产卵场功能研究和河流生态系统评估工作。

1.3　鱼类早期资源主要种类形态

曹文宣等（2007）、梁秩燊等（2019）描述了多种鱼类早期发育阶段的形态特征，作者团队也进行了早期资源种类的形态特征分析工作，对珠江中下游常见种类进行了梳理，方便从事江河鱼类早期资源的工作者对照应用。不能直接鉴定种类的鱼卵或仔鱼可通过活体培养方式将鱼卵、仔鱼置于培养皿（或搪瓷碗）中培养，直至培育出能够鉴别种类的性状为止。

1. 七丝鲚

七丝鲚产浮性卵。珠江肇庆段监测的七丝鲚仔鱼，身体银白，基本上没有黑色素分布（梁秩燊等，2019）。腹鳍形成期，上下颌出现小齿。背鳍位置较前，不具脂鳍。肌节 67（35 + 32）对。图 1-7 为珠江肇庆段采集到的七丝鲚仔鱼。

图 1-7　七丝鲚（仔鱼期）

2. 白肌银鱼（*Leucosoma chinensis*）

白肌银鱼产黏性卵。珠江肇庆段监测的白肌银鱼仔鱼，身体银白，基本上没有黑色素分布（梁秩燊等，2019）。腹鳍形成期，口尖，背鳍尾位，具脂鳍。肌节为 67（51 + 16）对（曹文宣等，2007）。图 1-8 为珠江肇庆段采集到的白肌银鱼。

图 1-8　白肌银鱼（仔鱼期）

3. 草鱼

草鱼产漂流性卵，受精吸水膨胀后直径 4.5～6.2 mm（刘筠等，1966；郭永灿，1982；曹文宣等，2007；孙翰昌，2010；梁秩燊等，2019）。珠江肇庆段监测的草鱼仔鱼刚出膜时体长 6.2～7.5 mm，肌节 41（26 + 15）对，身上色素较少（图 1-9）。鳔一室期尾鳍褶上色素较少，头部脑区有数朵黑色素花，自鳔后端到尾鳍基部"青筋"明显（图 1-9a）。图 1-9b 为尾椎上翘期草鱼，卵黄全部耗尽，尾椎稍上翘，尾柄上出现一些色素花。

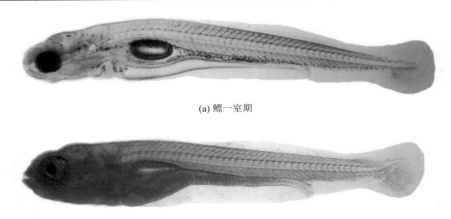

(a) 鳔一室期

(b) 尾椎上翘期

图 1-9 草鱼

4. 青鱼

青鱼产漂流性卵，受精吸水膨胀后直径 4～6 mm。孵出期仔鱼全长 5.6～7.2 mm，肌节 40～42 对，体透明，无色素，眼大，眼下缘有一黑点，卵黄囊前部宽大，后部尖细，呈锥形（叶奕佐，1964；曹文宣等，2007；梁秩燊等，2019）。珠江肇庆段监测的青鱼仔鱼全长 8.0 mm，眼变黑色（图 1-10a），鳔雏形出现，肠管开始贯通，体侧自卵黄囊前端沿鳔雏形上方、肠管直至尾静脉分布有一列黑色素；全长 8.6 mm，鳔一室期体侧出现零星色素，脊索末端及下方（尾鳍褶下叶）有一丛色素（图 1-10b）。

(a) 眼黑色素期

(b) 鳔一室期

图 1-10 青鱼

5. 赤眼鳟

赤眼鳟受精卵呈圆形。受精卵直径均值为 1.3 mm，吸水后其卵周隙较大，卵外径直径为 4.5～5 mm。受精卵密度比水大，静水状况时沉于水底，流水状况下可漂浮于水体中（曹文宣等，2007；谭细畅等，2009c；梁秩燊等，2019）。珠江肇庆段监测的赤眼鳟鳔一室期全长 6.3 mm，鳔一室，卵圆形；身体较为透明，色素少；卵黄仅存少许；听囊径大于眼径；鳔后至尾椎的色素带明显，形成"青筋"；腹部色素为一纵列，听囊前后分布有色素花，头背无色素；肌节 40 对（图 1-11a）。鳔二室期仔鱼全长 9.6 mm（图 1-11b）。

(a) 鳔一室期

(b) 鳔二室期

图 1-11　赤眼鳟

6. 鳡

鳡产漂流性卵，卵膜径 4.5～6.3 mm。孵出期仔鱼全长 6.0 mm，肌节 48（35＋13）对。珠江肇庆段监测的鳡鳔雏形期仔鱼全长 10.0 mm，身上色素较少，略显透明，口裂大（图 1-12a）。鳔一室期仔鱼全长 10.33 mm，肌节 51（36＋15）对（梁秩燊等，1984；曹文宣等，2007；任丽珍等，2011；梁秩燊等，2019）（图 1-12b）。

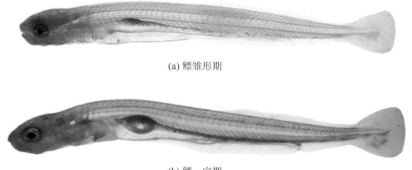

(a) 鳔雏形期

(b) 鳔一室期

图 1-12　鳡

7. 鳡

鳡产漂流性卵，卵膜径 5.0~6.4 mm（曹文宣等，2007；梁秩燊等，2019）。珠江肇庆段监测的鳡鳔一室期仔鱼，体型较其他仔鱼大，全长达 10.8 mm，卵黄仍有少量，眼大，鳔近似长椭圆形，肌节 50~53[（38~39）＋（12~14）]对。身上色素少，"青筋"（即鳔后端到肛门部的色素）不太明显，尾鳍下部有些许色素，腹部色素花不明显。鳔一室期仔鱼喜欢停留在水体底层，头部略向下倾斜（图 1-13a 示背面观，图 1-13b 示侧面观）。卵黄耗尽期仔鱼开口摄食，全长达 13.3 mm，肌节 55~57[40＋（15~17）]对（图 1-13c）。身上色素仍较少，背鳍雏形鳍条开始出现。尾椎上翘期仔鱼身上色素增多，尾椎上翘，背鳍雏形鳍条基本形成，臀鳍雏形鳍条开始出现。

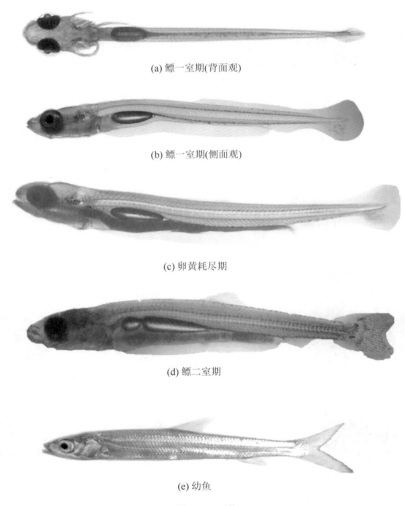

(a) 鳔一室期(背面观)

(b) 鳔一室期(侧面观)

(c) 卵黄耗尽期

(d) 鳔二室期

(e) 幼鱼

图 1-13　鳡

鳔二室期仔鱼的鳔出现第二室，略呈椭圆状；第一鳔室长圆锥状，末端更尖，整个鳔长达全长的 1/4；吻长，背鳍鳍条明显分化，达 10 根；约见臀鳍芽 5 根；尾部色素较多且分布均匀，头顶后方色素花数枚；肌节已呈 W 形，共 57（39＋18）对，全长 16.13 mm（图 1-13d）。

幼鱼形态上与成鱼接近，各鳍条已经形成，全身被鳞，全长达 27.2 mm，尾鳍末端略显黑色（图 1-13e）。

8. 鳊

鳊产漂流性卵，卵膜径 3.1～4.1 mm。出膜胚胎全长 4.5 mm，肌节 45（25＋20）对。仔鱼全长 6.9 mm 时处于鳔一室期（曹文宣等，2007；梁秩燊等，2019）。珠江肇庆段监测的鳊眼黑色素期仔鱼体长 4.5 mm（图 1-14a），鳔一室期仔鱼体长 5.7～6.5 mm（图 1-14b），背鳍分化期仔鱼体长 8 mm（图 1-14c）。

(a) 眼黑色素期

(b) 鳔一室期

(c) 背鳍分化期

图 1-14　鳊

9. 广东鲂

广东鲂受精卵具黏性，卵膜较厚，卵吸水后直径均值为 1.8 mm，密度比水大，沉于水底。广东鲂孵出期仔鱼体长 5 mm，时龄 26 h；尾长占全长的 31%，卵黄囊占全长的56%，呈棒状，向后逐渐变细；身体甚为透明，听囊径较小，远小于眼径，其中耳石清晰可辨；心脏位于卵黄囊前端上方，快速跳动；眼略显三角形，下有一黑点；将来出现鳔的位置卵黄囊稍有内陷；仅有背鳍褶和臀鳍褶；肌节 40（15＋10＋15）对（图 1-15a）。

仔鱼侧卧水中，时而急剧摆动尾巴向水面冲游（谢刚等，1998；谭细畅等，2008；李琳等，2013；梁秩燊等，2019）。珠江肇庆段监测的广东鲂卵黄耗尽期仔鱼全长 7.1 mm，日龄 6 d，尾长占全长的 38.3%，卵黄耗尽，口端位，头较尖，稍凸出，听囊径大于眼径，头部背面及背部开始出现 1～2 个色素点，肠道贯通，腹部色素花形成近似葫芦状的花纹，肌节 44（15＋9＋20）对（图 1-15b）。鳔一室期仔鱼体长 6.8 mm（图 1-15c），鳔二室期仔鱼体长 9.3 mm（图 1-15d），腹鳍形成期仔鱼体长 13.7 mm（图 1-15e）。

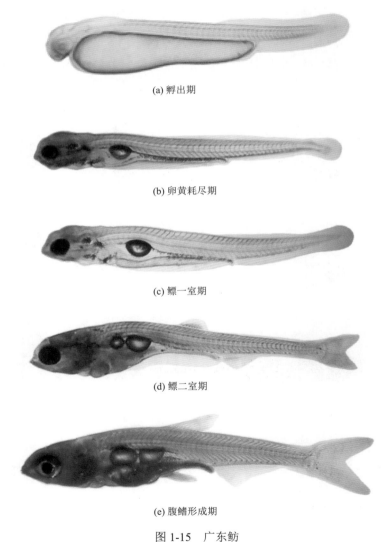

(a) 孵出期

(b) 卵黄耗尽期

(c) 鳔一室期

(d) 鳔二室期

(e) 腹鳍形成期

图 1-15　广东鲂

10. 飘鱼

飘鱼仔鱼个体较大，眼黑色素期仔鱼全长 9.0 mm，肌节 39（22＋17）对（曹文宣等，2007；王涵等，2017；梁秩燊等，2019）。珠江肇庆段监测的飘鱼鳔二室期仔鱼体长12.5 mm（图 1-16a），腹鳍出芽期仔鱼体长 13.0 mm（图 1-16b）。

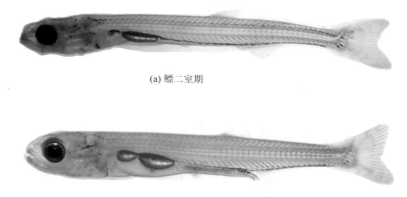

(a) 鳔二室期

(b) 腹鳍出芽期

图 1-16　飘鱼

11. 鳌

鳌产微黏性卵，卵膜径 2.8～4.0 mm，出膜胚胎全长 4.1～4.4 mm，体纤细，眼中等大，头仍弯向腹面，通体透明，无色素。肌节 42 对。肌节分布类似黄尾鲴，但个体较小。仔鱼全长 5.5 mm 时，卵黄几乎耗尽，全身透明无色，肉眼可见两个黑色的眼睛，鳔尚不可见（图 1-17a）。珠江肇庆段监测的鳌尾椎上翘期仔鱼，全长 6.5 mm，肌节 39（27＋12）对，身上黑色素少，较为透明，鱼体颇为纤细。腹鳍形成期仔鱼全长20.0 mm（图 1-17b）。

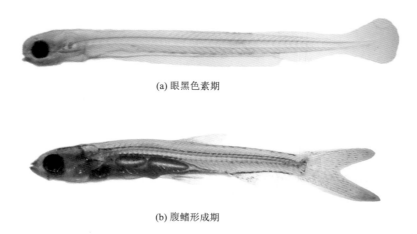

(a) 眼黑色素期

(b) 腹鳍形成期

图 1-17　鳌

12. 黄尾鲴（*Xenocypris davidi*）

黄尾鲴产黏沉性卵，卵膜径 1.35～1.43 mm，黏附于水底的石块上发育，出膜胚胎全长 4.6 mm，肌节 46（31＋15）对（曹文宣等，2007；梁秩燊等，2019）。珠江肇庆段监测的黄尾鲴背鳍分化期仔鱼，头较尖，身体色素甚多，头背部、两眼间及吻部、胸鳍上无色素，肌节 44（31＋13）对，全长 9.79 mm（图 1-18）。

图 1-18　黄尾鲴（背鳍分化期）

13. 银鲴（*Xenocypris argentea*）

银鲴产漂流性卵，卵径 0.9～1.3 mm，吸水膨胀后卵膜径 3.1～4.5 mm，出膜胚胎全长 3.2～3.5 mm，肌节 41（29＋12）对（曹文宣等，2007；梁秩燊等，2019）。珠江肇庆段监测的银鲴鳔一室期仔鱼，头较尖，腹面部及两眼间色素略多，尾柄下色素较密集，尾椎上翘，肌节 43（29＋14）对，全长 9.17 mm（图 1-19）。

图 1-19　银鲴（鳔一室期）

14. 高体鰟鲏

高体鰟鲏为产蚌内寄生卵鱼类，受精卵在河蚌的鳃中完成胚胎发育，仔鱼眼较大，头背部色素较多，背鳍有一大块黑色素斑，肌节 30（11＋19）对（曹文宣等，2007；梁秩燊等，2019）（图 1-20）。

图 1-20　高体鰟鲏（臀鳍分化期）

15. 银鮈

银鮈产漂流性卵，卵吸水膨胀后卵膜径 3～4 mm，出膜胚胎全长 4.28 mm，肌节 36（22＋14）对（曹文宣等，2007；王芊芊等，2010；梁秩燊等，2019）。珠江肇庆段监测的银鮈鳔一室期仔鱼体长 5.1～5.5 mm，身上色素很少（图 1-21）；背鳍形成期仔鱼尾柄上下边缘分布有明显的黑色素团。

图 1-21　银鮈（鳔一室期）

16. 麦穗鱼

麦穗鱼产黏沉性卵，较为透明（屠明裕，1984），仔鱼出膜时尾部毛细血管丰富，有"红尾巴"现象（图 1-22a）。珠江肇庆段监测的麦穗鱼鳔一室期仔鱼，肌节 33（21＋12）对，鳔呈椭圆形（曹文宣等，2007；梁秩燊等，2019）（图 1-22b）。

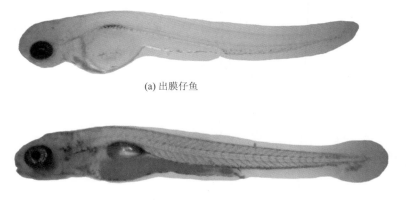

(a) 出膜仔鱼

(b) 鳔一室期

图 1-22　麦穗鱼

17. 鲤

鲤产黏性卵，卵吸水膨胀后卵膜径 1.4～1.8 mm，出膜胚胎全长 5.3 mm，肌节 39（24＋15）对（蒋一珪等，1960；曹文宣等，2007；梁秩燊等，2019）。珠江肇庆段监测的鲤鳔雏形期仔鱼，体长 7.5 mm，胸鳍基部无色素，肌节 36 对左右（图 1-23）。

图 1-23　鲤（鳔雏形期）

18. 鲫

鲫产黏性卵，卵吸水膨胀后卵膜径 1.4～1.5 mm；出膜胚胎全长 4.9 mm；全长 6.2 mm 时，肌节 35 对（朱蕙等，1986；曹文宣等，2007；梁秩燊等，2019）。珠江肇庆段监测的鲫鳔一室期仔鱼，体长 8.0 mm，胸鳍基部无色素，肌节 36 对左右（图 1-24）。

图 1-24　鲫（鳔一室期）

19. 鲢

鲢产漂流性卵，卵吸水膨胀后卵膜径 4.5～6.3 mm（郭永灿，1982；陈光明等，1984；曹文宣等，2007；唐丽君等，2014a，2014b；梁秩燊等，2019）。珠江肇庆段监测的鲢仔鱼刚出膜时体长 5.8～7.2 mm，肌节 39（25＋14）对，身上色素较少（图 1-25a）；卵黄耗尽期仔鱼，头部脑区有数朵黑色素花，腹鳍褶上色素明显（图 1-25b）。

(a) 孵出期

(b) 卵黄耗尽期

图 1-25　鲢

20. 鳙

鳙产漂流性卵，卵吸水膨胀后卵膜径 4.9～6.7 mm，出膜仔鱼全长 7.0 mm（吴鸿图等，1964；曹文宣等，2007；梁秩燊等，2019）。珠江肇庆段监测的鳙仔鱼刚出膜时体长为 6.1～7 mm，肌节 38～39（23＋15～24＋15）对；鳔一室期仔鱼头部脑区有数朵黑色素花，臀鳍褶上色素明显（图 1-26）；臀鳍形成期仔鱼腹鳍褶上色素较少。

图 1-26　鳙（鳔一室期）

21. 倒刺鲃

倒刺鲃产黏沉性卵，卵呈金黄色，吸水后卵膜径 3.5～3.8 mm（易祖盛等，2004；梁秩燊等，2019）。倒刺鲃背鳍出现期仔鱼，全长 7.0 mm，肌节 43（27＋16）对，卵黄囊丰厚，眼较大（图 1-27a）；鳔二室期仔鱼的尾柄下有一朵大黑色素花（图 1-27b）。

(a) 背鳍出现期

(b) 鳔二室期

图 1-27　倒刺鲃

22. 云南光唇鱼

云南光唇鱼产黏沉性卵，卵橘黄色，吸水后卵膜径 2.1～3.4 mm，仔鱼出膜时全长约 6 mm。鳔一室期仔鱼的头部较圆钝，黑色素较多，尾柄下有明显的大块黑色素（唐安华等，1982；曹文宣等，2007）（图 1-28）。

图 1-28　云南光唇鱼（鳔一室期）

23. 壮体沙鳅

壮体沙鳅产漂流性卵，吸水膨胀后卵膜径 3.2～3.6 mm（曹文宣等，2007；梁秩燊等，2019）。珠江肇庆段监测的壮体沙鳅卵黄吸尽期仔鱼，体长 7.9 mm，头背部色素明显，眼径小，为 2.0 mm，肌节 38（24＋14）对左右（图 1-29）；孵出后第 25 天，鳍条完全形成，体长 11.0 mm，体表色素整体形成，基本具备成鱼的特征。

图 1-29　壮体沙鳅（卵黄吸尽期）

24. 大眼鳜

大眼鳜产漂流性卵，卵黄内有油球，卵具浮性，吸水膨胀后卵膜径 1.2～2.0 mm，仔鱼刚出膜时全长 4.6～5.3 mm，肌节 31（12＋19）对。卵黄囊较大，呈卵圆形，上面色素较多，仔鱼体上色素较少，比较透明（蒲德永等，2006；曹文宣等，2007；梁秩燊等，2019）。鳔一室期全长 6.2 mm，肌节 32（4＋6＋22）对。珠江肇庆段监测的大眼鳜大多数为鳔一室期，体背部色素明显增多，但仔鱼躯干部和尾部仍比较透明（图 1-30）。

图 1-30　大眼鳜（鳔一室期）

25. 斑鳠

斑鳠头背部黑色素呈密花状，体背条状黑色素 1 行，脊椎条状黑色素 2 行，尾椎下黑色素 4 朵（梁秩燊等，2019）。由亲本吐泡沫作巢，亲本有护幼行为。仔鱼成群游弋，仔鱼体小半部体色深黑（图 1-31）。

图 1-31　斑鳢仔鱼

26. 大刺鳅（*Mastacembelus armatus*）

大刺鳅的受精卵为金黄色，卵膜径 2.05～2.36 mm。刚出膜的仔鱼全长 4.9 mm。珠江肇庆段监测的大刺鳅卵黄吸尽期仔鱼，尾部尖突，眼前后有一黑色素带（图 1-32）（梁秩燊等，2019）。

图 1-32　大刺鳅（卵黄吸尽期）

27. 麦瑞加拉鲮（*Cirrhinus mrigala*）

麦瑞加拉鲮鳔一室期仔鱼，肌节 39（24 + 15）对，鳔呈椭圆形，头部较为尖突，身上色素较多，尾柄下有浓密的黑色素块（图 1-33）。

图 1-33　麦瑞加拉鲮（鳔一室期）

1.4　江河鱼类早期资源调查采样

1.4.1　抽样原则

野外采样是获得鱼类早期资源数据的基础。正确的采样方法是保证数据准确性和可比性的关键，包括纵向可比性和横向可比性。通过分析调查数据可以测算资源量及其变化趋势。取样是指从研究的全部样品中抽取一部分样品单位，其基本要求是要保证所抽取的样品单位具有充分的代表性。从总体中抽取一部分的个体所组成的集合叫作样本。

评估某种鱼类早期资源量，样本需覆盖完整的繁殖周期；评估鱼类早期资源与洪峰的响应，样本需包含多个完整洪峰期。总体上鱼类早期资源发生与环境因子的关系呈非线性关系，只有获得长期连续观测数据才能客观反映资源量与补充过程。当拥有系列连续调查的样本时，抽样方法多样，可根据分析目标来确定。系统了解抽样技术有助于制定观测鱼类早期资源的调查方案，有针对性地进行目标研究。

1. 简单随机抽样

在总个数为 N 的样本中，假设通过逐个抽取的方法抽取一个样品，且每次抽取时，每个个体被抽到的概率相等，这样的抽样方法为简单随机抽样。它适用于对总个体数较少的样本进行抽样。

2. 系统抽样

当总体的个数较多时，首先把总体分成均衡的几部分，然后按照预先定的规则，从每一部分中抽取一些个体，得到所需要的样本，这种抽样方法叫作系统抽样。

3. 分层抽样

将总体分成互不交叉的层，然后按照一定的比例，从各层中独立抽取一定数量的个体，得到所需样本，这种抽样方法为分层抽样。它适用于对由差异明显的几个部分组成的总体进行抽样。

4. 整群抽样

将总体中各单位归并成若干个互不交叉、互不重复的集合群，然后以群为抽样单位抽取样本的抽样方法叫作整群抽样。应用整群抽样时，要求各群有较好的代表性，即群内各单位的差异要大，群间差异要小。

5. 多段抽样

把总体样本分成两个或两个以上的段后，进行随机抽样的抽样方法叫作多段抽样。

6. 概率与元素的规模大小成比例的抽样

概率与元素的规模大小成比例的抽样即 PPS 抽样，其可以通俗地理解成以通过阶段性的不等概率抽样来换取最终的、总体的等概率抽样方法。

7. 判断抽样

判断抽样是调查者根据研究的目标和自己主观的分析来选择和确定调查对象的方法。

8. 雪球抽样

当无法了解总体情况时，可以从总体中抽少数样品入手了解样本的情况，再去找那些符合分析结果的其他样品，如同滚雪球一样。

1.4.2　采样方法

从事鱼类早期资源研究，要根据鱼类的产卵类型、卵质属性、早期发育阶段的生态习性和鱼卵、仔鱼阶段资源散布特征，以及针对不同的环境条件确定采样方法。

1. 断面控制法漂流性早期资源采样

采集漂流性早期资源样本通常用定置网、拖网、手抄网。采样时网口沿逆水方向拖动网具获得鱼卵、仔鱼样品，也可用定置网采集被动漂流的鱼卵和仔鱼。

河流中不同产卵类型的早期仔鱼都可能在水动力作用下向下游漂流，固定弶网可以采到各种鱼类的早期发育个体或群体。通过分析长期、定位的弶网采样数据，可以量化（需要漂流发育）和相对量化（不需要漂流发育）不同类型鱼类的早期资源状况。

断面控制法是一种定量监测鱼类早期资源的方法。在仔鱼漂流发育必经的江段采样，通过规范的网具和采样程序可获得反映某一生态单元鱼类早期补充过程及资源量的数据，其中包括卵和仔鱼的种类、数量和组成。断面控制法采集鱼卵、仔鱼的原理是利用江河水流动力推动浮性卵、漂流性卵及尚不具备主动游泳能力的仔鱼入网，收集样品。通常仔鱼在河流断面上分布不均匀，需要使用标准化采样规程、长期定点、定时采样，按断面的上、中、下和左、中、右布点采样。获得断面系数，为仔鱼资源量估算提供校正参数。

定置弶网也称漂流性网具，在尚未实现人工繁殖获得养殖用鱼苗之前，长江、珠江的渔民使用该网具在江河中采野生仔鱼（硕青，1959），对传统弶网进行改造，可制作定量效果比生产用弶网好的网具。定置弶网在流动的水体中采集随水流散布的鱼卵和仔稚鱼，这也是鱼类早期资源调查采样的主要方式，本书作者改进了传统的定置弶网，建立了《河流漂流性鱼卵、仔鱼采样技术规范》（SC/T 9407—2012）。

我国河流的长度从数十千米至数千千米不等，仅从纯淡水鱼类活动空间或以鱼类产卵场覆盖范围为河流生态单元计，四大家鱼完成生活史所需的河流长度最长。四大家鱼自然繁殖要求水流速度为 1.0～1.5 m/s，受精卵在水流速度不小于 0.2 m/s 的水动力作用下向下游漂流扩散，漂流发育的距离在 300～500 km。在江河中，通过间隔数十千米至近百千米不等的距离设置定置弶网，可以量化评估优势种类鱼类早期资源及产卵场的位置。

　　1）网具

　　弶网网口圆形或矩形，网口面积 $0.5\sim1.5\ \mathrm{m}^2$，网长 $2\sim6\ \mathrm{m}$；网目根据调查对象在 $500\sim800\ \mu\mathrm{m}$。网末端与集苗箱相连，集苗箱浮出水面（图 1-34）。

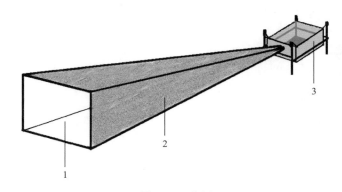

图 1-34　弶网

1-网口；2-网衣；3-集苗箱

　　集苗箱和集苗筒的网目应小于对应的网身网目。网箱大小可以根据网的大小而定，集苗筒一般以 1L 左右为宜（图 1-35）。图 1-36 示作业弶网，图 1-37 示集苗箱，图 1-38 示采样操作。

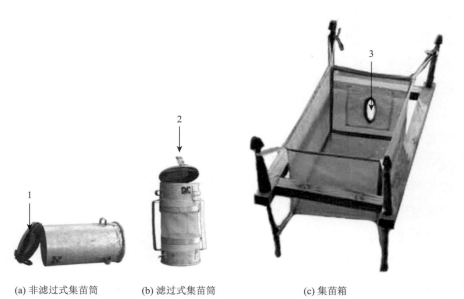

(a) 非滤过式集苗筒　　　　(b) 滤过式集苗筒　　　　(c) 集苗箱

图 1-35　集苗器（图由中国科学院水生生物研究所惠赠）

1-密封盖；2-锁扣；3-弶网接口

图 1-36　作业弶网　　　　　图 1-37　集苗箱　　　　　图 1-38　采样操作

2）采样时间与频率

鱼类早期资源的采样需要在繁殖季节进行，根据调查目的确定采样时间。大部分鱼类在春夏季产卵，也有鱼类在秋冬季产卵。通常高峰期一天的早期资源量可能高于平时一个月的早期资源量总和。为了尽量监测到早期资源实际发生数据，提高采样频率是必要的手段。建立固定采样位点，每日安排昼夜采样，获得覆盖全年的样本可准确了解河流生态单元中鱼类补充群体发生的过程、种类组成和资源量。有特殊需要的采样可依据调查目的和采样对象的差异，视天气、水温、浊度、水流等实际情况确定具体采集时间和采集次数。采样时段尽可能包含一个或多个洪峰的涨落全过程。

3）站位设置

固定采样点宜选择在产卵场下游，河床相对平直，水流平缓、速度在 0.3～0.5 m/s、流态稳定的位置，通常距离河岸 2～15 m，水深 2～5 m 较为合适，采样点可设在河流的一侧或两侧，优先考虑靠近主流的一侧。断面采样按河流宽度一般设左、中、右 3 个点进行。采样断面至少 3 个，应尽可能覆盖研究对象的产卵场和育肥场。

普遍认为产漂流性卵的鱼类早期生活史阶段需要有 300～400 km（平均 350 km）的漂流长度，即需要有 300～400 km 的自由流态的河道，否则鱼卵、仔鱼无法顺利存活。将鱼卵完成生活史所需的最小水域范围称为漂移发育单元。因此，较长的河流需要根据漂移发育单元设置多个采样断面。采样起始点应尽量靠近河流的下游以保证观测评估结果尽可能地涵盖江河中的所有产卵场。

4）采样水层

一般可只在表层（0～3 m）采样。在采样点水深大于 20 m 时，可分表层、中层、底层采样。

5）样本采集

定置网具网口逆水流方向固定于采样水层，保证网口面与水流方向垂直，网口完全沉入水面之下。弶网一次采样持续时间 0.5～3 h，可视网具大小、悬浮垃圾量和苗汛情况调整采样时间。采样过程中应分别于采样的开始、中间阶段和结束前测量流经采样网口的水流速度，获取网口水流速度数据，记录采样持续时间。

在规定的采样时间内，起网前先剔除网衣（或集苗箱）中的垃圾，然后将其中的鱼卵、仔鱼移于盛有一定水量的平底容器中，用镊子和胶头吸管把鱼卵、仔鱼拣出置于洁净的培养皿（或搪瓷碗）中。

6）流动网采样

通常流动采样工具为圆锥拖网。建议网口直径大于 50 cm，网长 2～3 m；网身网目 500～800 μm。网末端与集苗器相连。将网具悬挂于船的左（右）舷，使其稳定在采样水层，一次采集持续时间 10～30 min，进行水平拖网 10～15 min，船速为 1～2 kn（0.5～1 m/s）。采集时应测定网口处水流速度及采集持续时间。

2. 黏沉性卵、仔鱼采样

评估产黏沉性卵鱼类的早期资源是一个难题，尤其在较深、水下地形复杂的水域，难以采卵或获得仔鱼样本。

一般在产卵场按抽样原则取石块等附卵介质，或从砂砾河床中设置样方获得卵样品。也可在产卵场下游用定置网具采集受水动力推动向下游漂流的鱼卵和仔鱼。样方一般以 1 m² 的正方形为宜。方框内可选相邻两边（如顶边、左边）等距离各三个点的五点取样法采样本（两边相交处共用一个样本）；也可根据河流带状的特点，先将调查水域划分成若干等分段，由抽样比率决定采样间隔，选用等距取样法。例如，调查水域总长为 100 m，如果要等距抽取 10 个样方，那么抽样的比率为 1/10，抽样距离为 10 m，然后可再根据需要在每 10 m 的前 1 m 内进行取样，采样时样方大小要求一致。

3. 黏草性卵、仔鱼采样

一般在产卵场按抽样原则取附卵水草得到黏附卵数（样方参照黏沉性卵、仔鱼采样），也可在产卵场下游用定置网采受水动力推动向下游漂流的鱼卵和仔鱼。

4. 浮性卵、仔鱼采样

通常用拖网、手抄网或定置网采获这类型鱼的卵、仔鱼。用拖网或手抄网采样，一般网口沿水流垂直方向向上拖动采样，或沿逆水方向拖动采样，也可在产卵场下游用定置网采受水动力推动向下游漂流的鱼卵和仔鱼。

5. 蚌内寄生卵、仔鱼采样

一般在产卵场按抽样原则在河底部淤积层采蚌解剖，数寄生卵（样方参照黏沉性卵、仔鱼采样），也可在蚌分布区域下游用定置网采离开蚌体受水动力推动向下游漂流的鱼卵和仔鱼。

6. 筑巢产卵鱼类的卵、仔鱼采样

筑巢产卵鱼类有黄颡鱼、乌鳢等。一般通过评估样地中鱼巢数量，并按抽样原则从鱼巢取样数卵（样方参照黏沉性卵、仔鱼采样），也可在产卵场下游用定置网采受水动力推动向下游漂流的鱼卵和仔鱼。

7. 卵胎生仔鱼采样

卵胎生鱼类有赤魟（*Dasyatis akajei*）、食蚊鱼等。用拖网或手抄网采样，或捕获亲体获得仔鱼数据。

1.5　样本鉴定与保存

1. 样品保存

收集样品时尽量将可能黏带鱼卵、仔鱼的介质移入清水盆中，仔细分拣挑取出鱼卵、仔鱼。介质可能是水草、砾石、沙或底泥。鱼卵脆弱，要根据介质的属性，细心将样方或介质中的卵、仔鱼样品拣出。样品可保存于浓度为 5%的甲醛溶液中，用于实验室作形态学种类鉴定；也可保存于 95%的乙醇中，用于提取 DNA 提取，通过测序分析进行种类鉴定。样本需要贴好标签，做好记录。

2. DNA 分子鉴定

DNA 条形码方法是目前流行的物种鉴定方法。工作流程主要包括提取待测样品总 DNA 作为分析模板，用通用型引物扩增靶标 COI 基因序列，并进行电泳检测和序列测定，将得到的序列在数据库中与已有物种的 DNA 编码信息进行重合度比对，从而将待分析个体鉴定至种。

1.6　资　源　估　算

《河流漂流性鱼卵和仔鱼资源评估方法》（SC/T 9427—2016）介绍了鱼类早期资源估算的方法。科学进行河流鱼卵、仔鱼资源评估，首先需要对调查采样方法、调查站位、调查采样频率进行规范；其次应当规范评估的内容，即主要的评估指标。鱼卵、仔鱼资源评估指标主要为种类组成和资源量，也可分析评估鱼类繁殖期鱼卵和仔鱼的分布特征变化、鱼类繁殖对环境变化或胁迫的响应、产卵场功能、河流生态系统功能状态等内容。进行漂流性鱼卵和仔鱼资源量估算，断面系数的取值非常重要。鱼卵、仔鱼在江河同一断面不同位置密度分布可能有较大的差异，因此需要断面系数进行数据校正。

1. 单位捕捞努力量渔获量

单位捕捞努力量渔获量的计算方法根据公式（1-1）：

$$CPUE = \frac{m}{t} \qquad (1-1)$$

式中，CPUE 为单位捕捞努力量渔获量[ind./(h·net)]；m 为一个网具一次采集时间内采集到的样品数量（ind./net）；t 为一次样品采集的持续时间（h）。

2. 种类组成

各种类鱼卵、仔鱼的比例组成按公式（1-2）计算：

$$P_i = \frac{N_i}{N} \times 100 \qquad (1-2)$$

式中，P_i 为第 i 种鱼的鱼卵、仔鱼数量占所有鱼的鱼卵、仔鱼数量的百分比（%）；N_i 为第 i 种鱼的鱼卵、仔鱼数量（ind.）；N 为所有鱼的鱼卵、仔鱼数量（ind.）。

3. 资源量测算

假设鱼卵、仔鱼在整个断面上的分布是均匀的，资源量计算公式（1-3）：

$$N_t = D \times Q \times t \qquad (1-3)$$

式中，N_t 为资源量（ind.）；D 为密度（ind./m^3）；Q 为流量（m^3/s）；t 为采样时长（s）。

然而实际上由于鱼卵、仔鱼在采样断面的分布往往是非均匀的，资源量估算时需要增加一个断面系数（C）进行修正，资源量计算公式（1-4）：

$$N_t = D \times Q \times t \times C \qquad (1-4)$$

断面系数是采样断面各采集点的鱼卵、仔鱼平均密度与固定采样点鱼卵、仔鱼密度的比值。具体按公式（1-5）计算：

$$C = \frac{\bar{D}}{d} \qquad (1-5)$$

式中，C 为鱼卵、仔鱼断面系数；$\bar{D}$ 为断面各采样点的鱼卵、仔鱼平均密度（ind./m^3）；d 为固定采样点的鱼卵、仔鱼密度（ind./m^3）。

鱼卵、仔鱼的密度计算公式为：

$$D = \frac{m}{S \times V \times t} \qquad (1-6)$$

式中，D 为一次采集的鱼卵、仔鱼密度（ind./m^3）；m 为采集时间内采集到的鱼卵、仔鱼数量（ind.）；S 为采集网网口面积（m^2）；V 为采集网网口处水流速度（m/s）；t 为采集持续的时间（s）。

综合起来一次定时采集时间内流经采样断面的鱼卵、仔鱼数量为

$$M_t = D \times Q \times t \times C = \frac{m}{S \times V \times t} \times Q \times t \times C = \frac{C \times m \times Q}{S \times V} \qquad (1\text{-}7)$$

即每次采集时间内的鱼卵、仔鱼资源量可以用公式（1-8）计算：

$$M_t = \frac{C \times m \times Q}{S \times V} \qquad (1\text{-}8)$$

式中，M_t 为采集时间内流经采样点断面的鱼卵、仔鱼总量（ind.）；C 为采样点的鱼卵、仔鱼断面系数；m 为采集时间内采集到的鱼卵、仔鱼数量（ind.）；Q 为采样时间内采样点所在断面的平均流量（m^3/s）；S 为采样网具的网口面积（m^2）；V 为采样时间内流经网口的平均水流速度（m/s）。

由于鱼卵、仔鱼的采样非自动连续采样，考虑采样间歇期的鱼卵、仔鱼量可测算出更精确的资源量：

$$M = \frac{t'}{2} \times \left(\frac{M_1}{t_1} + \frac{M_2}{t_2} \right) \qquad (1\text{-}9)$$

式中，M 为前后两次采集之间间歇时间的鱼卵、仔鱼量（ind.）；t' 为前后两次采集之间的间歇时间（h）；t_1、t_2 为前后两次采集的持续时间（h）；M_1、M_2 为前后两次采集时间内采集的鱼卵、仔鱼数量（ind.）。

以每天采样 4 次，每次采样 2 小时，采样时间以 0：00～2：00、6：00～8：00、12：00～14：00 和 18：00～20：00 为例，假设每次采集时间内采集的鱼卵、仔鱼数量分别为 N_1、N_2、N_3 和 N_4，且前一天和后一天鱼卵、仔鱼的密度无显著变化，即后一天 0：00～2：00 的采集量 $N_5 \approx N_1$，则一天内流经断面的资源量应该为：

（1）算法一

采集时间内的资源量：$N_1 + N_2 + N_3 + N_4$

非采集时间（间歇时间为 4 h）内的资源量：

$$\frac{4}{2}\left(\frac{N_1}{2} + \frac{N_2}{2} \right) + \frac{4}{2}\left(\frac{N_2}{2} + \frac{N_3}{2} \right) + \frac{4}{2}\left(\frac{N_3}{2} + \frac{N_4}{2} \right) + \frac{4}{2}\left(\frac{N_4}{2} + \frac{N_5}{2} \right)$$
$$= 2(N_2 + N_3 + N_4) + N_1 + N_5 \approx 2(N_1 + N_2 + N_3 + N_4) \qquad (1\text{-}10)$$

全天采集的鱼卵、仔鱼总量：$N \approx 3(N_1 + N_2 + N_3 + N_4)$

（2）算法二

鱼卵、仔鱼总量为

$$N = \left(\frac{N_1 + N_2 + N_3 + N_4}{2 + 2 + 2 + 2} \right) \times 24 = 3(N_1 + N_2 + N_3 + N_4) \qquad (1\text{-}11)$$

两种算法结果的差异主要取决于 N_5 和 N_1 的差异，而两种算法的差异大小取决于一

天中采样的次数，采样的次数越多，两种算法的差异就会越小，式（1-12）更为简便：

$$M_i = \frac{\sum_{t=1}^{n} M_t'}{t_i} \times 24 \qquad (1\text{-}12)$$

式中，M_i 为第 i 天流经采样点断面的鱼卵、仔鱼数量（ind.）；M_t' 为第 i 天中第 t 次采集时间内流经采样点断面的鱼卵、仔鱼数量（ind.）；n 为第 i 天内的采样次数；t_i 为第 i 天各次鱼卵、仔鱼样品采集的累积时长（h）。

无论是评价自然河流的资源量还是针对工程建设的影响评价，一般都想知道一年的资源总量或者损害量。可根据每天的资源量求算术平均值，即用公式（1-13）计算获得每年的资源量：

$$M_{年} = \frac{\sum_{i=1}^{n'} M_i}{n'} \times 365 \qquad (1\text{-}13)$$

式中，$M_{年}$ 为全年流经采样点断面的鱼卵、仔鱼总量（ind.）；M_i 为第 i 天流经采样点断面的鱼卵、仔鱼数量（ind.）；n' 为全年采样的天数。

而各种类鱼卵、仔鱼的数量在得知种类组成和资源总量之后，可以很容易用资源总量乘以相应种类占总量的百分比求得，即可根据公式（1-14）获得：

$$M_i' = M_{年} \times P_i \qquad (1\text{-}14)$$

式中，M_i' 为第 i 种鱼的鱼卵、仔鱼的年资源量（ind.）；$M_{年}$ 为全年所有鱼的鱼卵、仔鱼的总量（ind.）；P_i 为第 i 种鱼的鱼卵、仔鱼数量占所有鱼的鱼卵、仔鱼数量的百分比（%）。

第 2 章　鱼类早期资源发生与水文情势关系

水文情势是指自然水体各水文要素随时间变化的情况，主要变量为径流量、洪水出现时机、变化频率、持续时间等。鱼类关键的生命阶段或行为都与水文情势相联系，如产卵行为、早期发育阶段、洄游等。从进化角度来看，水生生物在数千万年演变中形成的繁殖习性、生活史策略、栖息地模式等都与自然水文情势密切相关。

水文情势总体上受自然环境的变化而变化，通常水文情势的变化是一个渐变过程，鱼类等生物能够适应这种环境的渐变过程。由于人类对水资源的利用和控制，诸如拦河水坝、水上交通、引水工程等对河流生态系统的影响是一个突变过程，鱼类等生物难以适应，繁殖、生长受到影响，造成河流生态系统中的物种组成、生物量变化，影响系统的能量循环，从而影响河流生态系统的功能。Graf（1999）分析了美国 75 000 座大坝的运行情况，大坝蓄水量与河流一年的径流量相当，部分区域蓄水量甚至超过了 3 年的径流量，自然水文情势的变化对河流生态系统和物种影响普遍且破坏力强（Poff et al.，1997；Postel et al.，2003）。水坝建设削弱了洪峰，降低了洪水的频率、减少了下游径流的变化。Bunn 等（2002）发现，美国犹他州绿河（Green River）建坝前后径流量月份分布变化明显，水文情势变化从空间和时间尺度改变了生境，对物种分布、丰度、水生群落的构成和生物多样性等产生影响。

中国地势西高东低，自北向南分布有松花江、辽河、海河、黄河、淮河、长江和珠江。松花江和辽河位于我国东北地区，年降水量一般为 500 mm，年际变化较大，有明显的丰枯水变化（李想等，2005）。黄河发源于青藏高原巴颜喀拉山北麓，干流全长 5463 km，流域总面积为 75.3 万 km^2，是中国的第二长河，流域大部分地区年降水量在 200～650 mm。海河流域东临渤海，西倚太行，南界黄河，北接内蒙古。黄河、海河流域属温带东亚季风气候区，冬季寒冷少雪，夏季气温高，降雨量多且多暴雨，年平均降水量 539 mm。长江自西向东横跨我国 19 个省（自治区、直辖市），干流全长 6380 km，流域面积 1 800 000 km^2，流域年平均降水量 1067 mm，年降水量和暴雨的时空分布很不均匀。淮河流域地处中国东部，介于长江流域和黄河流域之间，全长约 1000 km，流域面积为 274 657 km^2，降水量约 920 mm。东南诸河以平原和丘陵为主，降水量约 1600 mm，该地区的河流短小急促，以中小河流为主。珠江流域地处亚热带，北回归线横贯流域的中部，流域面积 453 690 km^2，多年平均降水量 1525.1 mm，降水量分布呈由东向西逐步减少的特点，降雨年内分配不均，地区分布差异和年际变化大。西南诸河位于我国西南边陲，是青藏高原和云贵高原的一部分，包括七大水系即藏西诸河、藏南诸河（含藏南内陆河）、雅鲁藏布江、滇西诸河、怒江、澜沧江、元江，该区域年平均降水量约 1212 mm。西北诸河主要包括塔里木河、伊犁河、额尔齐斯河等，西北地区许多地方年降雨量小于 100 mm。各流域气候、水量、地势和环境等不同，形成各自独特的水文情势。

　　江河鱼类资源自然补充过程与水密切相关，径流量、汛期、流速及水位等水文特征要素与鱼类繁殖密切相关。汛期降雨、融冰之水从陆地表面汇流夹带着陆源有机质和无机盐进入江河，营养物质的增加促进初级生产力迅速增加，流量加大、水位抬升，刺激鱼类繁殖。

2.1　水文、水动力基本概念

1. 河流

　　河流是陆地表面上有水流动的线形天然水道，以及由一定区域内地表水和地下水补给，形成经常或间歇地沿着狭长凹地水道流动的水流，包括水流和河床两要素。

　　在一定气候和地质条件下，雨水、冰川或者地下水在地球引力的作用下汇集形成水流，水流与河床相互依存、相互作用、相互促进变化发展。水流塑造河床、适应河床、改造河床。河床约束水流、改变水流、受水流所改造。

2. 水位

　　水位是指自由水面相对于某一基面的高程。计算水位所用基面可以是以某处特征海平面高程作为水准零点基面，即绝对基面，常用的是黄海基面；也可以用特定点高程作为参照计算水位的零点，称为测站基面。水位是反映水体水情最直观的因素，它的变化主要是由水体水量的增减变化引起的。水位过程线是某处水位随时间变化的曲线，横坐标为时间，纵坐标为水位。

3. 水深

　　水深是水体的自由断面到其河床面的垂直距离。水深符号为 d，计量单位为 m。

4. 径流量

　　径流量是指在某一时段内通过河流某一过水断面的水量。径流是水循环的主要环节，径流量是陆地上最重要的水文要素之一，是水量平衡的基本要素。

5. 流态

流态是流体流动的形态。流态可划分为层流、过渡流及湍流三种形态。当流速很小时，流体分层流动，互不混合，称为层流，也称为稳流或片流；逐渐增加流速，流体的流线开始出现波浪状的摆动，摆动的频率及振幅随流速的增加而增加，此种流况称为过渡流；当流速增加到很大时，流线不再清楚可辨，流场中有许多小漩涡，层流被破坏，相邻流层间不但有滑动，还有混合，这时的流体作不规则运动，有垂直于流管轴线方向的分速度产生，这种运动称为湍流，又称为乱流、扰流或紊流。

6. 水文情势

水文情势指河流、湖泊、水库等自然水体各水文要素随时间、空间的变化情况。其中，水文要素包括降水、径流、蒸发、输沙、水位等要素。

7. 流速

流速是液体单位时间内的位移，单位为 m/s。渠道和河道里的水流各点的流速不相同，靠近河（渠）底、河边处的流速较小，河中心近水面处的流速最大，通常用横断面平均流速来表示该断面流速。流速并不与流量成比例增加，若河道中心某些点的平均流速增加 2 倍，流量可能将要增加 10 倍。

8. 涡度

涡度是描述涡旋运动常用的物理量，可用来表征有旋运动的强度，根据涡度是否为零可判断流动是有旋还是无旋。涡流是水流的一种流动状态，具有三维特征。

9. 流速梯度

流速梯度指两液层间流速差与其距离的比值。

10. 动能梯度

动能梯度表示水流中单位距离单位质量的动能变化量。动能梯度是衡量水生生物对栖息地适应性的一个指标，它反映沿水深平均的水流平面紊乱程度。

11. 紊动动能

紊动动能是反映紊流中空间三维紊动强度，与平均流速、脉动流速有关。

12. 弗劳德数

弗劳德数是流体力学中表征流体惯性力和重力相对大小的一个量纲为 1 的参数，它表示惯性力和重力量级的比，反映水深和流速的共同作用。不同的弗劳德数可代表不同的运动状态，可以判断水流流态是急流还是缓流。由于弗劳德数的量纲为 1，用来比较不同河段的水流特性时可以不牵扯量纲和尺度的转化问题。

13. 功能流量

河流中不同生物对流量的适宜特征不同（张楠等，2010），由此产生了河流生态需水的概念，并据此建立了不同的指标体系（李昌文，2015）。不同鱼类繁殖对流量大小、频率、历时、发生时间、变化率等的要求都有差异。功能流量是指与鱼类繁殖中鱼卵、仔鱼出现相关的流量。鱼类的功能流量有一个范围，广义上某种鱼的功能流量是指周年中首次与末次繁殖对应的流量区间，狭义指鱼卵或仔鱼出现—结束对应的流量区间，或称功能流量小区。因此，功能流量可能由若干大小不同的功能流量小区组成，鱼类并不一定在广义的功能流量区间都产卵繁殖，这给研究鱼类产卵行为、产卵场功能评价增加了复杂因素。具有时空概念的功能流量或功能流量小区组合可反映产卵场功能状态。

2.2 洪　　汛

2.2.1 洪水期

洪水期是指江河中由于流域内季节性降水、融冰、化雪引起水位上涨的时期，又称汛期。我国汛期主要由夏季暴雨和秋季连绵雨水形成。全国各地汛期起止时间不一样，主要由区域气候和降水情况所决定。南方入汛时间较早，结束时间晚；北方入汛时间晚，结束时间早。我国主要江河汛期大致是珠江为 4～9 月，长江为 5～10 月，淮河为 6～9 月，黄河为 6～10 月，海河为 6～9 月，辽河为 6～9 月，松花江为 6～9 月。我国各地汛期开始时间随雨带的变化自南向北逐步推迟，而汛期的长度则自南向北逐渐缩短；珠江、钱塘江、瓯江和黄河、汉江、嘉陵江等有明显的双汛期，前者分前汛期和后汛期，后者分伏汛期和秋汛期；7～8 月是全国洪水出现频率最高的时间。江河中大部分鱼类在汛期繁殖，鱼类早期资源大部分发生在汛期。

描述洪水的要素包括洪峰流量（水位）及出现时间、洪水总量及洪水过程线。不同区域的径流先后汇集于河道，河水流量开始增加，水位相应上涨，此时称洪水起涨。地表径流汇集到河道，河水流量增至最大值时的流量，称为洪峰流量，其相应的最高水位称为洪峰水位。暴雨停止以后的一定时间，流域地表径流及存蓄在地面、表土及河网中的水量均已流出河道，河水流量及水位回落至原状态。洪水从起涨至峰顶到回落的整个过程，称为洪水过程，其流出的总水量称为洪水总量。

四大家鱼（青鱼、草鱼、鲢、鳙）是我国的主要经济鱼类，其繁殖过程与水文情势变化密切相关，繁殖季节水流条件不合适时，即使性腺发育成熟也不产卵（余志堂等，1985）。水位、流量、流量日增长率等与四大家鱼的产卵行为密切相关，繁殖期总涨水日数是决定四大家鱼繁殖的重要环境因子（李翀等，2006）；束水使四大家鱼产卵时间平均推迟 10 d，产卵规模也大幅降低（郭文献等，2011）。漂流性卵密度大于水，需要依靠水动力作用不至于下沉才能顺利漂流，完成发育孵化过程。

王文君等（2012）发现漂流性卵量变化与水文波动周期和频率较吻合，一般较水文波动周期短 2～3 d。其中水位变幅和变化率明显低于流量指标，日流量、日内最低流量、日内最大流量、日内流量变幅、日间流量变幅、日间流量变化率及与其相对应的水位变化频率均与鱼卵量变化呈极显著的相关关系（$p < 0.01$）。

珠江肇庆段 4～9 月为汛期，其间通过定置弶网每天监测该江段漂流性早期资源种类的出现情况，发现早期资源伴随着汛期到来而出现。江河主要鱼类早期资源补充过程与汛期一致，由图 2-1 可见 2006 年和 2007 年珠江中下游漂流性鱼类早期资源主要出现在 4～10 月，其他月份较少。

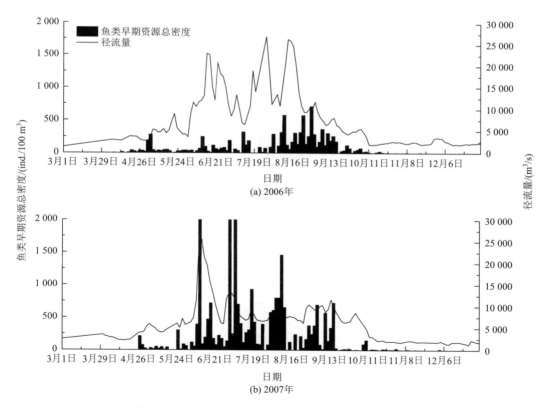

图 2-1　珠江中下游漂流性鱼类的补充过程与汛期关系

2.2.2　洪水过程对早期资源发生的影响

鱼类早期资源出现与洪水过程密切关联。长江上游四大家鱼一般在涨水后 0.5～1 d 即见产卵，中游江段在涨水后 1～2 d 甚至 3 d 才见产卵。观测监利江段四大家鱼早期资源出现在江水水位涨幅 0.73～6.92 m（平均涨幅 3.77 m），流量增加 5300～16900 m³/s（平均增加 9833 m³/s）的过程中。通常，早期资源出现持续时间都在 4 d 以上（余志堂，1988；长江水系渔业资源调查协作组，1990）。李翀等（2006）认为每年 5～6 月产卵场江段的持续涨水日数是决定四大家早期资源发江量多寡的一个重要环境因子。洪水季节水位上涨流量增大，流速相应增大，流速增加过程是刺激亲鱼产卵的条件。岷江下游洪峰起伏过程通常持续 2～8 d，其中持续 4 d 的次数最多，占 27.78%。卵出现的持续时间为 2～8 d，其中，持续 2 d 的次数占 37.5%，鱼卵出现的过程较径流量涨落过程短 2～3 d，但二者的峰谷周期相对应（王文君等，2012）。四大家鱼产卵绝大多数是在涨水期间进行，繁殖季节江水上涨就可能造成四大家鱼产卵。李修峰等（2006b）认为，汉江日均涨水幅度 0.01～8.00 m，都可引起产漂流性卵鱼类繁殖。王芊芊等（2010）发现赤水河平鳍鳅科和鳅科沙鳅亚科的种类对流量和流速的变化非常敏感，4～7 月当流量小于 200 m³/s 时，不能采集到仔鱼，当流量增加至 300 m³/s 以上时，出现大批仔鱼。刘飞等（2019）也观测到紫薄鳅（*Leptobotia taeniops*）、犁头鳅（*Lepturichthys fimbriata*）等鳅类在大幅度的涨水过程出现仔鱼。

分析 2007～2012 年珠江肇庆段鱼类早期资源出现与洪峰关系发现，四大家鱼早期资源发生对应的起涨径流量大部分在 3000～8000 m³/s，其中起涨径流量超过 4000 m³/s 时早期资源量相对多（图 2-2）。

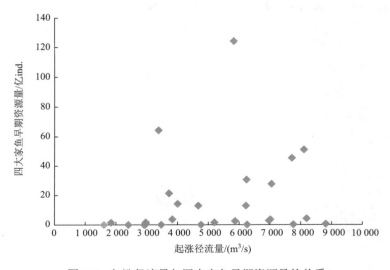

图 2-2　起涨径流量与四大家鱼早期资源量的关系

　　四大家鱼早期资源量随洪峰流量增加而逐渐增加，洪峰流量在 9000 m³/s 以下时，四大家鱼早期资源量较小；洪峰流量超过 14 000 m³/s 时，四大家鱼早期资源量有较明显的增加（图 2-3）。同时，径流量单日最大上涨量小于 2000 m³/s 时，产卵量较小；但当径流量单日最大上涨量超过 3200 m³/s 后，早期资源量明显增加（图 2-4）。

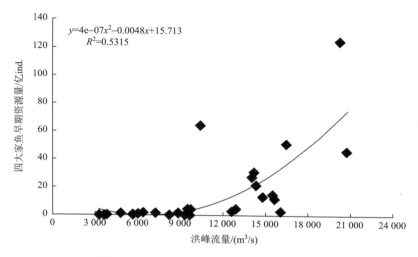

图 2-3　四大家鱼早期资源与洪峰流量关系

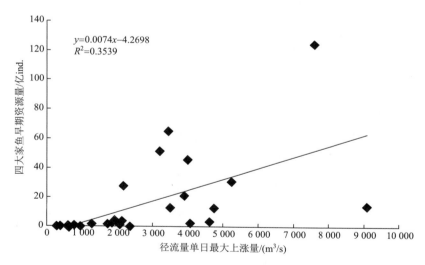

图 2-4　径流量单日最大上涨量与早期资源发生关系

　　四大家鱼早期资源量随着洪水过程中径流量平均日上涨量的增加呈逐渐增加的趋势，但在径流量平均日上涨量小于 1000 m³/s 时，早期资源量相对较小，平均日上涨量在 1000～2000 m³/s 时，早期资源量明显增加（图 2-5）。洪峰时间长短不一，分析发现 3～9 d 的涨水历时均有四大家鱼早期资源发生，其中 3 d、5 d、8 d 的涨水历时早期资源量较大，这也许与洪峰起涨径流量、径流量平均日上涨量和径流量单日最大上涨量有关（图 2-6）。

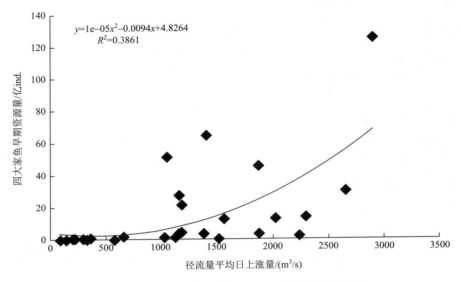

$$y=1e-05x^2-0.0094x+4.8264$$
$$R^2=0.3861$$

图 2-5　径流量平均日上涨量与早期资源发生关系

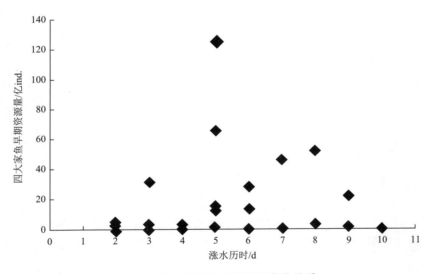

图 2-6　涨水历时与早期资源发生关系

分析发现，四大家鱼早期资源对历时 6～24 d 的单个洪峰均响应，11～17 d 洪峰是早期资源量相对集中出现的时间范围。单个洪峰涨水 5～7 d、退水 4～6 d 可能更有利于四大家鱼的繁殖（图 2-7）。

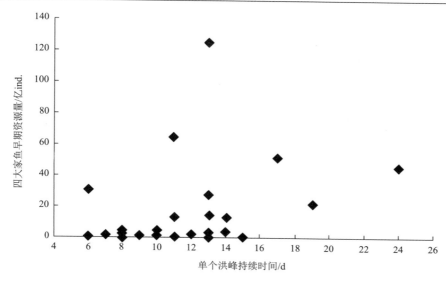

图 2-7　单个洪峰过程与早期资源发生关系

　　河流的周年水文过程通常涉及多次洪水起降过程，鱼类早期资源发生总体上响应洪水起降变化。目前学界比较重视鱼类繁殖与水文相关分析，由于缺少鱼类繁殖或补充相关的量化数据的支持，很少有定量化的研究。鱼类产卵繁殖也涉及洄游、迁移、性腺发育等生活史过程，具有周期性特征。观测漂流性早期资源的监测点通常在产卵场的下游，鱼类繁殖行为受洪水影响，产卵过程需要生理响应时间，因此获取的数据与水文实际过程存在滞后性，研究水文的生态效应需要从长时间序列的角度考虑水文对鱼类的作用过程与鱼类的响应。

　　江河每年都发生多次洪水，径流总量的年际变化很大，各月流量分布、水文过程上有一定差异，且各月分布也有差别。图 2-8 为 2007~2012 年珠江大湟江口断面周年径流量变化，可以明显看出年际流量过程的差异。

　　一次洪水过程可通过涨水幅度、日涨幅、涨水时间、退水时间等来描述。有些洪水过程可能存在不同批次鱼分批次产卵的行为，但也有些洪水过程可能没有鱼繁殖响应。剖析鱼类繁殖对单一洪水过程的响应可获得早期资源发生与洪峰关系更为详细的信息。对某一洪水过程使用逐时数据与逐日数据比可获得与实际洪峰过程更为吻合的描述结果。例如珠江大湟江口 2012 年 4 月 19 日~26 日的一次洪水过程，逐日测报的径流量最大值为 6340 m³/s，而逐时测报的径流量最大值为 7440 m³/s，相差 17.4%。分析一次洪水过程，逐日测报的退水时间就比逐时测报多出 1.5 d，可见，逐时水文数据在分析涨落时间上更准确（图 2-9）。

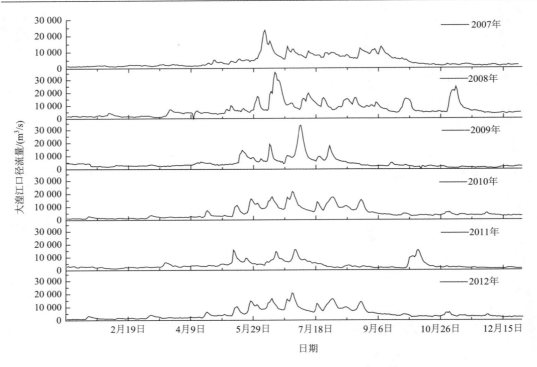

图 2-8   2007～2012 年珠江大湟江口径流过程年际差异

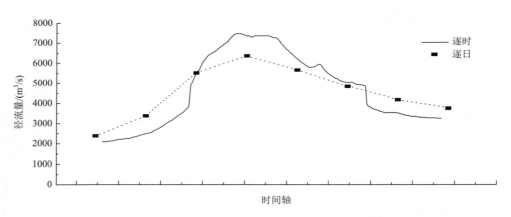

图 2-9   逐时与逐日水文数据在一次洪水过程中的差异

　　对 2007～2012 年四大家鱼早期资源量与水文数据进行多元回归模型分析,得出平均
径流量与早期资源量显著性相关的结果。但是,回归模型分析拟合优度在 $R^2 = 0.4912$,
表明模型的拟合效果一般。通过数据标准化处理,如数据通过对数处理之后,尽管单一
的水文因子与早期资源量无显著性相关,但回归模型的拟合优度 $R^2 = 0.7368$,模型拟合
效果显示更好(表 2-1)。

表 2-1　多元线性回归模型拟合参数

自变量	估计值	标准差	T 值	P_r
截距	−35.6615	31.0384	−1.149	0.262
平均日径流量	1.5331	3.4642	0.443	0.662
径流量平均日涨率	2.3312	3.4161	0.682	0.502
洪水期径流量涨幅	−0.6437	3.3772	−0.191	0.851
洪水期水位平均日涨率	−2.0200	9.3507	−0.216	0.831
洪水期水位最大涨幅	2.1346	4.5310	0.471	0.642
初始水位	3.0479	12.4270	0.245	0.808
洪水过程天数	2.3701	2.3842	0.994	0.331
涨水天数	1.3434	2.6886	0.500	0.622

注：$P_r > 0.5$，相关性不显著。

在逐步回归分析径流量平均日涨率、洪水过程天数与早期资源量关系时也有类似的情况。如果数据不进行类似对数标准化处理，水文变量中仅平均日径流量与早期资源量呈现显著性相关，但回归拟合优度 $R^2 = 0.4912$；数据标准化后，回归模型的拟合优度 $R^2 = 0.71$，回归模型拟合效果显著（表 2-2）。

表 2-2　逐步回归模型拟合参数

自变量	估计值	标准差	T 值	P_r
截距	−23.972 3	4.167 6	−5.752	3.15e−06
径流量平均日涨率	3.137 5	0.658 3	4.766	4.86e−05
洪水过程天数	4.263 7	1.142 7	3.731	8.26e−04

注：$P_r < 0.001$，相关性极显著。

2.3　功　能　流　量

河流的流量季节性分布明显，汛期通常占全年流量的 70% 以上。大多数鱼类繁殖与汛期关联。多数鱼类繁殖的功能流量发生在汛期。由于鱼类群落分布与区域环境特征相适应，不同河流鱼类群落不同，同一河流上、中、下游不同区域鱼类群落不同，因此，功能流量的时空分布不同。年度间有丰枯水变化，功能流量年际也有差异。

2.3.1　功能流量总体特征

江河中不同鱼类早期资源的补充过程对江河流量变化的响应，是适应环境变化的结果。依赖流量变化繁殖的鱼类，资源补充过程受水文情势的影响。珠江肇庆段 2006 年早期资源对应的主要流量如图 2-10 所示，流量在 1050～26800 m³/s，主要鱼类繁殖的功能流量为 3640～26800 m³/s，时间范围大致在 5～10 月。

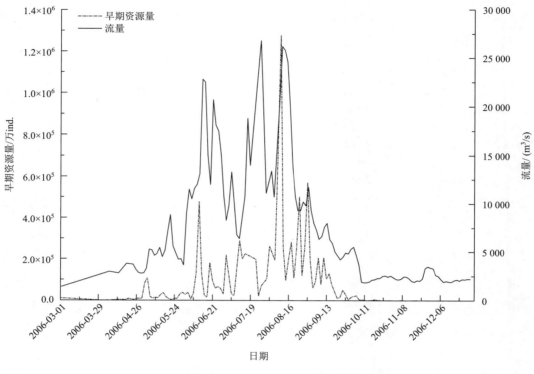

图 2-10 2006 年珠江肇庆段早期资源发生的功能流量

　　珠江肇庆段周年流量的分布基本呈正态分布，其中由许多称之为洪峰的流量过程组成，这些洪峰有起涨—峰值—下降的单元过程（图 2-11）。

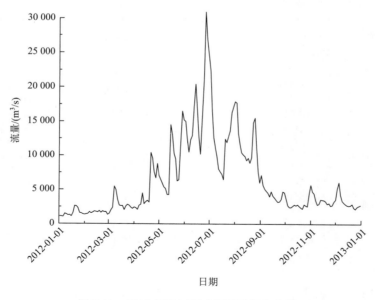

图 2-11 2012 年珠江肇庆段流量周年变化

　　将珠江肇庆段 2006～2012 年多年周年流量进行切分，其中＜5000 m³/s 流量占全部流量的 62.3%，5000～＜10000 m³/s 占 21.7%，10000～＜15000 m³/s 占 9.5%，15000～＜20000 m³/s 占 3.1%，20000～＜25000 m³/s 占 1.9%，25 000 m³/s 及以上占 1.5%（图 2-12）。

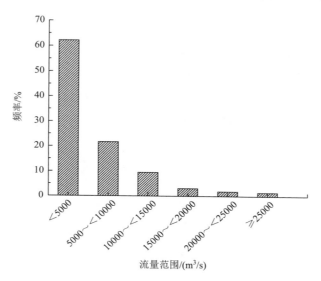

图 2-12　2006～2012 年珠江肇庆段的流量分布特征

　　鱼类早期资源补充过程也由类似的一个个峰组成，但其曲线与对应流量过程曲线并非完全重合（图 2-13）。不同鱼类繁殖、早期资源发生有不同的喜好流量（图 2-14），5000 m³/s 以下流量漂流性鱼类早期资源量占全年总量的 1.4%，5000～＜10000 m³/s 占 6.5%，10000～＜15000 m³/s 占 52.5%，15000～＜20000 m³/s 占 18.9%，20000～＜25000 m³/s

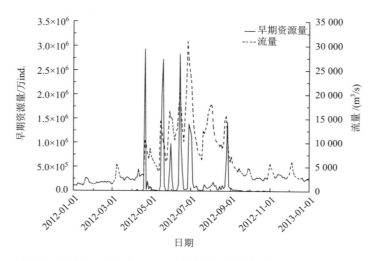

图 2-13　2012 年珠江肇庆段漂流性鱼类早期资源发生与流量过程关系

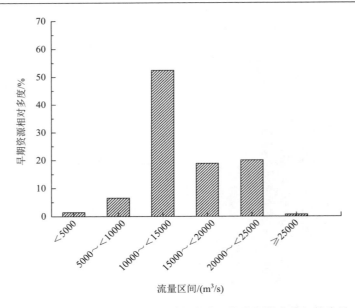

图 2-14　2012 年珠江肇庆段漂流性鱼类早期资源发生偏好的流量

占 20.0%，25 000 m³/s 及以上占 0.7%。珠江肇庆江段 90%以上的鱼类早期资源在 10000～<25000 m³/s 流量区间出现。不同种类的鱼繁殖与其早期资源发生的最适流量区间存在差异。

有的鱼类早期资源对流量变化完全响应，有的鱼类部分响应，也有鱼类对流量变化不响应。在 2012 年珠江肇庆段周年早期资源样本中每隔两天抽取一个监测样品进行早期资源种类、丰度分析。结合全年肇庆高要水文站日均流量数据，可知不同种类早期资源发生的喜好流量。依据功能流量定义可知，不同鱼类的功能流量不同。

2.3.2　部分鱼类的功能流量特征

1. 七丝鲚

七丝鲚的功能流量区间为 10000～<20000 m³/s，低于 10 000 m³/s 或高于 20 000 m³/s 基本不出现仔鱼。在 15000～<20000 m³/s 流量区间出现的七丝鲚仔鱼量占全年七丝鲚仔鱼总量的 80%以上，七丝鲚仔鱼主要在中流量区间出现（图 2-15）。

2012 年，七丝鲚仔鱼在 6 月 4 日流量为 12 400 m³/s 时首次出现，6 月 6 日流量为 10 500 m³/s 时出现高峰，6 月 4 日～6 日仔鱼期中，仔鱼量占全年七丝鲚仔鱼总量的 14.4%。6 月 14 日流量为 17 000 m³/s 时，单日仔鱼量达 85.6%。全年共两批次仔鱼，仔鱼期短。出仔鱼期在 10000～<20000 m³/s 流量区间（图 2-16）。七丝鲚属洄游性鱼类，其早期资源补充变化量是反映陆海生态系统变化的指标之一。

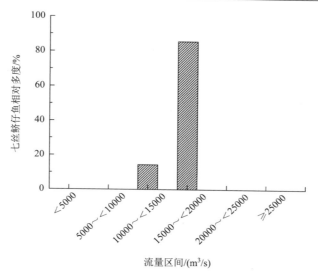

图 2-15　七丝鲚仔鱼出现的流量区间

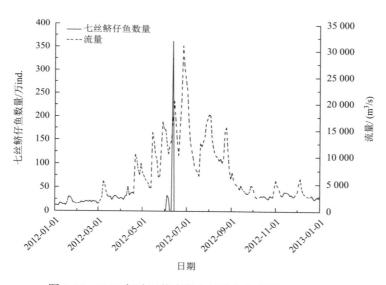

图 2-16　2012 年珠江肇庆段七丝鲚仔鱼数量与流量分布

2. 银鱼科

银鱼科鱼类的功能流量区间出现为 1000～30000 m³/s。其中，在 10000～<15000 m³/s 流量区间出现的仔鱼量占全年银鱼科仔鱼总量的 20%以上，在 15000～<20000 m³/s 流量区间出现的仔鱼量占 35%以上。银鱼科仔鱼发生集中在中偏低流量区间（图 2-17）。

2012 年，银鱼科仔鱼在 2 月 9 日流量为 1560 m³/s 时首次出现，1560～3420 m³/s 流量区间内仔鱼多次出现，最长一次持续 7～9 d，至 4 月 17 日的总仔鱼量小于 1%。其间有一次约 5000 m³/s 的流量高峰，未见仔鱼明显增加。4 月 21 日进入第一个流量超过 10 000 m³/s

的洪峰，同样未发生仔鱼响应。进入洪水期后，5 月 19 日～7 月 6 日，流量在 6270～30900 m^3/s 起伏，仔鱼量占全年银鱼科仔鱼总量的 76.4%。其中对应流量 10 300 m^3/s 的最大仔鱼发生量占全年银鱼科仔鱼量的 12.9%。7 月 8 日～9 月 4 日未监测到仔鱼。9 月 6 日～12 月 23 日，流量从 5120 m^3/s 逐渐下降至 2300 m^3/s，其间流量起伏，仔鱼多次发生，占全年银鱼科仔鱼总量 22.6%，单日流量 5120 m^3/s 时最大仔鱼发生量占 13.7%。全年最后一次出现仔鱼时流量为 2370 m^3/s，仔鱼量小于 1%。银鱼科鱼类全年出现两个仔鱼发生高峰期，分别为 5～7 月和 9 月。仔鱼期几乎在所有流量区间都有仔鱼发生，7 月 8 日～9 月 4 日明显无仔鱼发生（图 2-18）。

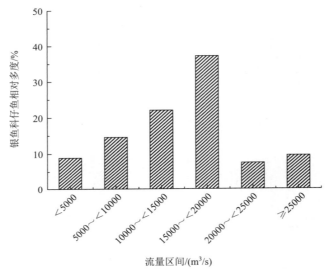

图 2-17　银鱼科仔鱼出现的流量区间

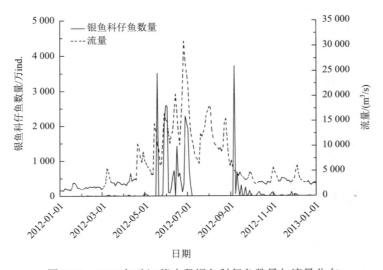

图 2-18　2012 年珠江肇庆段银鱼科仔鱼数量与流量分布

3. 草鱼

　　草鱼在流量 5000 m³/s 以下时几乎不繁殖，功能流量区间为 5000～26800 m³/s。其中，在 10000～<15000 m³/s 流量区间出现的草鱼仔鱼量占全年草鱼仔鱼总量的 51.2%，在 15000～<25000 m³/s 流量区间出现的仔鱼量占 23.4%，在 25 000 m³/s 及以上流量区间出现的仔鱼量占 23.1%。草鱼仔鱼发生在中流量或高流量区间（图 2-19）。

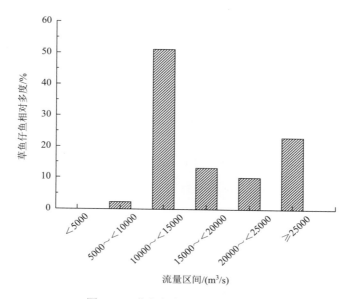

图 2-19　草鱼仔鱼出现的流量区间

　　2012 年，草鱼仔鱼在 4 月 25 日流量为 7550 m³/s 时首次出现，此前出现流量由 2840 m³/s 上升至 4480 m³/s、3170 m³/s 上升至 10 400 m³/s 的两次洪水过程，但未见草鱼仔鱼。4 月 21 日～25 日流量从 10 400 m³/s 下降至 7550 m³/s 时，首次见仔鱼。高峰期在 5 月 17～23 日。5 月 13 日流量从 4260 m³/s 快速上升至 15 日的 14 500 m³/s，在下降至 5 月 17 日的 13000～10300 m³/s 时仔鱼大量出现，该时期仔鱼量占全年草鱼仔鱼总量的 38.4%，仔鱼期持续 7 d，至 6430 m³/s 流量时结束。6 月 14 日～18 日是第二个高峰期，由 6 月 6 日的 10 500 m³/s 上升至 24 000 m³/s，持续 5 d，仔鱼量占 14.6%。第三个高峰期在 6 月 28 日～7 月 4 日，流量由 26 800 m³/s 退至 16 500 m³/s，仔鱼量占 27.8%。前期流量由 6 月 20 日的 10 200 m³/s 上升至 6 月 26 日的 30 900 m³/s（图 2-20）。

4. 青鱼

　　青鱼在流量 5000 m³/s 以下时几乎不繁殖，功能流量区间为 10000～26800 m³/s。约 51% 的仔鱼出现在 10000～<15000 m³/s 流量区间，38.3% 分布在 15000～<25000 m³/s 流

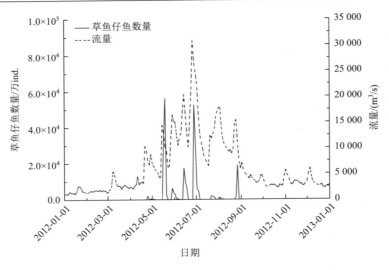

图 2-20　2012 年珠江肇庆段草鱼仔鱼数量与流量分布

量区间，25 000 m³/s 及以上流量出现的仔鱼量占 10.7%。与草鱼一样，青鱼仔鱼量多少与流量大小不完全匹配，提示流量过程对仔鱼量有影响。青鱼仔鱼发生在中流量或高流量区间（图 2-21）。

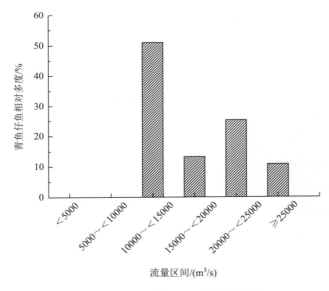

图 2-21　青鱼仔鱼出现的流量区间

2012 年，青鱼仔鱼在 5 月 19 日 10 300 m³/s 流量时首次出现。出现仔鱼前 1 个月内流量从 10 400 m³/s 下降至 4260 m³/s，随后 2 d 内快速上升至 14 500 m³/s，在此流量下经历 4 d，至 5 月 19 日，流量下降至 10 300 m³/s，出现仔鱼量峰值，仅 1 d 仔鱼量占全年

青鱼仔鱼总量的 45.2%。第二次峰值出现在 6 月 14 日～16 日，流量由 10 500 m³/s 上升
至 20 400 m³/s 时出现仔鱼，下降至 12 700 m³/s 时仔鱼期结束，3 d 仔鱼量占全年青鱼仔
鱼总量的 22.9%。第三次峰值发生在 6 月 28 日～7 月 2 日，此前流量由 12 700 m³/s 经约
10 d 上升至 30 900 m³/s，随后经 2 d 下降至 26 800 m³/s 时出现为期约 5 d 的仔鱼期，仔
鱼量占 19.6%。全年最后一次出现仔鱼是在 7 月 26 日的 13 600 m³/s 流量节点，其间流
量发生由 6460 m³/s 上升至 17 900 m³/s 的过程。虽然 8 月 21 日～29 日还有一次流量上升
至 15 500 m³/s 的过程，但未监测到仔鱼（图 2-22）。

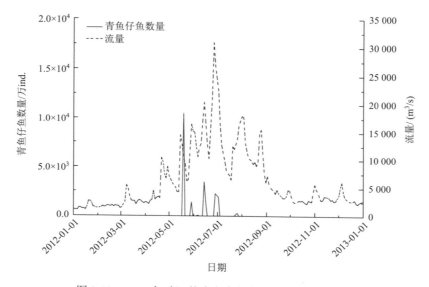

图 2-22　2012 年珠江肇庆段青鱼仔鱼数量与流量分布

5. 赤眼鳟

　　赤眼鳟的功能流量区间为 2230～30900 m³/s。其中，在流量 10 000 m³/s 以下时仔
鱼发生很少，仅占全年赤眼鳟仔鱼总量的 6.5%，在 10000～<15000 m³/s 流量区间出
现的仔鱼量占 43.7%，15000～<20000 m³/s 流量区间出现的仔鱼量占 17.4%，20000～
<25000 m³/s 流量区间出现的仔鱼量占 25.2%，25 000 m³/s 及以上流量区间出现的仔鱼
量占 7.2%。赤眼鳟仔鱼发生在中偏高流量区间（图 2-23）。

　　2012 年，赤眼鳟仔鱼在 4 月 23 日流量为 9600 m³/s 时首次出现，由 10 400 m³/s 流量
下降的第二天见仔鱼。5 月 9 日～10 月 30 日，几乎每天均可断监测到仔鱼。5 月 17 日～19 日
出现 29.7%的仔鱼量，是在流量由 14 500 m³/s 下降至 13 000 m³/s 时发生的。第二个峰值是
在 6 月 14 日，此时流量由 17 000 m³/s 上升至 20 400 m³/s，单日仔鱼量占 17.9%。末次发现
仔鱼是在 10 月 30 日，流量为 4340 m³/s。赤眼鳟仔鱼数量与流量分布见图 2-24。

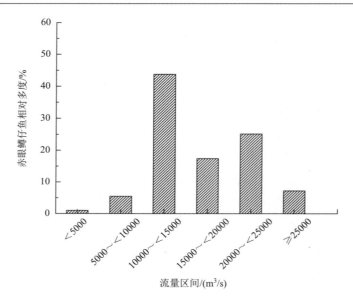

图 2-23　赤眼鳟仔鱼出现的流量区间

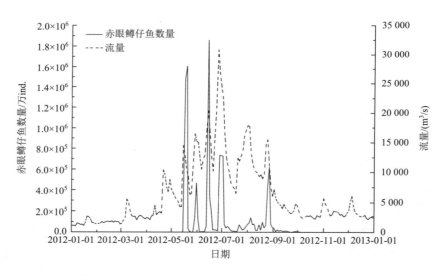

图 2-24　2012 年珠江肇庆段赤眼鳟仔鱼数量与流量分布

6. 鳡

鳡的功能流量区间为 2840～26800 m³/s，但集中出现仔鱼的流量区间为 5000～<25000 m³/s，占全年鳡仔鱼总量的 93.0%。其中以 10000～<15000 m³/s 流量区间出现的仔鱼量占比最高，为 40.9%；在 5000 m³/s 以下流量区间出现的仔鱼量只占全年鳡仔鱼总量的 0.2%。鳡仔鱼发生在中偏高流量区间（图 2-25）。

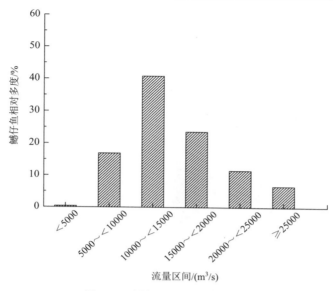

图 2-25 鳡仔鱼出现的流量区间

2012 年，鳡仔鱼在 4 月 9 日流量为 2840 m^3/s 时首次出现，见仔鱼前约一个月有一个 5400 m^3/s 的流量峰。第一个仔鱼期持续时间 11 d，最低流量 4480 m^3/s，至流量突然升高至 10 400 m^3/s 时结束，仔鱼量仅占 0.3%。第二个仔鱼期在 4 月 25 日～5 月 1 日，在流量下降过程中发生仔鱼，流量区间为 6700～8800 m^3/s，仔鱼量占 10.2%。第三个仔鱼期在 5 月 11 日～7 月 14 日，流量范围在 4260～30900 m^3/s，其中流量由 8800 m^3/s 下降至 4280 m^3/s 时再现仔鱼，最高流量 30 900 m^3/s 时未见仔鱼。流量在 4260～26800 m^3/s 时发生的仔鱼占全年鳡仔鱼总量的 88.8%。最大仔鱼量在 5 月 17 日，仔鱼量占 17.8%。末次发现仔鱼是在 8 月 7 日，流量为 11 600 m^3/s。鳡仔鱼数量与流量分布见图 2-26。

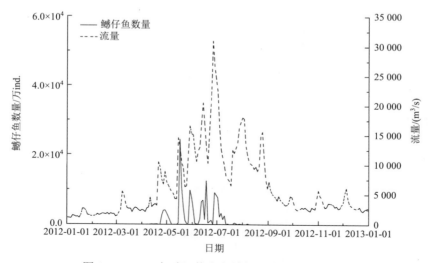

图 2-26 2012 年珠江肇庆段鳡仔鱼数量与流量分布

7. 鳡

鳡的功能流量区间为 5000～20000 m³/s，但集中出现仔鱼的流量区间为 10000～
＜15000 m³/s，约占全年仔鱼总量的 65%。鳡仔鱼发生在中流量区间（图 2-27）。

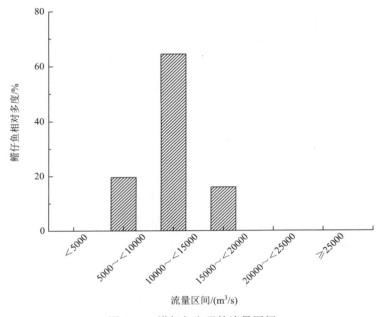

图 2-27 鳡仔鱼出现的流量区间

2012 年，鳡仔鱼在 5 月 19 日流量为 10 300 m³/s 时首次出现，见仔鱼前（4 月 21 日）
有一个 10 400 m³/s 的流量峰，至 5 月 13 日下降至 4260 m³/s，经 2 d 于 5 月 15 日骤升
至 14 500 m³/s，4 d 后降至 10 300 m³/s。5 月 19 日单日仔鱼量占全年鳡仔鱼总量的
62.0%，仔鱼期持续时间 8～10 d，仔鱼量达到 81.6%。5 月 31 日～6 月 4 日出现第二
批仔鱼，单日仔鱼量达 10.4%，持续时间 4～6 d，仔鱼量占 11.5%，至 12 400 m³/s 时
结束。第三个仔鱼期持续 6～8 d，仔鱼发生在流量由 20 400 m³/s 下降至 16 600 m³/s
时，仔鱼量占 6.5%。最后一次产仔鱼是在 7 月 26 日。鳡仔鱼主要在 5200～10400 m³/s
流量区间出现（图 2-28）。

8. 鲌类

鲌类的功能流量区间为 1000～30000 m³/s，但集中出现仔鱼的流量区间为 5000～
＜25000 m³/s，占全年鲌类仔鱼总量的 95.1%。5000 m³/s 以下和 25 000 m³/s 及以上的流
量区间合计出现的仔鱼量仅占全年鲌类仔鱼总量的 4.9%，说明太高或太低的流量都不利
于鲌类产卵繁殖（图 2-29）。

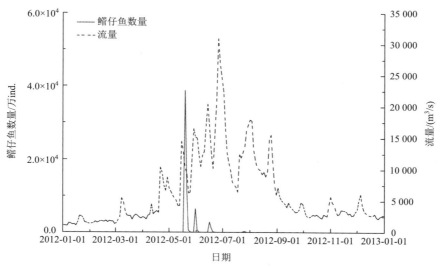

图 2-28　2012 年珠江肇庆段鳡仔鱼数量与流量分布

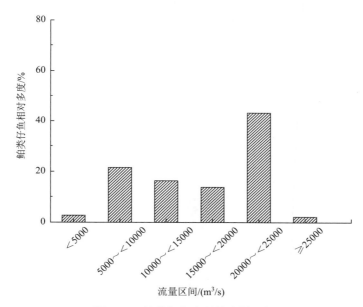

图 2-29　鲌类仔鱼出现的流量区间

　　2012 年,鲌类仔鱼首次出现在 5 月 9 日 5150 m³/s 流量时,此前约二周流量从 10 400 m³/s 持续下降,下降至 4260～5150 m³/s 区间见仔鱼。5 月 15 日第二次洪水期流量上升至 14 500 m³/s 的过程中未监测到仔鱼,而当 5 月 21 日流量下降至 9500 m³/s 的过程中,流量小幅起伏波动伴随仔鱼断续出现。5 月 21 日～6 月 26 日,流量上升至 30 900 m³/s,这一洪水过程仔鱼发生占该鱼全年仔鱼总量的 57.3%。6 月 14 日流量 20 400 m³/s,仅该日仔鱼发生量即占该鱼全年仔鱼总量的 42.5%。另一个仔鱼期发生在 7 月 4 日～9 月 24 日,流量由 17 900 m³/s 下降至 3260 m³/s,仔鱼发生占该鱼全年仔鱼总量的 42.5%。鲌类仔鱼主要出现在两个流量区间，除一次大峰值外，其余时间出仔鱼量少，仔鱼期长。图 2-30 为鲌类仔鱼数量与流量分布。

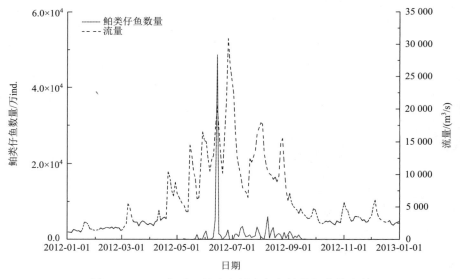

图 2-30　2012 年珠江肇庆段鲌类仔鱼数量与流量分布

9. 广东鲂

广东鲂的功能流量区间为 3200～30900 m³/s，但流量低于 5000 m³/s 时仔鱼量很少，仅占全年仔鱼总量的 0.1%。在 10000～<15000 m³/s 流量区间出现的仔鱼量约占全年仔鱼总量的 72%。广东鲂仔鱼发生在中偏低流量区间（图 2-31）。

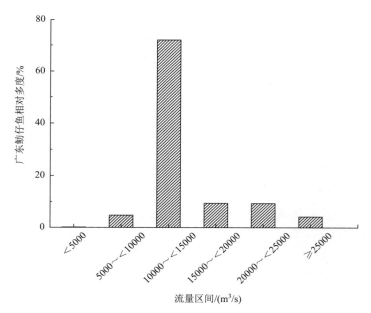

图 2-31　广东鲂仔鱼出现的流量区间

2012 年，广东鲂仔鱼出现始于 4 月 21 日，至 9 月 28 日止，初次出仔鱼时流量为 10 400 m³/s，末次出仔鱼时流量为 4720 m³/s。4 月 21 日单日最大仔鱼量占全年广东鲂仔鱼总量的 52.7%。至 6 月 30 日，仔鱼量占 86.7%，图 2-32 为广东鲂仔鱼数量与流量分布。

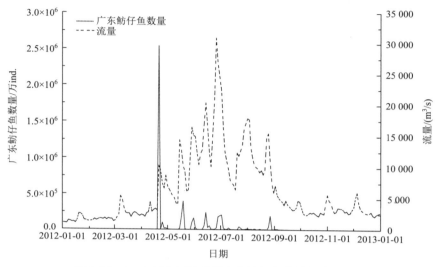

图 2-32　2012 年珠江肇庆段广东鲂仔鱼数量与流量分布

10. 飘鱼属

飘鱼属的功能流量区间为 1000～30000 m³/s。其中，在 10000～<15000 m³/s 流量区间出现的仔鱼量占全年飘鱼属仔鱼总量的 35%以上，5000～<10000 m³/s 流量区间出现的仔鱼量约占 25%，15000～<20000 m³/s 流量区间出现的仔鱼量约占 20%。飘鱼属仔鱼集中发生在中偏低流量区间（图 2-33）。

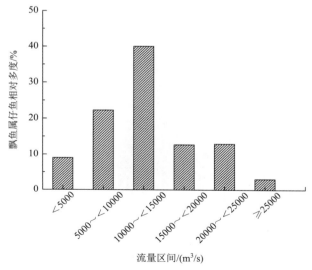

图 2-33　飘鱼属仔鱼出现的流量区间

2012 年，飘鱼属仔鱼在 4 月 23 日流量为 9600 m³/s 时首次出现。单日仔鱼量在 8 月 23 日流量为 14 800 m³/s 时最大，占全年仔鱼总量的 15.2%。仔鱼出现时间长。仔鱼主要在汛期的中后期，流量 5200～20800 m³/s 时出现（图 2-34），7 月 1 日至 10 月 14 日，仔鱼量占 78.6%。

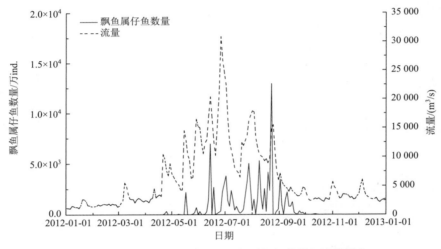

图 2-34　2012 年珠江肇庆段飘鱼属仔鱼数量与流量分布

11. 鳘

鳘的功能流量区间为 2700～30900 m³/s。其中，在 10000～<15000 m³/s 流量区间出现的仔鱼量占全年鳘仔鱼总量的 42.9%，在 5000～<10000 m³/s 流量区间出现的仔鱼量占 23.7%，在 15000～20000 m³/s 流量区间出现的仔鱼量占 16.0%。仔鱼集中发生在中偏低流量区间（图 2-35）。

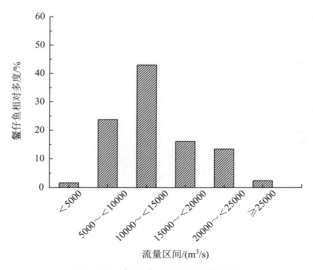

图 2-35　鳘仔鱼出现的流量区间

2012 年，鳘仔鱼首次出现在 4 月 9 日 2840 m³/s 流量时，此前约一个月有一个洪水过程，流量上升至 5400 m³/s，仔鱼发生持续了 4～6 d，但仔鱼量小于 1%。第二个仔鱼期出现在 4 月 21 日至 6 月 2 日，持续时间 42 d，流量在 4260～15600 m³/s 起伏，仔鱼量达 42.8%，其中 10 400 m³/s 流量对应仔鱼量达 16.8%。第三个仔鱼期在 6 月 6 日至 9 月 18 日，持续时间 104 d，流量在 3820～17900 m³/s 起伏，仔鱼量达 57.1%，其中流量 20 400 m³/s 时仔鱼量达 7.7%。末次仔鱼发生在 10 月 4 日，流量为 2710 m³/s。鳘仔鱼出现时间长，发生的流量区间见图 2-36。

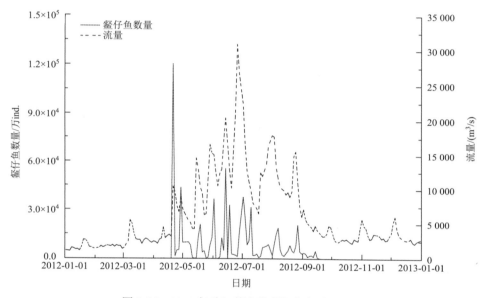

图 2-36　2012 年珠江肇庆段鳘仔鱼与流量分布

12. 鲴属

鲴属的功能流量在 3170～26800 m³/s，鲴属仔鱼集中在 5200～20800 m³/s 流量区间出现。10000～＜5000 m³/s 流量区间的仔鱼量大于 45.1%，5000～＜10000 m³/s、15000～＜20000 m³/s 流量区间仔鱼量分别达 7.7% 和 26.3%。20000～＜25000 m³/s 流量区间仔鱼量占 14.9%。仔鱼集中发生在中偏高的流量区间（图 2-37）。

鲴属仔鱼在 4 月 15 日流量为 3230 m³/s 时首次出现，至 7 月 6 日止，监测仔鱼量达全年鲴属仔鱼总量的 81.4%。单日仔鱼量达到 16% 以上时流量分别为 5 月 19 日的 10 300 m³/s 和 8 月 27 日的 11 100 m³/s。4 月 15 日～6 月 28 日，仔鱼量达 80.0%。鲴属仔鱼发生时间长（图 2-38）。

13. 鲮

鲮的功能流量区间为 10000～30900 m³/s，流量低于 10 000 m³/s 时仔鱼量极少。在

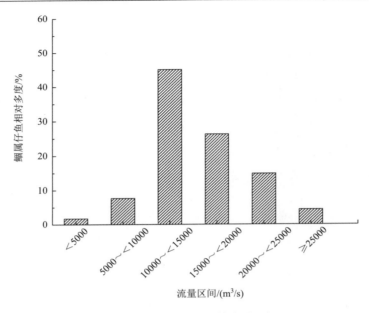

图 2-37 　鲴属仔鱼出现的流量区间

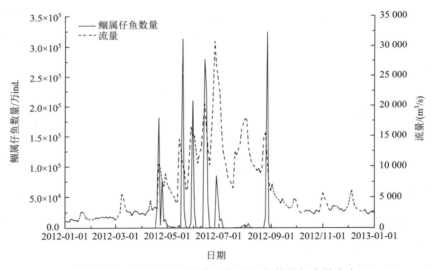

图 2-38 　2012 年珠江肇庆段鲴属仔鱼数量与流量分布

10000～＜15000 m³/s、15000～＜20000 m³/s 流量区间出现的仔鱼量分别占全年鲮仔鱼总量的 33.7%和 39.3%。20000～＜25000 m³/s 流量区间出现的仔鱼量占全年鲮仔鱼总量的 15.4%。鲮仔鱼发生在中偏高流量区间（图 2-39）。

2012 年，鲮仔鱼在 4 月 11 日流量为 4480 m³/s 时首次出现，见仔鱼前一周流量为 2440～2840 m³/s。1640 m³/s 流量的增加是诱导仔鱼发生的流量要素，初次见仔鱼量很少。第一次批量出仔鱼是在 5 月 15 日流量为 14 500 m³/s 时，前一周的流量由 8800 m³/s 下降至 4260 m³/s，流量增幅 10 240 m³/s，仔鱼期持续 7 d，流量下降至 9500 m³/s 时仔鱼停止出现，该批仔鱼量占全年鲮仔鱼总量的 23.1%。出仔鱼最大高峰期是在 6 月 8 日～20 日，其间流量从 10 500 m³/s 上升至 20 400 m³/s，再下降至 10 200 m³/s，仔鱼量占 34.7%，持续时间约 13 d；单日最大仔鱼量占 23.1%，此时流量为 16 600 m³/s。最后一次出仔鱼的时间是 9 月 28 日，距离上一次批量出仔鱼（18.3%）的结束时间 30 d，流量由 9 月 18 日的 3820 m³/s 上升至 4700 m³/s 时出现少量仔鱼，随后进入枯水季，如图 2-40 所示。

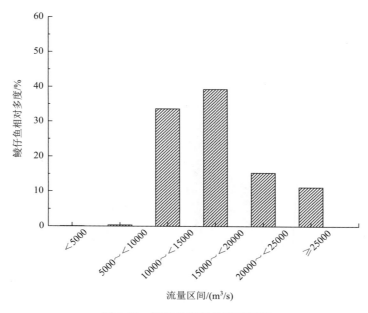

图 2-39　鲮仔鱼出现的流量区间

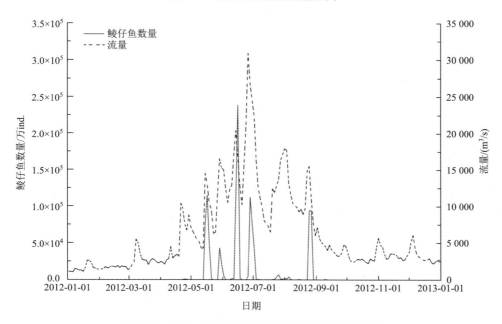

图 2-40　2012 年珠江肇庆段鲮仔鱼数量与流量分布

14. 鮈亚科

鮈亚科的功能流量区间为 1700~30900 m³/s。其中，在 10000~＜15000 m³/s 流量区间出现的仔鱼量占全年鮈亚科仔鱼总量的 38%以上，5000~＜10000 m³/s 流量区间出现的仔鱼量占 15.3%，15000~＜20000 m³/s 流量区间出现的仔鱼量占 18.4%。鮈亚科仔鱼集中发生在中偏高流量区间（图 2-41）。

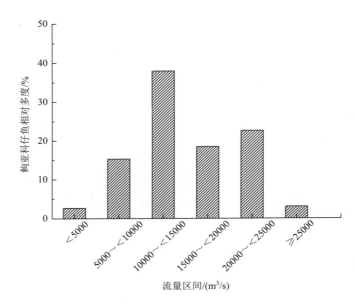

图 2-41　鮈亚科仔鱼出现的流量区间

2012 年，鮈亚科仔鱼首次出现在 4 月 15 日 3230 m³/s 流量时，至 11 月 1 日间，77.4%的时间段都可监测到仔鱼。其间，流量在 2230~30900 m³/s 波动。流量为 10 300 m³/s 时对应最大仔鱼量，占该鱼全年仔鱼总量的 13%。4 月 15 日~6 月 30 日，仔鱼量占该鱼全年仔鱼总量的 76.9%。鮈亚科仔鱼出现的时间长（图 2-42）。

15. 鲤/鲫

鲤/鲫繁殖习性相近，早期发育阶段形态差异较小，功能流量区间为 2300~5470 m³/s。流量为 5000 m³/s 以下时仔鱼量占全年鲤/鲫仔鱼总量的 90.7%；5000~＜10000 m³/s 时仔鱼量仅占 9.3%。总体上，鲤/鲫仔鱼发生在洪水来临之前（图 2-43）。

鲤/鲫仔鱼首次出现在 3 月 8 日，流量为 5470 m³/s，仔鱼量占 9.3%。其余仔鱼出现在洪水期前的 4 月 3 日~15 日，流量在 2350~4480 m³/s，在 2840 m³/s 时单日仔鱼量达 31.5%（图 2-44）。鲤/鲫仔鱼主要出现在汛期前。由于鲤/鲫产黏性卵，分散产卵，卵黏附在水生植物茎叶上发育，待出膜后仔鱼才顺水漂流。因此，采用定置网具监测仔鱼时，监测数据只能反映极短一段江段的早期资源情况，不能反映该鱼在大区段中的早期资源量。尽管如此，通过监测仔鱼，仍然有助于了解区域性早期资源变动和生境变化。

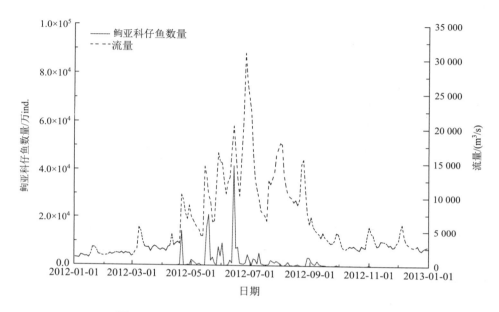

图 2-42 2012 年珠江肇庆段鮈亚科仔鱼与流量分布

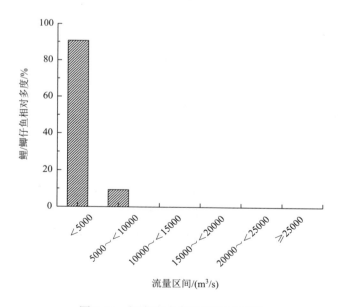

图 2-43 鲤/鲫仔鱼出现的流量区间

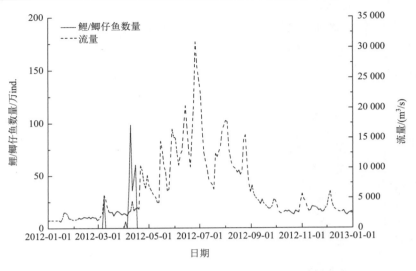

图 2-44　2012 年珠江肇庆段鲤/鲫仔鱼数量与流量分布

16. 鲢

鲢在流量 5000 m³/s 以下时几乎不繁殖，功能流量区间为 5000～26800 m³/s。其中，在 5000～＜10000 m³/s 流量区间出现的仔鱼量占全年鲢仔鱼总量的 2.2%，在 10000～＜15000 m³/s 流量区间出现的仔鱼量占 51.3%，在 15000～＜20000 m³/s 流量区间出现的仔鱼量占15.6%，在20000～＜25000 m³/s流量区间出现的仔鱼量占21.6%，在 25 000 m³/s及以上流量区间出现的仔鱼量占 9.3%。鲢仔鱼发生在中偏高流量区间（图 2-45）。

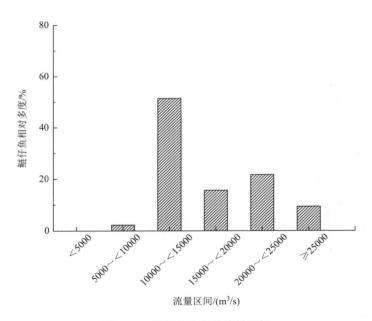

图 2-45　鲢仔鱼出现的流量区间

　　2012 年，鲢仔鱼首次出现在 4 月 25 日 7550 m³/s 流量时。4 月 25 日前，流量出现由 2840 m³/s 上升至 4480 m³/s、3170 m³/s 上升至 10 400 m³/s 的两次洪水过程，未见鲢仔鱼发生。21 日～25 日流量从 10 400 m³/s 下降至 7550 m³/s 时首次发生仔鱼。5 月 13 日流量从 4260 m³/s 快速上升至 15 日的 14 500 m³/s，然后经历下降过程，至 5 月 17 日的流量由 13 000 m³/s 下降至 10 300 m³/s 过程中仔鱼大量发生，占该鱼全年仔鱼总量的 32.1%，仔鱼发生持续 9 d，至 6430 m³/s 时止。6 月 12 日～24 日是第二个仔鱼发生高峰期，流量由 17 000 m³/s 上升至 21 000 m³/s，持续 13 d，仔鱼量占该鱼全年仔鱼总量的 22.7%，流量达到 30 900 m³/s 时无仔鱼出现。第三个仔鱼发生高峰期在 8 月 23 日～9 月 2 日，流量从 9700 m³/s 上升至 15 500 m³/s 时出现仔鱼，历时约 10 d，仔鱼量占该鱼全年仔鱼总量的 15.3%。至 9 月 4 日流量下降至 5650 m³/s，仔鱼不再出现（图 2-46）。

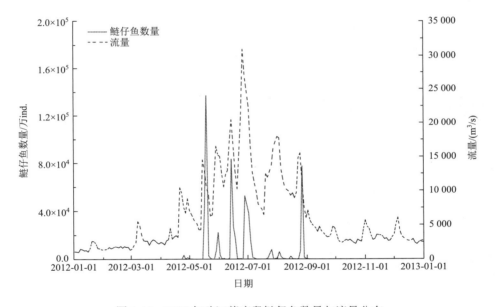

图 2-46　2012 年珠江肇庆段鲢仔鱼数量与流量分布

17. 鳙

　　鳙在流量 5000 m³/s 以下时几乎不繁殖，功能流量区间为 5000～26800 m³/s。其中，在 5000～<10000 m³/s 流量区间出现的仔鱼量占全年鳙仔鱼总量的 1.7%，在 10000～<15000 m³/s 流量区间出现的仔鱼量占 46.6%，在 15000～<20000 m³/s 流量区间出现的仔鱼量占 20.2%，20000～<25000 m³/s 流量区间出现的仔鱼量占 16.9%，25 000 m³/s 及以上流量区间出现的仔鱼量占 14.6%。鳙仔鱼发生在中偏高流量区间（图 2-47）。

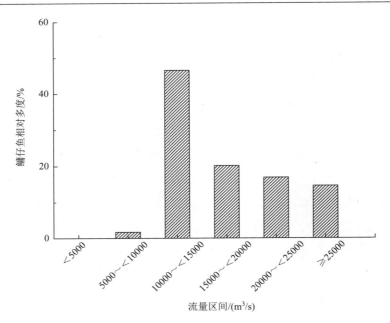

图 2-47　鳙仔鱼出现的流量区间

2012 年，鳙仔鱼在 4 月 29 日流量为 8800 m³/s 时首次出现，4 月 29 日前，出现流量由 2840 m³/s 上升至 4480 m³/s、3170 m³/s 上升至 10 400 m³/s 的两次洪水过程，但未见鳙仔鱼发生。4 月 27 日流量从 6700 m³/s 上升至 8800 m³/s 时首次出现仔鱼。全年仔鱼主要发生在 5 月 17 日～25 日、5 月 29 日～6 月 6 日、6 月 14 日～6 月 24、6 月 28 日～7 月 4 日（图 2-48）。

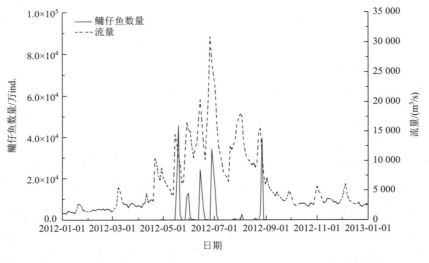

图 2-48　2012 年珠江肇庆段鳙仔鱼数量与流量分布

18. 壮体沙鳅

壮体沙鳅的功能流量区间为 5000～26800 m³/s，集中出现在 20000～27000 m³/s 流量区间，仔鱼量约占该鱼全年仔鱼总量的 60%。20000～<25000 m³/s 流量区间仔鱼量大于该鱼全年仔鱼总量的 29.9%，10000～<15000 m³/s 流量区间仔鱼量占该鱼全年仔鱼总量的 16.1%（图 2-49）。

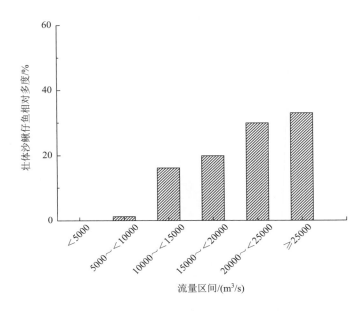

图 2-49　壮体沙鳅仔鱼出现的流量区间

2012 年，壮体沙鳅仔鱼在 4 月 13 日流量为 2920 m³/s 时首次出现，数量较少。至 6 月 30 日，仔鱼发生量占该鱼全年仔鱼总量的 76.6%。其间最大流量达 30 900 m³/s，6 月 14 日流量为 20 400 m³/s 时对应仔鱼发生量占该鱼全年仔鱼量的 18.8%，6 月 28 日流量为 26 800 m³/s 时对应仔鱼量占该鱼全年仔鱼总量的 33%，7 月 2 日流量 22 400 m³/s 时对应仔鱼量占该鱼全年仔鱼总量的 11%，8 月 30 日仔鱼期结束。总体上，壮体沙鳅出仔鱼期要求流量较大（图 2-50）。

19. 鳜属

鳜属的功能流量区间在 2900～26800 m³/s，集中出现在 10000～21000 m³/s 流量区间，占该鱼全年仔鱼总量的 82.1%。10 000 m³/s 流量以下仔鱼量仅占该鱼全年仔鱼总量的 3.5%，25 000 m³/s 及以上流量区间仔鱼量占该鱼全年仔鱼总量的 14.3%（图 2-51）。

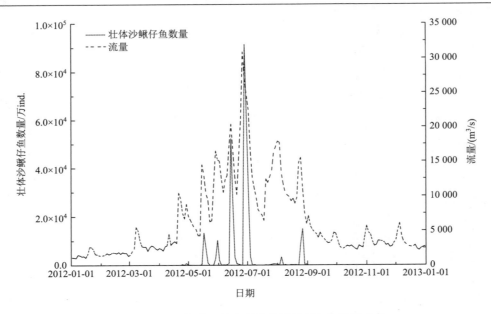

图 2-50　2012 年珠江肇庆段壮体沙鳅仔鱼与流量分布

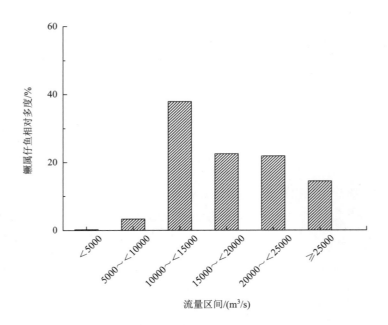

图 2-51　鳜属仔鱼出现的流量区间

2012 年,鳜属仔鱼在 4 月 23 日流量为 9600 m³/s 时首次出现,仔鱼量小于 1%。6 月
30 日前仔鱼量占该鱼全年仔鱼总量的 62.2%。其中,6 月 14 日流量 20 400 m³/s,该日
仔鱼量占 21.8%。11 月 11 日为末次出仔鱼,仔鱼量小于 1%。鳜属仔鱼要求流量较大
(图 2-52)。

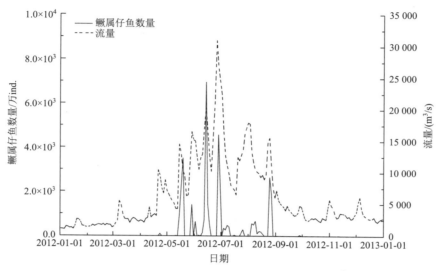

图 2-52　2012 年珠江肇庆段鳜属仔鱼与流量分布

20. 虾虎鱼科

虾虎鱼科的功能流量区间在 2000～25000 m³/s。集中出现在 2000～3000 m³/s 流量区间，约占该类鱼全年仔鱼总量的 50% 左右；4000～<5000 m³/s、5000～<10000 m³/s、10000～<15000 m³/s 流量区间仔鱼量均占该类鱼全年仔鱼总量的 10% 以上。虾虎鱼科仔鱼发生偏好低流量区间（图 2-53）。

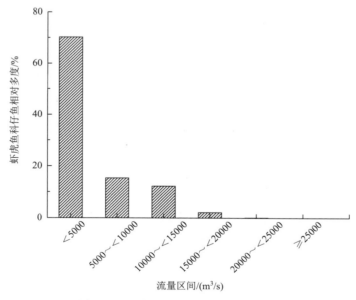

图 2-53　虾虎鱼科仔鱼出现的流量区间

2012 年，虾虎鱼科仔鱼首次出现在 3 月 6 日 2380 m³/s 流量时，至 3 月 24 日，仔鱼量小于 1%。4 月 5 日~5 月 9 日，流量在 2090~10400 m³/s 起伏，仔鱼量占该类鱼全年仔鱼总量的 18%。6 月 30 日之前，仔鱼量仅占该类鱼全年仔鱼总量的 20.7%。7 月 14 日~12 月 5 日仔鱼量占该类鱼全年仔鱼总量的 79.3%。4 月 21 日流量 10 400 m³/s 对应上半年最大仔鱼量，占该类鱼全年仔鱼总量的 9.5%；10 月 22 日，对应下半年最大仔鱼量，占该鱼全年仔鱼总量的 14.3%。全年约 48% 的日期可监测到仔鱼（图 2-54）。虾虎鱼科仔鱼出现时间长，全年仔鱼出现两个明显的高峰区间，第一个区间在四月，第二个区间在10 月。经 DNA 分子技术鉴定肇庆监测点虾虎鱼类包含 6 个种（李策，2019）。

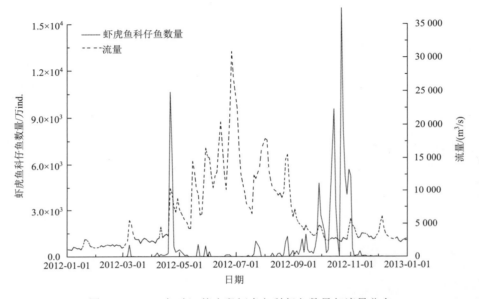

图 2-54　2012 年珠江肇庆段虾虎鱼科仔鱼数量与流量分布

2.4　漂流性鱼类早期资源发生与流量过程关系

种群演替与地球的周期规律有关，地球的周期规律影响气候，气候变化影响生物群落变化。水文周期性变化受地球大气候的影响，洪水记录中有多少年一遇的洪水的说法，这也是江河水文节律变化的周期概念。大部分江河鱼类繁殖与流量过程密切相关，从事鱼类早期资源研究需要了解流量周期变化，小波分析技术为与周期性变化相关的数据提供了很好的分析手段。

2.4.1　小波分析技术

小波分析或小波变换是指用有限长或快速衰减的、被称为母小波的振荡波形来表示信号。该波形被缩放和平移以匹配输入的信号。作为时间尺度分析和多分辨分析技术，小波分析是分析非稳定信号的工具，通过时间和频率的局域变换，可对数据进行多尺度分析提取共性信息，被誉为"数学显微镜"。小波分析把一个信号一层一层地拆解，用不同的维度去分析每一个信号，其工作原理如图 2-55 所示。

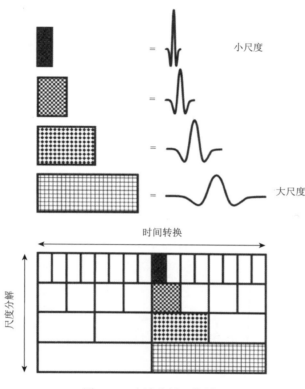

图 2-55　小波分析工作原理

小波光谱用能量分布来表征相关系数，λ 是小波，代表数据单元。尺度是小波的波幅宽度，以倍性伸缩变化。交互小波分析主要用于比较和分析两列信号的共同信息，通过相位角表征两列波之间的时间关系。如果两列信号数据有某些共同的特征，则交互小波分析能将这种共同信息高度凸显出来。相反，如果两列信号没有关系，则交互小波呈现弱相关性。对于两列时间序列数据，交互小波能够用相位角和相关系数来表征两者之间的关系，向上的相位角（↑）表示两列波同步，可以同时达到最高点。向下的相位角（↓）表示两列数据之间存在 1/2 相位差，从左到右的相位角（→）表示两列数据之间存在 1/4 相位差，从右到左的相位角（←）表示两列数据之间存在 3/4 相位差。相位角是两列波形重叠的相位差度量，也即两列波的发生在时间上的交错表征。相位的具体差值由尺度决定，不同尺度的相位差值不同。通过小波分析技术同时能找出两者在哪个时间段及在哪个尺度相关，能找出哪一列数据是因变量，哪一列数据是自变量，也即能定量指出环境因子是如何影响生物过程。相关系数表示两列波之间的相关性，0 到 1 表示相关性从弱到强。小波分析结果图中，锥形范围内的结果表示 95%的置信度，锥形范围外的结果通常是仅供参考的结果。

交互小波变换结合显著性检验，在同时分析几组序列数据（如降雨与温度的关系数据）方面具有很突出的优点。Grinsted 等（2004）用交互小波变换分析北极涛动和波罗的海冰面多个时间序列的时频关系中，利用相位角差异表述不同时间序列在时频空间中的关系。小波分析能够反映时间序列的局部变化特征，而且能很好地分析序列随时间的变化情况，因此小波分析被广泛应用于生态学研究的各个领域，包括动物保护中的定位数据分析（Polansky et al.，2010）和气候等领域的多尺度研究。但是在生态流量方面的研究并不多见，特别是水文的时频分析方面，国内外相关的研究报道不多。White 等（2005）利用小波分析监测美国科罗拉多河大坝的水文调控作用，发现小波分析在评估工程大坝对河流系统的调控作用方面同样具有强大的分析空间和数据挖掘潜力。Zolezzi 等（2009）采用小波变换分析意大利北部阿迪杰河水文对河岸生态系统影响的多时间尺度变化，发现季节变化减弱，也即河岸生态系统的四季分化越来越不明显，同时，还发现小波变换分析结合变异性方法能更好地分割自然状态下和人工干预下的变化尺度，对于水力发电等的管理具有重要的指导意义。小波变换分析还能相对容易地定量分析由水电站等发电引起的河流在不同时间尺度的热波动。Marques 等（2010）利用小波分析技术分析了巴西南部内陆架帕图斯潟湖的水流分层现象。结果表明潜在能量的不规则分布具有很强的时间尺度可变性，并且与风向格局、水流交换等有很密切的关系，甚至与海洋的循环等都有关。由于生态系统的复杂性及生物对水文的改变所产生的反应具有时滞性等因素，研究早期资源变动与河流生态过程的关系，引入时间尺度就显得必不可少。

2.4.2　流量周期性特征

在研究珠江鱼类早期资源动态变化时，选取珠江肇庆段采样位点 2006～2013 年仔鱼样本数据及对应日的日均流量数据（表 2-3）。本书使用的数据间隔平均为 2.5 d，即 λ 的基础波幅为 2.5 d。左列纵坐标为尺度，表示小波的伸缩率，横坐标标示为数据对应的年度或样本号数据序列号（100，200，300，…，800；其中序列 1～140 对应 2006 年时间序列数据，141～280 对应 2007 年，281～420 对应 2008 年，421～560 对应 2009 年，561～700 对应 2010 年，701～840 对应 2011 年）。用小波分析技术进行分析，结果中光谱冷色表示年际径流量相似性弱，暖色表示年际径流量相似性强；年际光谱强弱表示分析数值的量值大小程度，如 1/64，1/32，…，32，64 色标表示光谱量值，也就是分析数据（仔鱼或径流量）的相对值。右色标 0.1 到 1 色差表示分析结果的相关性。

　　图 2-56 显示在 128 尺度上，径流量符合年际波动周期节律，随着时间的增加，年际波动周期节律在时间尺度上有增加的趋势。小尺度年际光谱分布特征差异较大，初始尺度至 16 尺度之间径流量显示年度周期性变化规律，全年水量分布不均匀；每年都有相似流量的水情出现，但各年出现的时间不同，说明各年的降雨或气候特征有差异。2007 年、2011 年、2012 年、2013 年在 32 尺度具有相似的径流量，较 2006 年、2008 年、2009 年的径流量强。通过长序列水文数据周期性变化，可以研究早期资源与径流量变化周期的关系。

表 2-3　珠江肇庆段采样点数据各月来源情况　　　　　　　　　　　　（单位：个）

年份	1 月	2 月	3 月	4 月	5 月	6 月	7 月	8 月	9 月	10 月	11 月	12 月
2006	1	3	1	9	14	15	10	14	14	16	15	14
2007			1	13	13	14	14	14	15	13	11	16
2008		3	15	13	14	10	16	14	13	15	12	15
2009	16	14	15	15	16	13	14	16	14	15	15	16
2010	15	5	14	14	15	14	16	13	15	16	12	
2011	16	11	15	13	15	14	14	10	12			
2012	15	15	15	15		13	13	16	15	13	15	16
2013	15	14	16	15	15	9	15	10	14	10		

注：珠江肇庆日均流量数据来自水利部珠江水利委员会官方网站。

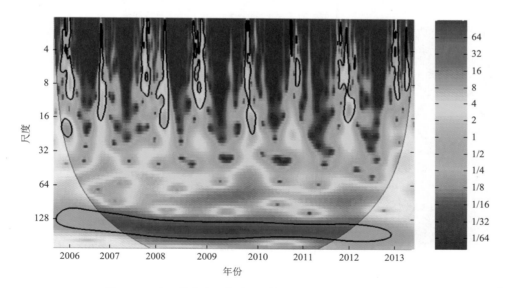

图 2-56　珠江肇庆段早期资源采样江段流量年际周期波动

2.4.3　鱼类早期资源年际补充规律

1. 总体规律

许多鱼类的繁殖受流量变化的影响,将长时间序列的鱼类早期资源监测数据,与相应监测点的径流量数据进行交互小波分析,可获得径流量过程变化对早期资源发生的周期影响规律的关系结果,掌握鱼类早期资源发生对径流量过程变化的响应,对梯级开发河流如何依据不同种类鱼类需要的"繁殖流量单元"进行人工操控,实现增加鱼类早期资源的鱼类繁殖目标调度具有重要意义。

图 2-57 显示 2006~2011 年鱼类早期资源光谱图。各年早期资源光谱强弱间隔规律一致,呈现 4 种分布状态:2007 年、2010 年高峰值分布在上半年;2006 年、2011 年高峰值分布在下半年;2008 年分布在年度中间;2009 年上下半年各一个高峰。16 尺度 2007 年、2008 年和 2010 年为一个类型,具有较其余年份强的早期资源周期规律光谱特征。连续尺度的小波分析中,各年光谱不连续点在尺度上有差异,提示不同年份早期资源补充规律有各自的特征。结果与图 2-56 径流量的光谱特征相似,说明珠江漂流性鱼类早期资源发生与水文过程关系紧密。在 64 尺度和 128 尺度上年际的早期资源发生过程具有显著相似的规律。

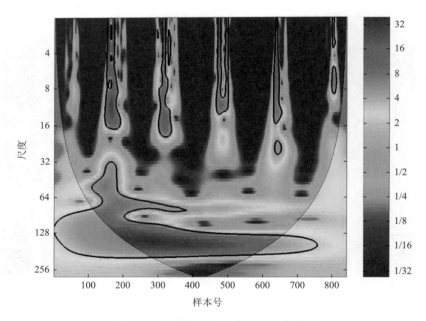

图 2-57　早期资源综合总量能量光谱图

2006～2018 年，珠江肇庆段漂流性鱼类早期资源总量约在 1623 亿～5636 亿 ind./a。图 2-58 显示 2006～2018 年珠江肇庆段漂流性鱼类早期资源总量变化曲线。图中早期资源量呈现两个波峰期，提示早期资源变化经历 2 个周期的变化，分别是 2006～2011 年和 2011～2018 年，但是前一个周期为 5 年，后一个周期为 7 年，体现了珠江中下游鱼类早期资源量变化规律。图 2-57 正好处在 2006～2011 年这个周期中。研究渔业资源，了解河流生态系统的变化，掌握河流生态系统的功能变化过程，鱼类早期资源的连续数据可以提供观察"窗口"。

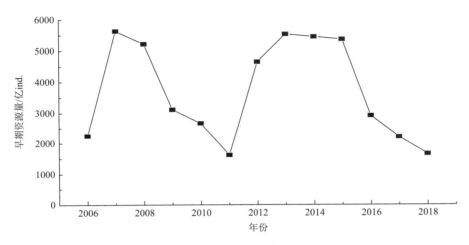

图 2-58　珠江肇庆江段漂流性鱼类早期资源世代强度周期变化

2. 各种类演变规律

江河中鱼类种类繁多，不同种早期资源的补充形式不同，对流量过程等环境因子的响应程度也不同。有些鱼类补充过程呈现大尺度周期变化（图 2-58），这些过程很大程度与气候周期有关。有些鱼类的补充过程表现出年际周期变化与水文周期变化相关联，也有些鱼类补充过程在小尺度上出现规律性，这种现象大致是对季节性的响应或对具体的环境变化过程的体现。在年度补充时序上有些鱼类早期资源出现的时间范围窄，更多的鱼类补充时间范围较宽，这可能是现有种类经生存竞争因素筛选的结果。不同种类早期资源量的变化，在小波分析中大致可反映。

通过交互小波分析某种鱼类早期资源发生与径流量过程响应关系，可以寻找年际仔鱼发生的径流特征，将掌握不同鱼类的特征流量作为"繁殖流量单元"，结果可支撑"鱼类繁殖目标生态调度"。其中时间序列上小尺度的早期资源发生过程与共性交互作用的径流量，可以标示为该种鱼的"繁殖流量单元"，它应该是感应亲体行繁殖行为的理想"繁殖流量单元"。河流在高强度梯级开发背景下，以鱼类繁殖为目标的生态调度，将是实现保有河流生态系统鱼类生物量需要考虑的方法，也是河流生态系统功能目标管理可操控的抓手，更是渔业资源保障的手段。

1）鳙

（1）鳙早期资源年际补充规律

珠江鳙产卵场主要在黔江至桂平江段，对 2006～2013 年在产卵场下游肇庆段监测到的鳙早期资源的数据进行小波分析，图 2-59 中光谱显示鳙早期资源年际周期节律变化，在初始尺度至 64 尺度间，鳙早期资源量年际差异很大，2008 年、2012 年和 2013 年具有相对强的光谱，即这几年鳙的早期资源量较高。相反，2007 年和 2011 年光谱相对较弱，反映出存在影响鳙繁殖的某种胁迫因素。2008～2011 年、2012 年与 2013 年大于 64 尺度光谱形成两个类似强弱变化区，综合图 2-58 结果，推测鳙早期资源的数量变化可能存在 4～5 年的周期变化规律。2007 年广西桂平鱼类产卵场下游的西江梧州水利枢纽截流，阻断了下游鳙进入产卵场的通道，同时枢纽建设渠化了产卵场下游的江段，水文情势发生了较大变化，当年鳙早期资源量下降；2008 年的量大大增加可能是鳙对前一年受枢纽运行中胁迫因素的一次补偿反应。2011 年之后早期资源量增加，一方面可能是鳙早期资源补充进入另一个世代强度的高值周期；另一方面该时期也是珠江首次实施禁渔期制度的第一年，繁殖期亲体的捕捞压力消失，早期资源量增加。鳙早期资源的补充受径流量变化的影响，世代强度的时间周期有延长的变化趋势。了解这些背景，对珠江鱼类资源评估和科学管理具有意义。

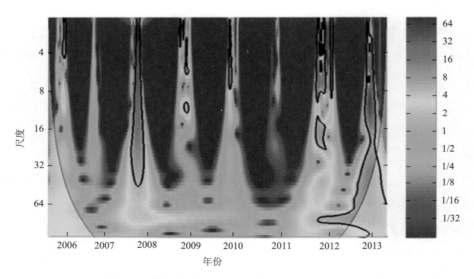

图 2-59　鳙早期资源能量光谱图（2006～2013 年）

锥形线之内表示 95% 置信区间，区间外解释结果要谨慎

（2）鳙早期资源发生与径流量关系

交互小波的光谱能表征径流量与早期资源量之间的相关关系，图 2-60 中红色区域显示鳙早期资源发生与径流量呈年际周期节律变化，但各年对径流量响应的时间节点不同，不同尺度的分析结果也反映这种差异。初始尺度至 16 尺度之间，各年鳙早期资源发生与径流量具有显著相关的交互作用光谱特征，而 2008 年的径流量异常。图 2-59 中鳙早期资源光谱在 2008 年最强，但图 2-60 显示该年早期资源发生与径流量很少有显著关联的区域，或许是鱼类繁殖出现异常增加的"应急"过程。交互小波分析结果中，总体上颜色深度是早期资源发生与径流量交互关联的显著性程度的表征，箭头方向表明了早期资源与径流量过程交互频率的同步性（用相位差表示）。2006～2013 年径流量与早期资源发生交互频率显著相关的各个时间段，相位角都是从左到右的方向，即早期资源发生在触发鱼类繁殖的"繁殖流量单元"过程后。结合 λ 值、尺度值，可以测算出"繁殖流量单元"的时间范围，进而还原出当时的径流量过程，即该种鱼的早期资源发生的最佳"繁殖流量"，相位关系表示"繁殖流量单元"过后至出现早期资源的时间差，如果尺度取值为 8，一个相位的时间为 24 d（λ 值的 8 倍），通过相位变化可以了解鱼类繁殖行为与径流量变化的效应时间，也可了解径流量变化对鱼类繁殖的影响。

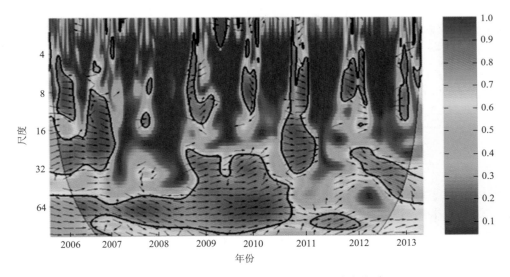

图 2-60　鳙早期资源对流量过程变化的响应关系

如果图 2-60 中在 4～16 尺度各年早期资源发生与径流量具有显著相关的交互频率，对应的径流量时间段为 12 d 或 48 d，这样的径流量单元是极易实现"鱼类繁殖目标调度"的人工调度的"繁殖流量单元"，这或许是一种鱼类资源保育、河流生态管理中在生态调度中具有实操应用价值的方式。

在大于 64 尺度上鳙早期资源发生滞后"繁殖流量单元"的状态分为三种情形，即滞后 1/4 相位的年份有 2006 年、2009 年、2010 年和 2011 年；滞后 3/8 相位的年份有 2007 年、2008 年和 2013 年；2012 年滞后 1/8 相位。4～8 尺度，2007 年、2008 年和 2013 年早期资源发生滞后流量过程的相位增大。2008 年早期资源发生与径流量交互关联程度明显低，也提示该年径流量紊乱，与传统鳙早期资源发生的径流量不同，或鳙的繁殖处于应急紊乱状态。相位的变化总体上说明径流量变化可改变早期资源的补充规律。图 2-59 中 2008 年、2012 年、2013 年光谱相对强，但图 2-60 中早期资源发生与径流量交互关系反而弱，提示早期资源发生对径流量依赖增加，某种特征流量成为制约早期资源发生的因素，这是河流管理和鱼类资源管理者需要关注的问题。早期资源发生与径流量交互关系各年表现不同，具体结果见表 2-4，大致每年的 6～7 月，径流量大于 5000 m³/s 是鳙早期资源发生的条件因素之一。

表 2-4　各年径流量与鳙早期资源发生显著相关的时间段及具体滞后时间

年份	区间	分析尺度	相位角	滞后时间/d
2006	7 月 5 日～8 月 14 日	6～12	↘	4～16
2007	5 月 18 日～6 月 15 日	8～16	↘	5～22
2008	5 月 9 日～8 月 7 日	12～14	→	8～9
2009	5 月 19 日～8 月 11 日	4～16	↗	4～10
2010	5 月 25 日～8 月 3 日	6～12	↘	4～12
2011	6 月 18 日～7 月 16 日	5～16	↗	3～22
2012	5 月 4 日～8 月 21 日	4～10	↗	2～7
2013	5 月 1 日～7 月 10 日	8～12	→	5～8

图 2-61 提示用小波分析技术可以找到早期资源发生与径流量具有显著性交互关系的"繁殖径流量单元"，类似图 2-61 所示的一个径流量从 5×10^3 m³/s 上升至 25×10^3 m³/s、持续 5～20 d 的径流量单元，可作为促进鳙繁殖的生态调度依据，通过增加鳙繁殖的水文条件，以达到提高鳙产卵繁殖机会或增加早期补充群体资源量的目标。

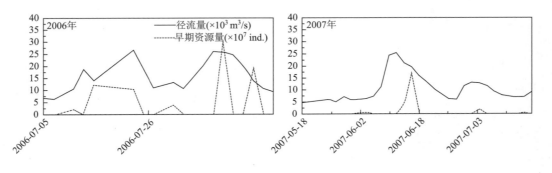

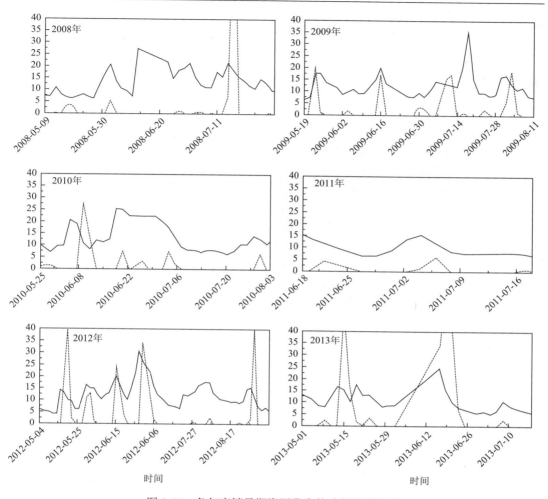

图 2-61　各年度鳙早期资源发生的功能流量过程

2）银鱼

（1）银鱼早期资源年际补充规律

珠江中下游银鱼早期资源主要发生在冬季与春季相交的时候，表 2-5 为 2006～2010 年西江肇庆监测点银鱼早期资源在不同月份出现的比例，1 月、2 月和 12 月是银鱼早期资源量占比最高的月份，也是主要繁殖期。2006 年银鱼早期资源高峰期出现在 1 月，2007 年和 2008 年出现在 3 月，2009 年出现在 6 月、11 月和 12 月，2010 年出现在 8 月，2011 年出现在 9 月和 12 月，几年的早期资源补充过程在时间上处于前后摇摆状态。

表 2-5　2006～2010 年西江肇庆银鱼早期资源逐月比例　　　　　　　　（单位：%）

1 月	2 月	3 月	4 月	5 月	6 月	7 月	8 月	9 月	10 月	11 月	12 月
78.88	91.49	45.46	2.01	0.69	0.88	0.04	0.04	0.07	0.32	20.85	88.49

图 2-62 银鱼早期资源光谱显示了年际周期节律变化，但各年的资源量明显不同。2007～2008 年银鱼早期资源发生具有相似规律，其他年份银鱼早期资源在光谱强度表现上明显弱势，资源量从 2008 年起处于下降趋势，银鱼世代强度呈 2 年周期变化规律。

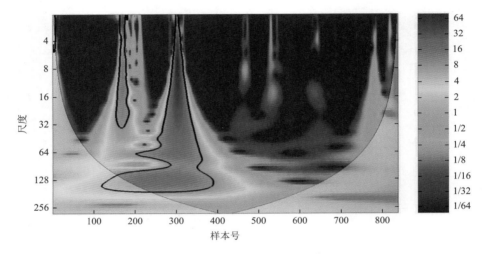

图 2-62　银鱼早期资源能量光谱图

银鱼一年性成熟，亲体产卵后即死亡。2007 年西江梧州段长洲水利枢纽截流运行，坝上突然形成缓流型大水面库区，或是成为有利于银鱼早期资源量增加的条件，2007 年和 2008 年早期资源量明显增加，随后由于洄游通道受阻，银鱼早期资源量在库区补充量不足，资源量水平较低。

（2）银鱼早期资源发生与径流量关系

图 2-63 显示银鱼早期资源发生在年际尺度（约 128 尺度）与径流量的关系由强变弱的趋势。2006～2009 年、2011 年的早期资源发生过程与径流量交互关系存在 1/8 相位差，2010 年早期资源发生与径流量交互相关关系弱，提示该年在银鱼的主要繁殖期径流量发生了较大的变化。在初始尺度至 64 尺度间，显示银鱼早期资源发生与径流量较为凌乱的关系，如在 32～64 尺度上样本号 100～200 的早期资源发生滞后径流量 1/2 相位，样本号 260～330、560～760 的早期资源发生滞后径流量 1/4 相位，说明银鱼对径流量响应时间有较大年际差异。

3）草鱼

（1）草鱼早期资源年际补充规律

草鱼是产漂流性卵鱼类，珠江草鱼产卵场主要在广西桂平江段。周期性光谱显示草鱼早期资源年际周期节律变化，初始尺度至 64 尺度年际具有相似的光谱变化周期，表

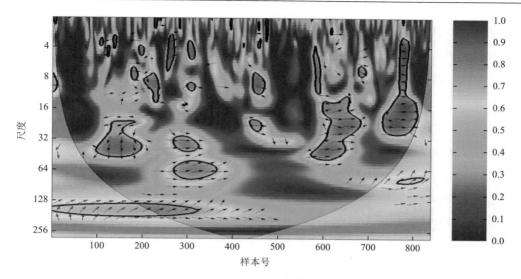

图 2-63　银鱼早期资源对流量过程变化的响应关系

现出 4 年的周期变化规律（图 2-64），提示珠江草鱼的世代强度周期变化为 4 年，但早期资源的补充受径流量变化的影响，世代强度的周期有延长的趋势，说明草鱼繁殖的环境条件变化改变该种的世代强度周期规律。2007 年、2011 年早期资源的光谱强度较其他年份弱，它们前一年的光谱强度均较强。

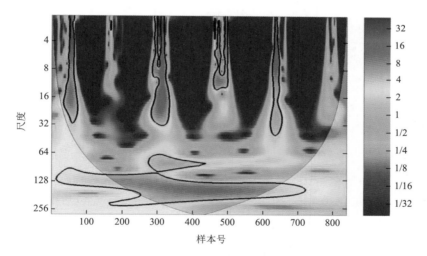

图 2-64　草鱼早期资源能量光谱图

（2）草鱼早期资源发生与径流量关系

交互小波分析结果显示草鱼早期资源在大于 64 尺度上对径流量变化响应密切，早期资源发生总体上径滞后流量小于 1/4 相位。在样本号 30～70、130～200、275～330、450～530、620～670 和 780～820 可获得与径流量具有显著交互关系的流量过程，可作

为"鱼类繁殖目标调度"的参考依据（图 2-65）。在中、大尺度上，年际草鱼早期资源
补充过程与径流量关系高度一致。图 2-64 显示草鱼早期资源量较低，而图 2-65 显示该
年各个尺度上的径流量与早期资源发生的交互高度相关的结果，说明该鱼补充过程对径
流量过程依赖程度高。径流量发生不适宜鱼类繁殖的变化，改变了鱼类依赖的繁殖条
件，鱼类早期资源量则呈现下降。也可能是河流梯级开发格局形成后，上、下游梯级水
库连动形成的人为操纵的径流量规律，在新添加梯级工程后，发生了改变，而新的径流
量格局尚未形成，或鱼类还未适应径流量的变化，鱼类依赖的繁殖条件变化，鱼类早期
资源量呈现下降态势。

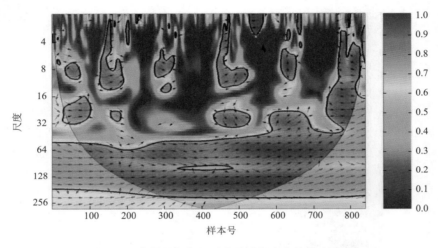

图 2-65   草鱼早期资源对流量过程变化的响应关系

20 世纪 80 年代，珠江水系梯级开发格局未完全形成前，珠江西江干流桂平产卵场
水域四大家鱼捕捞量大于整体鱼类捕捞量的 40%（珠江水系渔业资源调查编委会，
1985；陆奎贤，1990）。作者调查的数据显示，2005 年以后四大家鱼捕捞量仅占 2%～
6%，多年观测的年平均早期资源量占漂流性早期资源总量值也小于 6%（李新辉等，
2020a，2020b，2020c，2020d，2020e）。这一结果提示 2005 年以后提供给四大家鱼繁
殖的径流量"窗口"也仅是不到 6%的空间，这是梯级格局影响后"残留"给四大家鱼
繁殖的水条件"窗口"。如果有新的栏河枢纽加入梯级，将打破原有的梯级平衡，四大
家鱼繁殖的水条件"窗口"将继续缩小，早期资源量也将继续减少。提示改变径流量过
程格局将改变鱼的早期资源补充格局，四大家鱼等对水文情势依赖程度大的鱼类，这样
的改变将导致其补充资源量的减少。增加此类鱼类的早期资源量，需要对径流量过程进
行调控，尽可能通过人工调控增加"鱼类繁殖流量过程"，营造更多的鱼类繁殖需要的
水文情势条件，这是鱼类资源养护、河流生态管理需要特别关注并探讨解决的问题。

4）青鱼

（1）青鱼早期资源年际补充规律

青鱼是产漂流性卵鱼类，珠江青鱼产卵场主要在广西桂平江段。光谱周期性变化显示青鱼早期资源年际周期节律变化。初始尺度至 32 尺度年际早期资源具有相似周期变化。2006 年、2011 年光谱强度较其他年份弱，青鱼早期资源光谱表现出 5 年的周期变化规律（图 2-66），提示珠江青鱼早期资源的世代强度周期变化为 5 年，但受径流量变化的影响，世代强度周期有延长的趋势，青鱼繁殖的环境条件变化将改变该种的世代强度周期规律。大于 32 尺度年际出现多条共性的光谱带特征，提示青鱼与鳙、草鱼一样具有格局较为稳定的繁殖"窗口"，呈现年度之间共性径流量基础。2007 年早期资源量逐年下降，说明"窗口"格局已被打破。

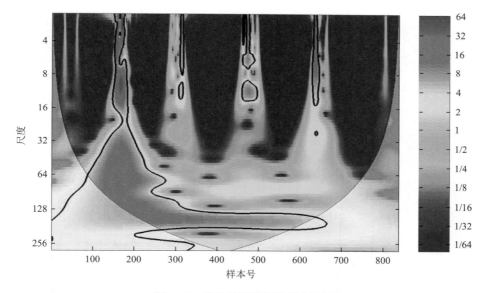

图 2-66 青鱼早期资源能量光谱图

（2）青鱼早期资源发生与径流量关系

交互小波分析结果显示青鱼早期资源在年际尺度上与径流量变化响应密切，早期资源发生总体上滞后径流量小于 1/8 相位。在 64 尺度上，样本号 400～800 早期资源出现滞后流量过程 1/8 相位。在 8～16 尺度，样本号 60～80、130～190、300～320、450～480、620～670 和 800～840 早期资源发生与径流量交互关系显著，且具有年际可重复的特征，与草鱼、鳙相似，或许这些共性的特征流量是保障青鱼早期资源发生的"繁殖流量单元"。相较于草鱼早期资源，青鱼对现状径流量的适应范围显得更窄些。样本号 400～840 的数据显示青鱼早期资源发生过程与径流量变化在更大的尺度空间具有显著性交互关系，但图 2-67 显示实际早期资源量仍然处于下降趋势，说明青鱼早期资源发生较依赖于径流量条件要素，受径流量"窗口"的约束。

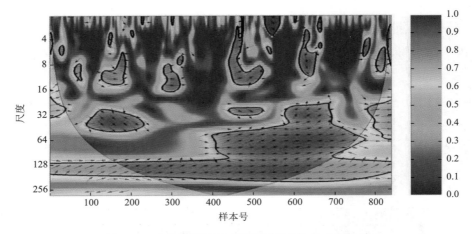

图 2-67   青鱼早期资源对流量过程变化的响应关系

5）赤眼鳟

（1）赤眼鳟早期资源年际补充规律

赤眼鳟是产漂流性卵鱼类，赤眼鳟产卵场主要在广西桂平江段。图 2-68 光谱周期性变化显示了赤眼鳟早期资源年际周期节律变化，初始尺度至 32 尺度年际具有相似的强弱间隔变化周期特征。2006 年、2010 年早期资源的光谱强度较 2008 年、2009 年弱，2007 年处于中间状态，2008 年后逐年下降，早期资源世代强度周期变化为 4 年，但大于

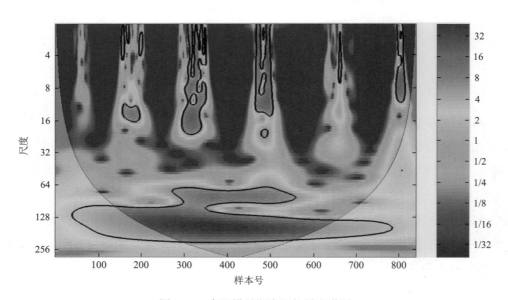

图 2-68   赤眼鳟早期资源能量光谱图

年际大尺度的变化趋势提示世代强度周期有延长的趋势。赤眼鳟繁殖受径流量过程变化的影响，世代强度周期规律也随之变化。

（2）赤眼鳟早期资源发生与径流量关系

交互小波分析结果显示赤眼鳟早期资源发生与径流量在年际尺度上各年有完全相同的共性周期关系，总体表现滞后径流量 1/4 相位。在略大于 64 尺度上早期资源发生大致滞后径流量 3/8 相位。对应 8 尺度的样本号 1～15、30～70、130～180、310～340、470～520、610～630 和 790～830 具有类似赤眼鳟"繁殖流量单元"的显著性相关区域（图 2-69）。赤眼鳟早期资源发生与径流量的关系无论在中小尺度还是年际尺度上均有较宽泛的显著交互相关关系规律，这可能是赤眼鳟在珠江中下游形成优势种的原因之一。

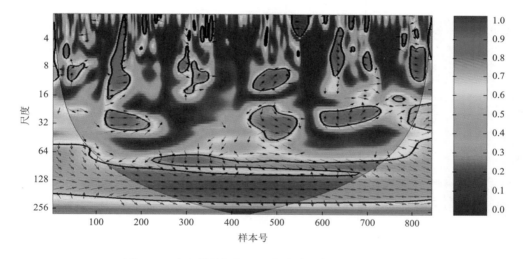

图 2-69　赤眼鳟早期资源对流量过程变化的响应关系

6）鳡

（1）鳡早期资源年际补充规律

鳡是产漂流性卵鱼类，出现的早期资源主要来自西江广东、广西交界水域的产卵场。图 2-70 光谱显示鳡早期资源呈现年际周期节律变化，初始尺度至 32 尺度各年具有相似的光谱强弱变化周期。2007 年、2008 年、2011 年鳡早期资源具有较强的光谱，大于 32 尺度年际出现与青鱼与鳙、草鱼类似的多条共性的光谱带特征，提示具有格局较为稳定的繁殖"窗口"，也体现年际鳡繁殖条件具有一定的稳定基础。64～128 尺度，早期资源光谱由强变弱，具体在样本号 150～650 形成世代强度由强变弱态势，样本号 700 以后光谱加强，提示形成新世代强度周期变化的起点。早期资源世代强度呈现 4 年的周期变化规律，但受径流量变化的影响，世代强度周期有延长的趋势。

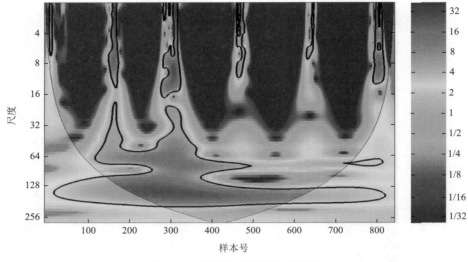

图 2-70　鳡早期资源能量光谱图

（2）鳡早期资源发生与径流量关系

交互小波分析结果显示鳡早期资源发生与径流量在年际尺度上有完全相同的年际光谱周期变化特征，表现滞后径流量约 1/8 相位。在 8 尺度也能找到年际共性的"繁殖流量单元"，64 尺度样本号 250～840 鳡早期资源发生滞后径流量 1/8～3/8 相位，年际相位差的波动提示鳡早期资源发生除受径流量影响外，还有其他制约因子。比较图 2-70 与图 2-71 发现鳡早期资源补充过程受中、大尺度的径流量周期控制。

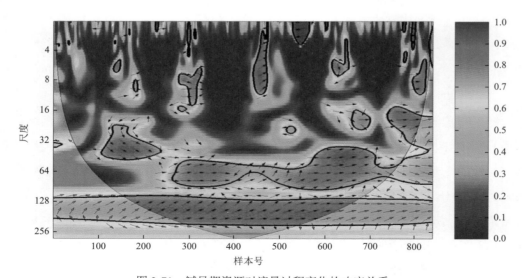

图 2-71　鳡早期资源对流量过程变化的响应关系

7）鳡

（1）鳡早期资源年际补充规律

鳡是产漂流性卵鱼类，珠江鳡产卵场主要在广西桂平以上江段。光谱周期性变化显示鳡早期资源呈现年际周期节律变化，初始尺度至 32 尺度年际有相似时间变化周期。图 2-72 显示鳡早期资源光谱强度呈逐年增加的态势，在大于 64 尺度样本号 150～840 形成由弱变强的光谱单元，提示鳡世代强度呈现 4～5 年的周期变化规律，但世代强度周期有延长的趋势。长江、珠江鳡处于稀有状态，但近年都偶出现发生率增加的状况。珠江鳡早期资源量有增加态势，为该物种的保护提供了基础。

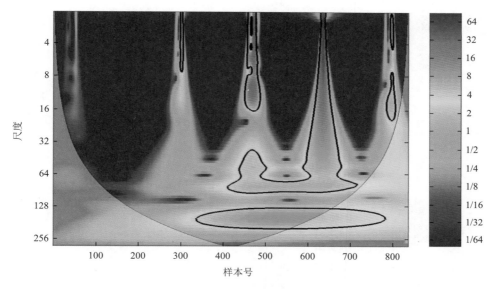

图 2-72　鳡早期资源能量光谱图

（2）鳡早期资源发生与径流量关系

交互小波分析结果显示鳡早期资源发生与径流量在年际尺度上有完全相同的年际光谱周期变化特征，大于 32 尺度上早期资源发生与径流量表现滞后约 1/8 相位，在 8～16尺度相位差有加大现象。2008 年后鳡早期资源发生在中、大尺度间与径流量交互具有显著相关的区域增加。鳡在珠江数量稀少，是目前极少能见到资源有增加趋势的种类，其中的机理值得深入关注（图 2-73）。

8）广东鲂

（1）广东鲂早期资源年际补充规律

广东鲂产黏性卵，孵化出膜仔鱼随水漂流，珠江广东鲂产卵场主要在西江广东肇庆至广西梧州水域。图 2-74 广东鲂早期资源光谱呈年际周期节律变化，初始尺度至 32 尺度具有相似的年际变化周期。在 64 尺度、128 尺度广东鲂光谱也有与鳙、草鱼、青鱼、鳡类似的多条共性的光谱带，提示具有格局较为稳定的繁殖"窗口"，也体现年际鳡繁殖条件具有一定的稳定基础。在 64 尺度、128 尺度显示年际光谱由强变弱的趋势，世代强度呈现 4～5 年的周期变化规律，但世代强度周期有延长的趋势。

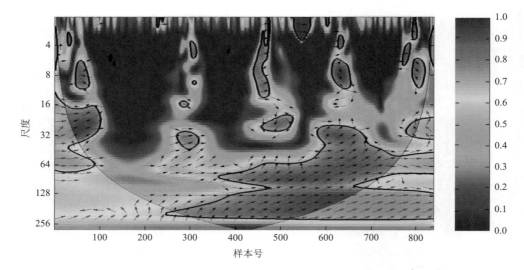

图 2-73　鳡早期资源对流量过程变化的响应关系

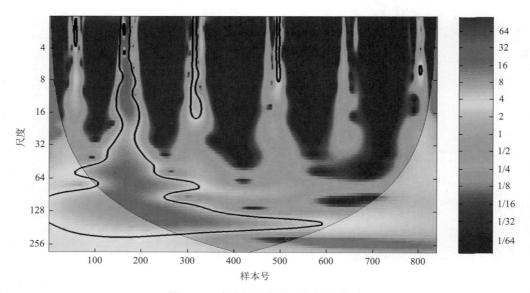

图 2-74　广东鲂早期资源能量光谱图

（2）广东鲂早期资源发生与径流量关系

交互小波分析结果显示广东鲂早期资源与径流量交互作用有相似的周期关系，表现滞后径流量约 1/8～1/4 相位（图 2-75），年际相位波动提示径流量环境不稳定。在 8 尺度也能找到年际共性的"繁殖流量单元"。初始尺度至 64 尺度，早期资源发生与径流量的交互反应较为混乱，样本号 350～840 交互关系显著的关联区域逐渐增加，但图 2-74 该范围各年早期资源量下降态势，提示径流量与早期资源发生复杂的关系是导致广东鲂早期资源下降的原因。

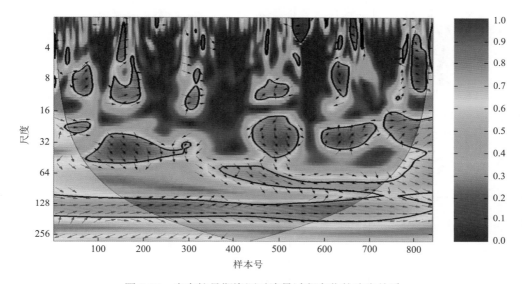

图 2-75　广东鲂早期资源对流量过程变化的响应关系

9）飘鱼属

（1）飘鱼属鱼类早期资源补充规律

飘鱼属鱼类是产漂流性卵鱼类，珠江产卵场主要在广西桂平以上江段。珠江肇庆段观测到的飘鱼属鱼类包括寡鳞飘鱼和银飘鱼。图 2-76 显示在 32 尺度以下飘鱼属鱼类早期资源光谱年际周期节律变化，初始尺度至 32 尺度年际光谱强度周期性变化。大于 64 尺度范围，年际早期资源由强趋弱。64～128 尺度，样本号 1～200、201～500 飘鱼属鱼类早期资源有相似的补充过程，并呈现 4～5 年的世代强度周期，但世代强度周期有延长的趋势。在大尺度水平上，飘鱼属鱼类早期资源年际具有基础较为稳定的补充条件。

（2）飘鱼属鱼类早期资源发生与径流量关系

交互小波分析结果显示飘鱼属鱼类早期资源发生与径流量在年际尺度上交互作用有显著性相关关系，早期资源发生滞后径流量约 1/8～3/8 相位，但满足显著性相关关系的交互范围逐渐减少。初始尺度至 64 尺度，早期资源发生与径流量的交互相位差关系变化较为混乱，在 16～64 尺度 2007 年、2011 年满足显著性相关关系的交互范围较宽。2008 年飘鱼属鱼类早期资源发生量较大，但与径流量交互显著关联的区域反而较少，而 2007 年显示早期资源量大、与径流量交互作用强，其中的机制需要更深入开展研究（图 2-77）。

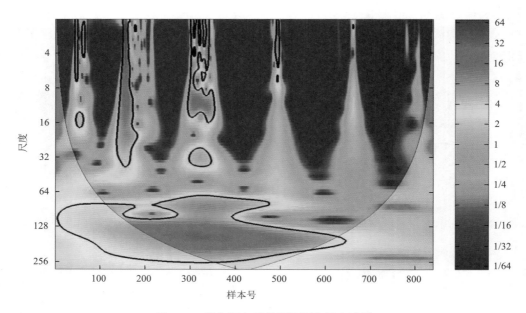

图 2-76　飘鱼属鱼类早期资源能量光谱图

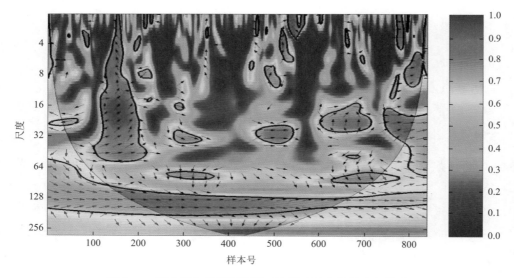

图 2-77　飘鱼属鱼类早期资源对流量过程变化的响应关系

10）鳘类

（1）鳘类早期资源年际补充规律

鳘类产漂流性卵。珠江肇庆段观测到的鳘类包括南方拟鳘、海南似鱎和鳘。图 2-78 显示鳘类早期资源光谱年际周期节律变化。以样本号 550 为界，在 64 尺度鳘类早期资源呈现 2 个光谱强度中心区，前者光谱强，后者弱。在年际尺度上鳌的早期资源量呈下降态势。鳌类世代强度大致呈现 3 年的周期变化规律，但世代强度周期有延长的变化趋势。鳌类是小型鱼类，繁殖周期短，对环境变化响应快。

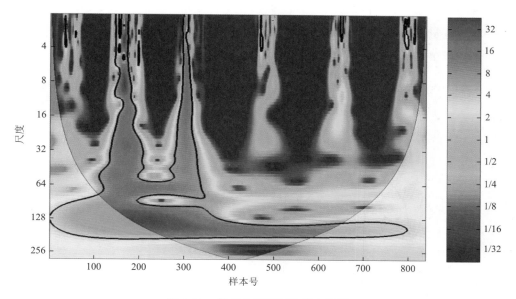

图 2-78　鳌类早期资源能量光谱图

（2）鳌类早期资源发生与径流量关系

交互小波分析结果显示鳌类早期资源发生与径流量具有显著性相关关系，表现滞后径流量约 1/8～1/4 相位，图 2-79 显示相关关系区域有扩大的趋势。与图 2-78 相比较，交互相关关系与早期资源量成反比状态，提示鳌类早期资源量受控于径流量过程。

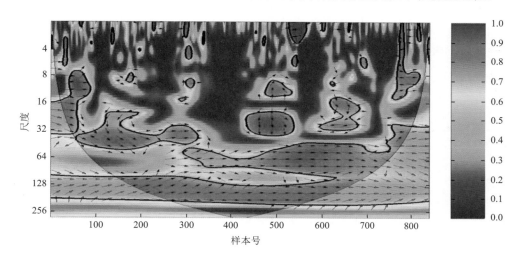

图 2-79　鳌类早期资源对流量过程变化的响应关系

11）鲴属

（1）鲴属鱼类早期资源年际补充规律

鲴属鱼类中黄尾鲴产黏性卵、银鲴产漂流性卵。珠江肇庆段观测的鲴属早期资源主要以银鲴为主。图 2-80 显示早期资源光谱年际周期节律变化，初始尺度至 32 尺度年际具有相似的能量时间间隔和周期。2007 年、2011 年鲴属鱼类呈现 2 个年度光谱强度中心区，提示鲴属鱼类世代强度呈现 3 年的周期变化规律。

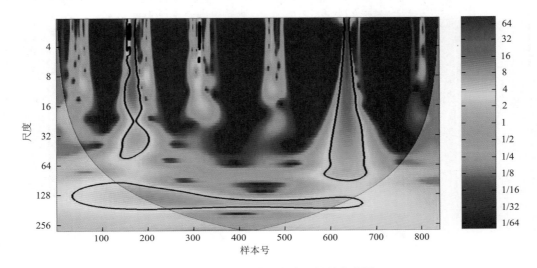

图 2-80　鲴属鱼类早期资源能量光谱图

（2）鲴属鱼类早期资源发生与径流量关系

交互小波分析结果显示鲴属鱼类早期资源发生与径流量在年际尺度上有显著的相关关系，滞后径流量约 1/8～1/4 相位（图 2-81）。在 32～64 尺度上样本号 0～400 的早期资源发生滞后流量 3/8 相位，样本号 400～800 的早期资源发生滞后径流量 1/8 相位，显著性交互关系有随时间增加而缩小的趋势。在 8～10 尺度可找到年际相似的繁殖流量过程，或许可作为人工调度操控鱼类繁殖的流量单元。世代强度周期为 3 年，鲴属鱼类早期资源补充过程与流量过程关系有超出年际尺度的大周期变化趋势，鱼类早期资源发生滞后流量变化的相位也有缩小趋势。

12）鲌类

（1）鲌类早期资源年际补充规律

鲌类产漂流性卵，图 2-82 显示光谱年际周期节律变化，早期资源光谱强度显示逐年下降趋势。在 64 尺度上样本号 100～500 鲌类早期资源有相似的补充过程。大于 33 尺度年际鲌类早期资源补充强度不同，但年际之间显示连贯的基础光谱强度带，提示珠江中下游具有符合鮈类繁殖的基础径流量"窗口"，在早期资源上体现一定的资源保有量。鮈类世代强度呈现 4 年的周期变化规律，但早期资源的补充受径流量变化的影响，世代强度周期有延长的趋势。

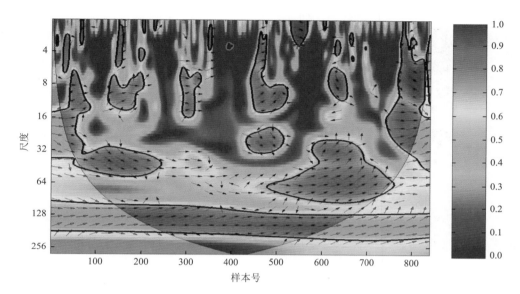

图 2-81　鮈属鱼类早期资源对流量过程变化的响应关系

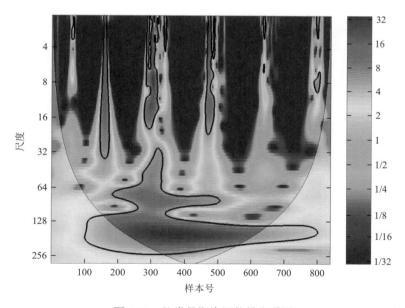

图 2-82　鮈类早期资源能量光谱图

（2）鮈类早期资源发生与径流量关系

交互小波分析结果显示鮈类在年际尺度上与径流量具有显著的相关关系，总体上滞后径流量 1/8～1/4 相位。对比图 2-82 与图 2-83 早期资源量与交互小波分析结果，同样出现某些早期资源光谱强度与交互小波光谱强度相反的结果，提示鱼类早期资源发生的复杂水文和环境过程，需要进行深入的讨论。

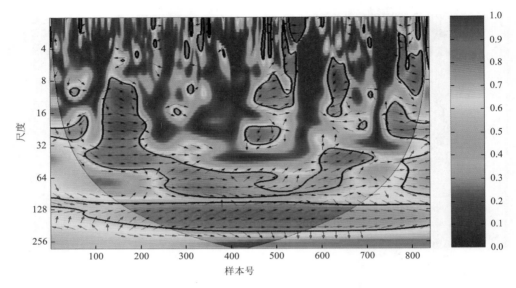

图 2-83　鉤类早期资源对流量过程变化的响应关系

13）鲤/鲫

（1）鲤/鲫早期资源年际补充规律

鲤和鲫产黏性卵，繁殖时间重叠。2006～2011 年珠江肇庆段观测到的鲤/鲫早期资源主要为鲤。图 2-84 小波分析中显示在 32 尺度以下鲤/鲫早期资源光谱呈年度周期变化规律，光谱图明显分 2 种情况，分别是 2006～2009 年和 2010～2011 年，前者光谱强，后者弱。在 32 尺度以上光谱中显示 2006～2009 年年际相连贯的基础光谱强度，提示珠江中下游鲤和鲫早期资源发生具有基本的环境基础，这是目前鲤/鲫资源持有量的基本保障。但 2010 年、2011 年在中等尺度上缺失了这样的“基本的环境基础”，其中原因值得进一步分析。

（2）鲤/鲫早期资源发生与径流量关系

交互小波分析结果显示年际尺度上样本号 0～500 鲤/鲫早期资源发生与径流量有显著相关关系，表现滞后径流量 1/8 相位，对比图 2-84 与图 2-85 同样出现早期资源光谱强度与交互小波光谱强度相反的结果。通常认为鲤/鲫繁殖不需要径流量刺激，早期资源发生与径流量变化过程交互作用不紧密，但交互小波分析结果显示早期资源发生仍然受到大周期径流量变化的影响，这种影响在时间周期上有扩大趋势，这也隐示鱼类资源变化可能受大气候环境周期的影响（图 2-85）。

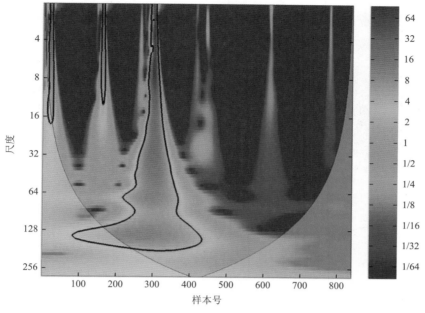

图 2-84　鲤/鲫早期资源能量光谱图

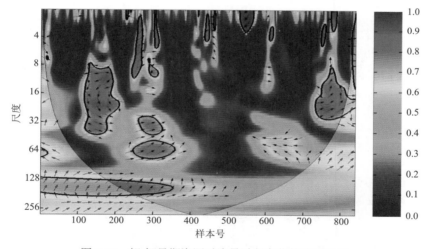

图 2-85　鲤/鲫早期资源对流量过程变化的响应关系

14）鲢

（1）鲢早期资源年际补充规律

鲢是产漂流性卵鱼类，珠江产卵场主要在广西桂平江段。光谱显示鲢年际周期节律变化（图 2-86）。2008 年早期资源光谱最强，2011 年最弱。64 尺度显示 2008～2011 年光谱强度逐年下降趋势，光谱特征显示 2008 年是鲢早期资源世代强度周期变化的分界点，至 2011 年光谱强度表现为强弱变化周期，提示鲢的世代强度变化周期为 4 年，但受大环境因素的影响，周期时间单元有扩大趋势。32 尺度以上，光谱强度有年际差异，但各年相连贯的基础光谱强度带，提示珠江中下游鲢早期资源发生具有基本的径流量环境基础，这是该鱼资源有一定量的基本保障。

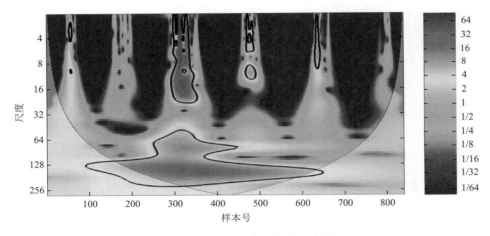

图 2-86 鲢早期资源能量光谱图

（2）鲢早期资源发生与径流量关系

交互小波分析结果显示在年际尺度上鲢早期资源发生与径流量具有显著相关关系，滞后流量从 3/8 相位缩小至 1/8 相位。早期资源补充过程与流量过程关系有超出年际尺度的大周期变化趋势。在 8～10 尺度可找到早期资源发生与径流量显著相关的区域，样本号 500 以后，中、大尺度上早期资源发生总体上与径流量过程关联，但资源量下降趋势提示亲本量下降或满足鱼类繁殖的"繁殖流量单元"减少。比较图 2-87 与图 2-86 早期资源量与交互小波关系分析结果，同样出现某些早期资源光谱强度与交互小

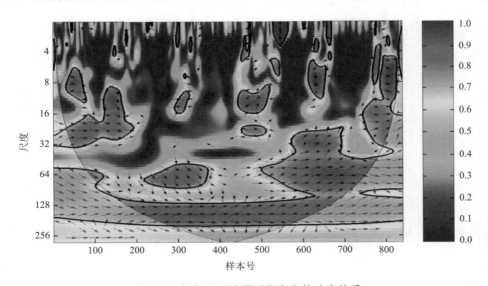

图 2-87 鲢仔鱼对流量过程变化的响应关系

波光谱强度相反的结果,与鳙、草鱼、青鱼等鱼类相似,各年具有相连贯的基础光谱强度带,提示珠江中下游具有符合鲢繁殖的基础径流量"窗口",在早期资源上体现一定的资源保有量。

15) 壮体沙鳅

(1) 壮体沙鳅早期资源年际补充规律

壮体沙鳅产漂流性卵,珠江产卵场主要在广西桂平江段。图 2-88 在 32 尺度以下光谱呈年际周期变化规律,由强变弱显示周期为 4 年的世代强度变化特征,但时间周期有延长的趋势。32 尺度以上,2007~2011 年壮体沙鳅均有强度不同、但各年相连贯的基础光谱强度,提示珠江中下游具有壮体沙鳅早期资源发生的基础径流量条件保障,但 2006 年壮体沙鳅早期资源发生光谱较弱,其原因需要进一步的分析研究。

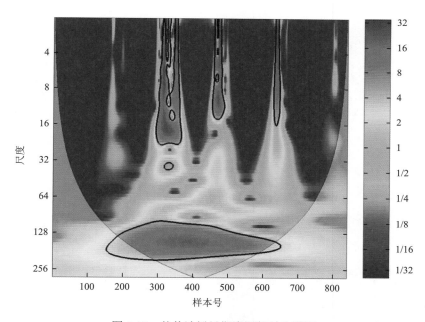

图 2-88　壮体沙鳅早期资源能量光谱图

(2) 壮体沙鳅早期资源发生与径流量关系

交互小波分析结果显示壮体沙鳅在年际尺度上早期资源发生与径流量显著相关的关联关系具有逐渐增加趋势,样本号 200~800 滞后径流量 1/4 相位。随着时间推移,壮体沙鳅适应径流量变化的态势增加,如样本号 750~840,在不同尺度下都有与径流量交互有显著关联的区域,但总体上从初始尺度至 64 尺度早期资源发生与径流量的交互过程比较混乱,样本号 550 以后,壮体沙鳅早期资源的光谱强度与径流量的交互关系结果相反,提示亲本量下降或满足鱼类繁殖的流量过程减少,需要特别关注(图 2-89)。

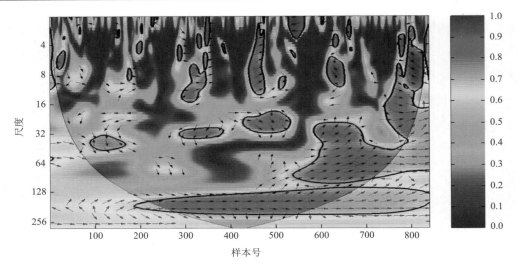

图 2-89　壮体沙鳅早期资源对流量过程变化的响应关系

16）鳜属

（1）鳜属鱼类早期资源年际补充规律

鳜属鱼卵带油球，卵漂浮性。珠江鳜属鱼类产卵场主要在广西桂平江段及支流中上游。在 32 尺度以下光谱呈年际周期变化规律（图 2-90），64～128 尺度下样本号 1～100、250～500 鳜属鱼类早期资源年际间补充过程有共性特征。2008 年鳜属鱼类早期资源光谱强度最强，2011 年最弱，反映世代强度有呈 4 年的周期变化规律，但图形结果显示这种 4 年时间周期可能有延长的趋势。总体上，在 32 尺度以上显示各年光谱强度不同，但相连贯的基础光谱强度，提示珠江中下游鳜属鱼类早期资源发生具有基本的环境基础，这是目前该鱼资源持有量的基本保障。

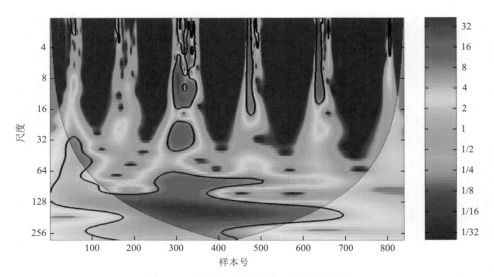

图 2-90　鳜属鱼类早期资源能量光谱图

（2）鳜属鱼类早期资源发生与径流量关系

交互小波分析结果显示在年际尺度上鳜属鱼类早期资源发生与径流量有显著相关关系的交互作用，早期资源发生滞后径流量 1/8～3/8 相位。64 尺度上，样本号 1～400 和 450～840 有一深色区，其中样本号 1～400 早期资源发生滞后径流量 3/8 相位、450～750 滞后 1/4 相位、750～840 滞后 3/8 相位。在 8～10 尺度可找到年际相似的小径流量单元区。样本号 450 以后，中、大尺度上早期资源发生与径流量显著关联区域大，但资源量呈下降趋势提示亲本量下降或满足鱼类繁殖的流量过程减少，需要特别关注。早期资源补充过程呈现受大周期环境变化趋势的影响（图 2-91）。

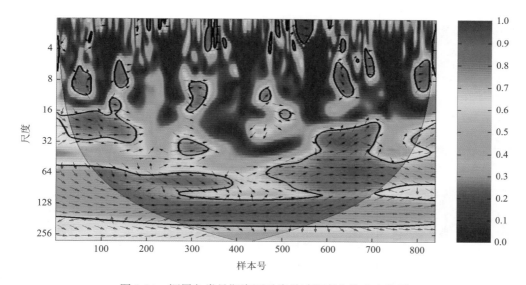

图 2-91　鳜属鱼类早期资源对流量过程变化的响应关系

17）虾虎鱼科

（1）虾虎鱼科早期资源年际补充规律

虾虎鱼科产黏沉性卵，用 DNA 分子技术对珠江肇庆段观测的漂流性早期资源进行识别，虾虎鱼科包括粘皮鲻虾虎鱼、犬牙细棘虾虎鱼、子陵吻虾虎鱼、细斑吻虾虎鱼、波氏吻虾虎鱼和李氏吻虾虎鱼等 6 种。图 2-92 示全年 4 尺度下虾虎鱼科早期资源集中出现在上、下半年 2 个区间。由于虾虎鱼科早期资源涉及种类多，补充过程规律性不明显，但总体上早期资源补充在 64 尺度以上表现出相似特征，早期资源受大尺度环境的影响的趋势扩大。在 64 尺度以上光谱图显示各年虾虎鱼科均有强度不同、但相连贯的基础光谱强度，提示珠江中下游虾虎鱼科早期资源发生具有基本的环境基础，这是目前该类鱼资源持有量的基本保障。

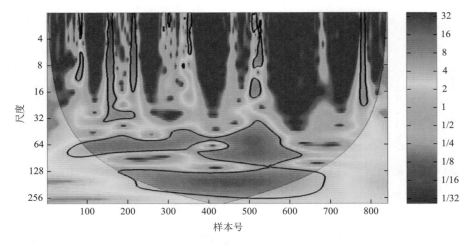

图 2-92　虾虎鱼科早期资源能量光谱图

（2）虾虎鱼科早期资源发生与径流量关系

交互小波分析结果显示虾虎鱼科早期资源发生在年际尺度上与径流量具有显著关联的交互区域，总体上滞后流量变化 3/8 相位。在小尺度上虾虎鱼科早期资源发生与径流量交互作用相位变化比较混乱，可能与样本包含的种类混合有关，干扰了分析结果（图 2-93）。

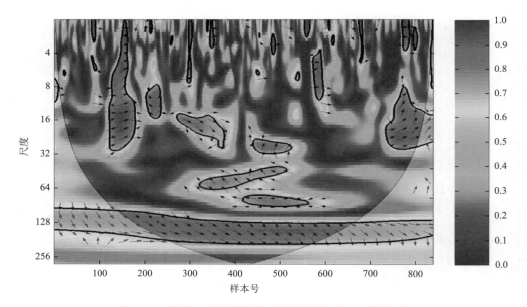

图 2-93　虾虎鱼科早期资源对流量过程变化的响应关系

18）鲮

（1）鲮早期资源年际补充规律

鲮产漂流性卵鱼类。图 2-94 在 32 尺度以下光谱呈年际周期变化规律，早期资源的补充过程有年际差异，2007 年光谱最强，2006 年最弱。128 尺度下光谱强度呈逐年下降态势。早期资源周期变化有超出年际尺度周期影响的趋势。总体上，在 32 尺度以上光谱图显示各年强度不同、但相连贯的基础光谱强度，提示珠江中下游鲮早期资源发生具有基本的环境基础，这是目前该鱼资源持有量的基本保障。

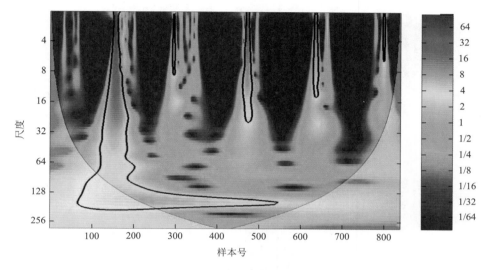

图 2-94　鲮早期资源能量光谱图

（2）鲮早期资源发生与径流量关系

交互小波分析结果显示鲮早期资源发生在年际尺度上与径流量具有显著相关的交互关系，滞后径流量 1/8～1/4 相位。在 16～32 尺度，早期资源发生与径流量关系从同步至最大滞后时间达 3/4 相位，提示年际径流量变化大，对鲮繁殖造成影响。样本号 450 以后早期资源量处于下降趋势，提示亲本量下降或满足鱼类繁殖的流量过程减少，需要特别关注（图 2-95）。

19）鲌类鱼类

（1）鲌类鱼类早期资源年际补充规律

鲌类鱼类产漂流性卵，产卵场主要在广西桂平以上江段。图 2-96 显示在年际尺度上鲌类鱼类早期资源世代强度为 5 年的周期变化规律。32 尺度以下早期资源光谱呈年际周期变化规律，在 64 尺度下样本号 150～400 光谱强度有共性规律，在 128 尺度下样本号 1～700 光谱强度有明显下降趋势，在 64 尺度以上光谱图显示各年鲌类均有强度不同、但相连贯的基础光谱强度，提示珠江中下游鲌类鱼类早期资源发生具有基本的环境基础，这是目前该类鱼资源持有量的基本保障。

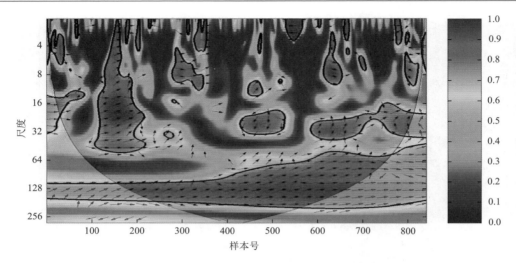

图 2-95　鲮早期资源对流量过程变化的响应关系

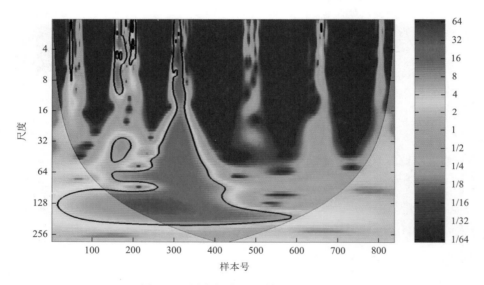

图 2-96　鲌类鱼类早期资源能量光谱图

（2）鲌类鱼类早期资源发生与径流量关系

交互小波分析结果显示鲌类鱼类早期资源发生总体上在年际尺度上响应流量变化，早期资源发生滞后径流量 1/4～3/8 相位。在 16～64 尺度下，对流量过程变化响应活跃，滞后相位总体上在 1/4～3/4 相位变化，这一现象反映了鲌类鱼类受环境变化的影响，缺少稳定的繁殖条件（图 2-97）。

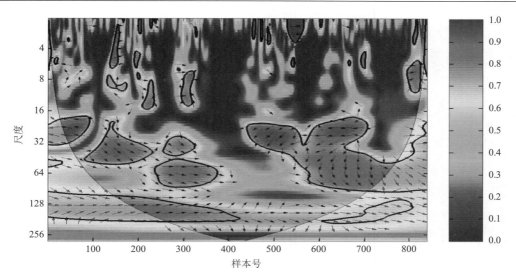

图 2-97   鲌类鱼类早期资源对流量过程变化的响应关系

第3章　漂流性鱼类早期资源发生与温度关系

温度是影响鱼类生命活动的重要因子，鱼类的一切生理活动都受水温影响。作为变温动物，鱼类的体温随水温的变化而改变。温度影响食物丰歉和水体理化环境，从而间接对生物的生存起支配作用；温度对鱼类体内各类酶活性产生影响，进而对代谢速率产生影响。当外界环境温度超过其阈值时，鱼类的生长发育就会受到一定的阻碍。在合适的温度范围内，温度越高，鱼类生长速度越快；反之速度越慢。同理，在适宜的温度范围内，水温越高鱼类性腺发育越快，高于或低于适宜水温都将影响性腺的发育。

鱼类的繁殖期和孵化期对水温较为敏感。鱼类的繁殖对水温有不同的要求，黑龙江江鳕繁殖水温要求在 0℃左右，鲤、鲫繁殖水温在 15℃左右，草鱼、鲢、鳙繁殖水温在 18℃以上，罗非鱼繁殖的最适宜水温为 25～28℃。亲鱼产卵行为主要由水温决定，没有达到合适的水温不产卵，而水温过高或过低，产卵行为也会受到抑制。同种鱼类的产卵时间也会受水温的影响，四大家鱼在黑龙江地区产卵季节相对于广东地区要延缓 2～3 月，温度变化延迟或促进鱼成熟、产卵（余志堂等，1985；木云雷等，1999；王锐等，2010）。Pankhurst 等（1996）发现虹鳟的产卵量和繁殖力与水温有关；郭文献等（2011）发现水温变化导致中华鲟产卵次数由 2 次下降至 1 次。

我国跨越了六个气候带，环境多样性成就了物种多样性格局。鱼类群落也一样，受气候环境差异的影响，不同地域物种的分布格局不同。目前，关于气温变化与渔业资源的研究越来越受到重视。联合国政府间气候变化专门委员会（Intergovernmental Panel on Climate Change，IPCC）的第三次评估报告提出，全球气温在 20 世纪约升高了 0.6℃，预计到 21 世纪末会进一步升高 1.4～5.8℃。在全球气温升高的大背景下，中国近百年的气温也在发生明显的变化，中国的年平均气温升高了 0.5～0.8℃。这些变化可能影响鱼类繁殖，导致渔业资源和水生态系统的功能变化。

3.1　中国温度带区

全球划分为北寒带、北温带、热带、南温带、南寒带五个温度带。中国大部分位于北温带，少部分位于热带。我国大致划为寒温带、中温带、暖温带、亚热带、热带和青藏高寒区，≥10℃活动积温范围主要在 1600～8000℃（表 3-1）。

表 3-1　中国温度带≥10℃活动积温表

温度带	活动积温(年积温)/℃	生长期/月
寒温带	<1600	3
中温带	1600～3400	4～7
暖温带	3400～4500	5～8
亚热带	4500～8000	8～12
热带	>8000	全年
青藏高寒区	<2000	0～7

我国以日平均气温≥10℃的活动积温约 3200℃为东北温带湿润、半湿润地区与华北暖温带湿润、半湿润地区的分界线，华北暖温带湿润地区与华中亚热带湿润地区日平均气温以≥10℃活动积温 4500℃为界，华中亚热带湿润地区与华南热带湿润地区日平均气温以≥10℃活动积温 7500℃为界。

3.1.1　寒温带温度特征

寒温带包括黑龙江北部、内蒙古东部。漠河是典型区域，冬季气温一般在–40℃以下，1 月平均温度–30.9℃，冬天最低气温仅–52℃。7 月平均温度为 18.4℃，最高温可达39.3℃。年平均气温–5.5℃。月平均气温在 0℃以下的时间长达 7 个月，平均无霜期为86.2 d。7～8 月水温高于 20℃(表 3-2)。黑龙江漠河段从漠河镇至额木尔河河口长 110 km，年水温范围为 0.1～21.4℃，冰封期达 164 d。

表 3-2　黑龙江漠河水温和活动积温情况　　　　　　　　　　　　　(单位：℃)

项目	5 月	6 月	7 月	8 月	9 月	10 月
水温	6.1	17.6	21.4	20.0	12.2	3.3
活动积温	4 538	12 672	15 922	14 880	8 784	2 455

注：资料来源于陆九韶等（2004）。

3.1.2　中温带温度特征

中温带包括我国东北、内蒙古大部分地区和新疆北部。西北部准噶尔盆地 1 月平均气温在–20℃以下，极端最低气温为–50.15℃；东北部黑龙江流域南部平均气温–24℃、北部–33℃。11 月至次年 3 月前大部分时间河流处于冰封期，冰下河流水温极低。表 3-3中列出我国东北地区部分江河月平均水温。

表 3-3　我国东北地区部分江河（江段）不同月份平均水温　　　（单位：℃）

地区	4 月	5 月	6 月	7 月	8 月	9 月	10 月
呼玛河	—	7.5	14.9	18.5	18.0	10.5	3.2
黑河	—	8.1	16.4	20.4	18.2	11.2	4.9
勤得利	—	8.6	19.2	21.7	21.0	13.0	4.8
乌苏里江饶河	3.9	11.9	19.8	22.3	20.3	16.0	7.1
嫩江	—	9.6	18.8	21.2	19.0	11.4	3.3
牡丹江敦化	2.7	13.1	22.6	22.6	21.9	15.8	9.1
绥芬河东宁	3.0	13.1	20.2	23.2	22.7	15.5	7.8

注：资料来源于陆九韶等（2004）。

3.1.3　暖温带温度特征

暖温带区域包括新疆南部、山西、陕西、河南、山东的大部分区域，年平均气温为 11～16.0℃，无霜期大于 180 d。涉及河流水系主要包括塔里木河水系、黄河、长江、海河、淮河等。暖温带区域的中部河南省年平均气温一般在 12～16℃，1 月为–3～3℃，7 月为 24～29℃。表 3-4 黄河中游三门峡水库水温，11 月（大部分时间）至次年 3 月水温低于 10℃，6～9 月平均水温在 20℃以上，最高水温 27.2℃。

表 3-4　三门峡水库水温　　　（单位：℃）

年份	1 月	2 月	3 月	4 月	5 月	6 月	7 月	8 月	9 月	10 月	11 月	12 月
1961	—	4.4	5.5	9.6	16.0	20.9	26.2	27.2	22.5	16.4	10.5	5.6
1962～1965	1.1	2.2	6.9	13.6	19.3	23.8	25.9	26.0	20.8	15.1	8.9	1.7

注：资料来源于张宏安等（2002）。

3.1.4　亚热带温度特征

亚热带位于秦岭淮河以南，青藏高原以东。该区域主要包括长江中下游、珠江流域区域，年平均气温为 14～22℃，冬季最低气温–9.8℃，夏季最高气温达到 42℃。多年平均日照 1282～2243 h，全年≥10℃活动积温为 4250～8000℃，日均温≥10℃持续天数在 220～350 d。

1. 长江流域温度特征

长江干流自西而东横贯中国中部，流经青海、西藏、四川、云南、重庆、湖北、湖南、江西、安徽、江苏、上海等 11 个省（自治区、直辖市），于崇明岛以东注入东海，全长约 6300 km。数百条支流自贵州、甘肃、陕西、河南、广西、广东、浙江、福建 8 个省（自治区）等汇入长江。

长江流域年平均气温为 16～18℃，夏季最高气温达 40℃左右，冬季最低气温在−4℃左右。四川盆地气候较温和，冬季气温比中下游增加约 5℃。昆明周围地区则四季如春。金沙江峡谷地区呈典型的立体气候，山顶白雪皑皑，山下四季如春。长江重庆区域，8月月均温度最高约 24℃，1 月月均温度最低约 12℃，4～11 月月均温度大于 18℃（孙大明，2010）；长江宜昌邻近水域 4 月中旬至 10 月中旬平均水温基本维持在 18℃以上（邹振华，2011）。昆明市海拔约 1891 m，日均温≥10℃持续期 263 d，活动积温 4522.6℃；江津地处中亚热带湿润季风气候区，海拔 400 m 以下的地区年均气温在 17～19℃，≥10℃活动积温 5500～6500℃。长江口属亚热带季风气候，年平均气温 16.1℃，最冷为1 月，平均温度 5.5℃，8 月最热，月平均气温 26.9℃，全年≥10℃活动积温 5009.6℃。

2. 珠江流域温度特征

珠江起源于云南省的马雄山，自西向东流经云贵高原和广西，最后于广东省珠海市磨刀门汇入南海，干流总长约为 2200 km。珠江流域地处热带和亚热带季风区，多年平均气温为 14～22℃，最高气温 42℃，最低−9.8℃。表 3-5 列示了高要和桂平区域温度和活动积温情况。珠江口区域平均气温 21.6℃，年平均活动积温 7597.2℃。

表 3-5　2012 年珠江流域中部平均气温和活动积温　　　　　　（单位：℃）

月份	高要区域		桂平区域	
	平均气温	活动积温	平均气温	活动积温
1	15.03	11 182	14.7	10 937
2	13.46	9 368	13.2	9 187
3	17.67	13 146	14.5	10 788
4	20.89	15 041	20.2	14 544
5	25.66	19 091	25.1	18 674
6	25.88	18 634	25.5	18 360
7	27.75	20 646	27.4	20 386
8	28.43	21 152	28.1	20 906
9	28.49	20 513	28.1	20 232
10	26.67	19 842	26.3	19 567
11	23.09	16 625	22.8	16 416
12	18.29	13 608	18.6	13 838

3. 澜沧江中游区温度特征

澜沧江中游滇西北区属亚热带气候，是海拔多在 3000 m 以上的高山峡谷地区，峰谷相对高差超过 1000 m。气温垂直变化明显，气温由北向南递增，年平均气温为 12～15℃，最热月平均气温为 24～28℃，最冷月平均气温为 5～10℃，≥10℃活动积温在 3223℃以下。

3.1.5　热带温度特征

热带区域位于滇南部、雷州半岛、台湾地区南部和海南省。中国的雷州半岛、海南岛、云南省南部和台湾地区南部均属于热带气候，终年不见霜雪，全年无寒冬，到处是热带丛林。年平均温度为 22～26℃，最低月平均气温大于 16℃，最高月平均气温大于 28℃。云南的西双版纳、广东的雷州半岛、海南岛和台湾岛的南部≥10℃活动积温大于 8000℃。

3.1.6　青藏高寒区温度特征

青藏高寒区气候总体特征为辐射强烈，日照多，气温低，积温少，气温随高度和纬度的升高而降低，日温差较大。干湿分明，多夜雨；冬季干冷漫长，大风多；夏季温凉多雨，冰雹多。青藏高寒区年平均气温由东南的 20℃，向西北递减至–6℃以下。

黄河源头地区最高月平均水温小于 18℃。长江江源地区年平均气温–4.4℃，长江水文站记录上游河源地区温度最高的 8 月月均温度小于 10℃（袁博等，2013）。青海湖平均最高气温为 6.7～8.7℃，平均最低气温为–6.7～4.9℃。湖水温度 8 月最高达 22.3℃，平均为 16℃；水的下层温度较低，平均水温为 9.5℃，最低为 6℃。湖水 1 月冰下上层温度–0.9℃，底层水温 3.3℃。青海湖封冰期年平均为 108～116 d，最短为 76 d，最长 138 d，4 月中旬后湖内冰块完全消融。青海、西藏、四川西部高寒区≥10℃活动积温小于 2000℃。

3.2　鱼类早期资源与温度

3.2.1　胚胎发育与积温

生物生长发育阶段逐日平均气温的总和称为积温（accumulated temperature），是衡量生物生长发育所需温度特征的一种标尺，单位为℃·h。积温分为活动积温、有效积温、负积温、地积温、日积温等，其中有效积温和活动积温使用广泛。生物生长发育有最低温度阈值，即下限温度，又可以称作"生物学零度"或"生物学起点温度"。最低阈值温度通常用"日平均温度"来表示，不同生物生长的最低阈值温度不同；活动积温等于去除最低阈值温度后的日平均温度加和值；而有效积温就等于每天平均温度与最低阈值温度差值的累加值。积温概念延伸至鱼类胚胎发育研究领域，通常将胚胎发育至孵化出膜的水温过程累加为胚胎发育的积温。

中国淡水鱼类分布受气温、地形位置等影响。江河、湖泊水体环境复杂多变，鱼类通过生态适应策略维持种群持续发展，如尽量适应大跨度的繁殖时空，从中选择最合适的繁殖时间。由于生物进化及地史变化，鱼类分布在不同的河流，这些鱼类进化同源。不同繁殖时间或不同繁殖地出生的个体，经历的环境在时空或气候方面有差异，其早期生活史特征也会表现出差异。温度对鱼类产卵的影响是明显的，水温被认为是控制鱼类产卵的重要因子，某些鱼类将水温信号作为开始自然产卵的条件（王宏田等，1998；宋超等，2015）。

在我国鱼类早期发育研究领域约 190 种（含品系）鱼类的发育水温介于 1.5～30℃。记录鱼类胚胎发育的积温在 436～15132℃·h（表 3-6）。各种类胚胎发育至出膜阶段要求的积温数值与自然水域中的实际情况会有出入，如同种鱼在南北不同地区的发育积温要求不一定相同，在繁殖期不同的繁殖时序间发育需要的积温值也会有差异。

河流是鱼类的栖息地，河水的温度变化和水流脉冲过程蕴含着各种影响鱼类早期生活史的信息。积温值提示一些鱼类只适合在年平均水温低于 10℃ 的河流生长，另一些鱼类需要在高于 20℃ 的水温下才能正常发育。鱼类胚胎发育的积温不是区分鱼类区域性分布特征的唯一条件，一些鱼类胚胎发育的温度要求较高，但并不说明这些鱼类不能在北方寒冷的水域生长，如黑龙江流域也可盛产草鱼、鲇、鲤、鲫鱼等。繁殖季节鱼类在适宜的温度条件下产卵繁殖，受精卵在满足发育积温下完成胚胎发育孵化成鱼。表 3-6 整理了我国的一些鱼类积温研究数据，根据鱼类胚胎发育积温情况大致可了解全国江河鱼类早期资源的状况。

表 3-6 一些鱼类胚胎发育的积温数据

序号	种类	胚胎发育积温/(℃·h)	序号	种类	胚胎发育积温/(℃·h)	序号	种类	胚胎发育积温/(℃·h)
1	卡特拉鲮	436	9	澳洲宝石斑	636	17	犁头鳅	782
2	鲂	489	10	苏氏圆腹鲶	641	18	大鳞副泥鳅	795
3	淡水鲳	493	11	泰国斗鱼	659	19	团头鲂	800
4	高体革鯻	500	12	鲢	675	20	广东鲂	806
5	赤眼鳟	507	13	鳙	697	21	东北大口鲇	860
6	鳊	585	14	翘嘴鲌	702	22	中华乌塘鳢	877
7	淡水黑鲷	600	15	中华沙鳅	759	23	鲫	894
8	宽体沙鳅	621	16	草鱼	771	24	丁鱥	920

序号	种类	胚胎发育积温/(℃·h)	序号	种类	胚胎发育积温/(℃·h)	序号	种类	胚胎发育积温/(℃·h)
25	鳜	983	57	黄颡鱼	1 600	89	云南盘鮈	2 536
26	瓦氏黄颡鱼	997	58	雀鳝	1 606	90	葛氏鲈塘鳢	2 546
27	银鮈	1 000	59	大刺鳅	1 624	91	唇鲭	2 632
28	黑尾近红鲌	1 004	60	细雨鳞裂腹鱼	1 632	92	斑鳜	2 660
29	长鳍吻鮈	1 008	61	蛇鮈	1 640	93	异齿裂腹鱼	2 700
30	短体副鳅	1 049	62	史氏鲟	1 666	94	舌虾虎鱼	2 700
31	光唇鱼	1 050	63	塔里木裂腹鱼	1 680	95	暗纹东方鲀	2 751
32	大鳞鲃	1 075	64	大眼鳜	1 690	96	云南裂腹鱼	2 780
33	泰山赤鳞鱼	1 081	65	花鲭	1 700	97	黑龙江茴鱼	2 808
34	鲤	1 082	66	施氏鲟	1 710	98	胭脂鱼	2 934
35	唐鱼	1 088	67	似刺吻鮈	1 818	99	青海湖裸鲤	2 960
36	大口黑鲈	1 100	68	扁吻鱼	1 852	100	西藏黑斑原鮡	2 963
37	兰州鲇	1 100	69	稀有鮈鲫	1 875	101	银鱼	2 964
38	粗唇鮠	1 144	70	三角鲤	1 892	102	滇池金线鲃	2 978
39	白甲鱼	1 152	71	中华鲟	1 921	103	弓斑东方鲀	3 080
40	黑脊倒刺鲃	1 199	72	厚唇裸重唇鱼	1 962	104	松潘裸鲤	3 468
41	中华倒刺鲃	1 270	73	福建纹胸鮡	1 989	105	后背鲈鲤	3 699
42	乌苏里鮠	1 285	74	小体鲟	2 023	106	香鱼	3 960
43	南方大口鲇	1 299	75	岩原鲤	2 053	107	江鳕	4 107
44	斑鳢	1 325	76	中华多刺鱼	2 062	108	松江鲈	4 200
45	翘嘴鲌	1 360	77	四川裂腹鱼	2 080	109	黑斑狗鱼	4 232
46	秀丽高原鳅	1 360	78	云南光唇鱼	2 091	110	大鳍弹涂鱼	4 287
47	厚颌鲂	1 370	79	池沼公鱼	2 097	111	细鳞鲑	4 952
48	倒刺鲃	1 392	80	长臀鮠	2 132	112	贝加尔雅罗鱼	5 412
49	长吻鮠	1 416	81	达氏鳇	2 148	113	大银鱼	5 538
50	辨结鱼	1 420	82	匙吻鲟	2 266	114	虹鳟	7 776
51	寡齿新银鱼	1 464	83	达氏鲟	2 322	115	硬头鳟	9 480
52	波氏吻虾虎鱼	1 475	84	齐口裂腹鱼	2 345	116	高白鲑	9 600
53	大鳍鳠	1 479	85	软鳍新光唇鱼	2 400	117	大麻哈鱼	9 900
54	白斑狗鱼	1 480	86	云南高背鲫	2 413	118	沙塘鳢	10 521
55	淡水石斑	1 540	87	小裂腹鱼	2 430	119	凹目白鲑	15 132
56	乌原鲤	1 600	88	斑点叉尾鮰	2 530			

　　最小发育积温记录是卡特拉鲮经 436℃·h 孵出；最大发育积温记录是凹目白鲑在
2.3～8.2℃水温条件下孵化，积温为 15 132℃·h。根据研究对象及所处的河流温度情况，结合胚胎发育的积温数值,可判断鱼类在不同江河出仔鱼的时间。但是,在胚胎发育的温度区间内,并不代表某种仔鱼就一定能出现或持续出现。

3.2.2　胚胎发育与温度

全球淡水鱼类呈现明显的温度带分布差异,鱼类早期资源发生遵从温度差异变化规律。鱼类繁殖受水温影响,不同物种的生长、发育、成熟和繁殖要求的温度不同,因此,仔鱼出现与温度有关。仔鱼的生长发育需要特殊的环境条件,合适的环境条件是鱼类早期资源生长发育的基本保障。我国已进行胚胎发育研究的鱼类中,适宜水温在0~30℃。其中适宜温度在0~5℃的种类占2.6%,6~10℃的占5.3%,11~15℃占8.6%,16~20℃占28.5%,21~25℃占35.1%,26~30℃占19.9%(图3-1)。

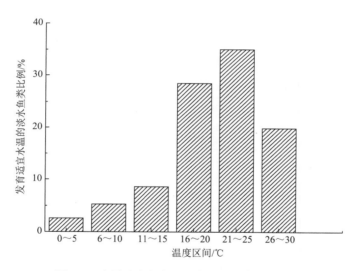

图 3-1　中国淡水鱼类胚胎发育的温度区间格局

中国淡水鱼类胚胎发育研究中适宜水温在16~30℃的鱼类占已研究种类的83.5%。从受精卵发育至出膜,最短时间记录引进养殖种是卡特拉鲮经10 h孵出;最长发育时间记录是凹目白鲑,在2.3~8.2℃水温条件下,100 d后出仔鱼。发育温度在20~25℃的鱼类,理论上都可在我国的广大自然水域中找到适宜完成胚胎发育的水温条件,这些鱼类如四大家鱼、鲂、鳡、鳜、赤眼鳟、鲇等。

鱼类在合适的温度范围内,卵的孵化率与水温呈正相关关系,发育出膜时长与水温呈负相关关系。不同鱼类胚胎发育的温度要求不同,对温度的适应范围也有很大差异,广东鲂胚胎发育的最适宜温度为24~28℃,鲤鱼胚胎发育最适宜温度为20~30℃,匙吻鲟胚胎发育和仔鱼早期发育最适宜温度分别为18~22℃和18~20℃,中华倒刺鲃胚胎发育和仔鱼早期发育最适宜温度分别为 23～27℃和 25～31℃，似刺鳊鮈（*Paracanthobrama guichenoti*）胚胎发育最适宜温度为 20～24℃。有些鱼类在冰封河流极低的温度下繁殖，太高的温度会导致胚胎死亡，这些鱼的受精卵在河流冰冻解封时仔鱼已经出膜。通常情况下，胚胎发育适应低水温的鱼类，胚胎发育或仔鱼发育期较长，如处于寒冷河流水域的大麻哈鱼、达氏鳇、江鳕、黑龙江茴鱼、哲罗鲑、丁鲹、梭鲈、狗鱼、虹鳟等，从受精卵发育至稚鱼期，需要较长的时间。适应较低温度、发育时间较长的鱼类，通常很难在南方河流中生存。

3.2.3 仔鱼出现温度范围

繁殖季节鱼类在合适的温度下繁殖。不同流域达到一定水温范围的时间不同，因而繁殖时间不同。如鳜属鱼类繁殖要求水温在 18～29℃，珠江流域自然繁殖期一般在 4～10 月，长江流域 5 月初达到 18℃水温，黑龙江流域约 5 月末才能达到。因而可以推测鳜属鱼类自然繁殖在长江流域晚珠江流域将近一个月，黑龙江流域较珠江流域晚约两个月。在珠江进行的周年仔鱼监测中，大部分鱼的出仔鱼期有一定温度波动范围，表 3-7 列示了珠江部分鱼类 2010～2012 年仔鱼出现的温度范围。

表 3-7　珠江部分鱼类仔鱼周年首末次出现水温

种类	年份	起始温度/℃	结束温度/℃
青鱼	2010 年	22.2	30.3
	2011 年	25.1	28.5
	2012 年	25.8	27.4
草鱼	2010 年	22.2	28.9
	2011 年	24.2	28.6
	2012 年	22.9	28.6
鲢	2010 年	22.2	30.3
	2011 年	24.2	28.5
	2012 年	22.9	28.9
鳙	2010 年	22.8	28.9
	2011 年	24.5	28.5
	2012 年	23.0	28.6
赤眼鳟	2010 年	24.7	28.3
	2011 年	23.1	22.1
	2012 年	22.3	25.9

续表

种类	年份	起始温度/℃	结束温度/℃
鲴属	2010 年	21.2	28.2
	2011 年	19.6	26.3
	2012 年	21.6	28.7
广东鲂	2010 年	21.7	28.1
	2011 年	19.2	26.4
	2012 年	21.8	28.1
海南鲌	2010 年	24.7	28.2
	2011 年	23.7	26.1
	2012 年	26.1	28.2
鲤/鲫	2010 年	16.8	24.8
	2011 年	18.3	24.2
	2012 年	14.0	21.6
银鮈	2010 年	21.0	29.0
	2011 年	20.6	23.5
	2012 年	21.6	25.9
鳘	2010 年	21.0	28.7
	2011 年	19.1	24.8
	2012 年	19.5	27.0
鳡	2010 年	22.2	29.1
	2011 年	23.3	29.5
	2012 年	19.5	28.1
鳤	2010 年	24.5	27.8
	2011 年	25.8	24.4
	2012 年	25.8	27.4
鳜属	2010 年	25.3	29.1
	2011 年	19.1	26.4
	2012 年	22.3	28.1
壮体沙鳅	2010 年	21.0	30.3
	2011 年	24.2	26.3
	2012 年	20.7	28.6
银飘鱼	2010 年	24.7	28.9
	2011 年	24.4	23.5
	2012 年	22.3	27.0

　　我国许多鱼类适应的繁殖温度在 18~29℃，不同鱼类在这一温度区间的繁殖时间不同。依据 18~29℃ 范围列示了一些河流适合鱼类繁殖的时间（表 3-8）。同一条江河，跨越的温度区域不同，鱼类种类的组成不同；同一种鱼在不同纬度的河流中，适合繁殖的时间不同，在鱼类群落中扮演的生态位不同。这些差异都能在观测鱼类早期资源发生过程中的种类、数量、结构中体现。

表 3-8　水温 18~29℃ 在各河流的时间分布特征（广布性鱼类可能繁殖的时间范围）

河流（江段）	1月	2月	3月	4月	5月	6月	7月	8月	9月	10月	11月	12月
呼玛河	–	–	–	–	–	–	+	+	–	–	–	–
黑河	–	–	–	–	–	–	+	+	–	–	–	–
勤得利	–	–	–	–	–	+	+	+	–	–	–	–
乌苏里江饶河	–	–	–	–	–	+	+	+	–	–	–	–
嫩江	–	–	–	–	–	+	+	+	–	–	–	–
牡丹江敦化	–	–	–	–	–	+	+	+	–	–	–	–
绥芬河东宁	–	–	–	–	–	+	+	+	–	–	–	–
黑龙江干流	–	–	–	–	–	13.8~18.8	+	17.5~22.8	–	–	–	–
嫩江上游	–	–	–	–	–	17.9~20.9	+	+	–	–	–	–
牡丹江上游	–	–	–	–	–	16.5~18.6	+	+	–	–	–	–
绥芬河中游	–	–	–	–	–	15.3~20.32	+	+	–	–	–	–
汾河	–	–	–	–	–	–	+	–	–	–	–	–
黄河三门峡	–	–	–	–	+	+	+	+	+	–	–	–
珠江桂平	–	–	–	+	+	+	+	+	+	+	+	+

注："–"表示水温小于 18℃；"＋"表示 18~29℃；有些月份温度跨度较大，用了具体温度值（℃）。

　　了解不同种类鱼的繁殖要求，对资源管理具有极大的帮助。获得江河中仔鱼发生过程与温度数据，可以掌握不同鱼类适宜的繁殖温度。2005 年 5 月，作者的研究团队在珠江肇庆段建立了漂流性鱼卵、仔鱼定位长期监测体系，通过"断面控制方法"每天观测仔鱼的发生情况，研究鱼类早期资源动态变化。珠江肇庆段漂流性鱼类早期资源种类涉及 60 余种。以 2012 年样本为例，珠江肇庆段全年水温在 12.8~29.2℃，分析测温点仔鱼监测数据发现全年除 16℃ 温区外，各水温段均有仔鱼发生。仔鱼发生的高峰温度为 25℃，占仔鱼量的 60.2084%，水温 28℃ 的仔鱼量占 16.0815%，21℃ 的仔鱼量占 13.9145%（表 3-9）。仔鱼主要发生在 4 月下旬水温升高至 21℃、8 月下旬水温保持在 28℃ 时。图 3-2 表示仔鱼量与水温之间呈非线性关系，一年之中的 8~9 月水温最高，但仔鱼发生的高峰量在 6 月（图 3-3）。

表 3-9 2012 年珠江肇庆江段水温与仔鱼数量分布

珠江肇庆段水温/℃	仔鱼数量分布/%
12	0.0002
13	0.0045
14	0.0004
15	0.0002
16	0
17	0.0001
18	0.0006
19	0.1311
20	0.0035
21	13.9145
22	0.6949
23	1.0413
24	0.0321
25	60.2084
26	4.9637
27	2.5802
28	16.0815
29	0.3330

注：每个温度值代表一个区间，如 25℃代表 25.0~25.9℃。

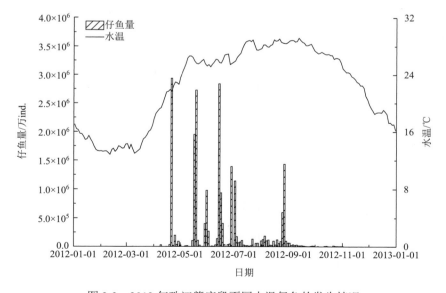

图 3-2 2012 年珠江肇庆段不同水温仔鱼的发生情况

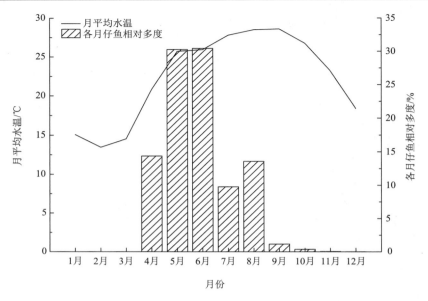

图 3-3　2012 年珠江肇庆段水温与仔鱼发生的关系

　　鱼类早期资源补充不仅与鱼类自身的繁殖行为有关，也与外部的水环境紧密相关，其中水温是影响鱼类繁殖至关重要的因素，鱼类早期资源的发生与季节变化呈一致的规律。但对于同种鱼类来说，低纬度地区鱼类繁殖一般早于高纬度地区。田辉伍等（2017）的研究表明，长江多数鲤科鱼类的主要繁殖期集中在 5～7 月，持续约 3 个月；而珠江鱼类的繁殖则从 4 月中旬一直持续至 9 月中旬。这是由于水温是鱼类开始繁殖的启动因子，只有当水温达到或高于临界值时鱼类才可能在繁殖季节进行产卵繁殖，南方地区达到繁殖所需最低水温的时间要远早于北方地区，适合鱼类繁殖温度的时间跨度也大。

　　大部分鱼类繁殖、早期资源补充有较为集中的水温。仔鱼集中出现的温度区间，通常都是优势种出现的时间。从胚胎发育资料以及珠江流域仔鱼发生的水温要求来看，类似青鱼、草鱼等全国河流共性分布的鱼类，在北方河流应该很难成为优势种，因为北方河流水温能够提供给这些鱼类的繁殖温度空间极其有限。因此，温度对一条河流鱼类种类及群落结构的影响起到很大的作用。

　　1. 七丝鲚

　　七丝鲚是洄游性鱼类，仔鱼出现在 25.1～26.1℃（图 3-4）。2012 年珠江七丝鲚仔鱼均出现在 6 月上旬，仔鱼出现的时间跨度窄，鱼苗出现时间集中，26℃出现仔鱼量占全年七丝鲚仔鱼总量的比例超过 80%（图 3-5）。七丝鲚仔鱼占当年鱼类早期补充群体监测总量的 0.002%，资源量相对小。

图 3-4　七丝鲚仔鱼量与水温关系

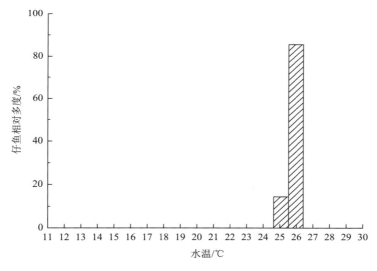

图 3-5　各水温下七丝鲚仔鱼的相对多度

2. 银鱼科

银鱼科仔鱼出现在 12.8~29.2℃，2012 年珠江肇庆段银鱼科仔鱼出现覆盖全年的水温区间，图 3-6 显示银鱼科仔鱼发生时间跨度大于 250 d。仔鱼发生的峰值温度为 25~28℃（图 3-7），25℃出现的仔鱼量占全年银鱼科仔鱼总量的 60%以上。银鱼科仔鱼占当年鱼类早期补充群体监测总量的 0.13%。

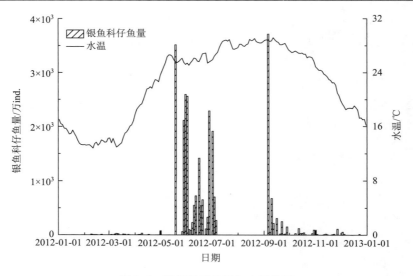

图 3-6　银鱼科仔鱼量与水温关系

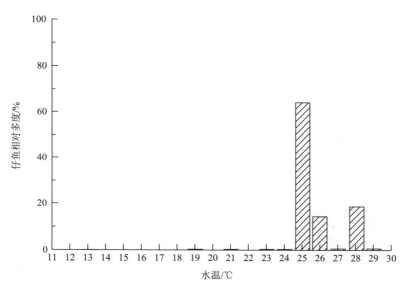

图 3-7　各水温下银鱼科仔鱼的相对多度

3. 草鱼

草鱼仔鱼出现在 22.6～28.9℃，图 3-8 显示 2012 年珠江草鱼仔鱼发生跨度达 124 d，珠江草鱼仔鱼发生水温空间较宽，温度不是制约珠江草鱼种群的关键因素。25℃出现的仔鱼量占全年草鱼仔鱼总量的 80%以上（图 3-9）。草鱼仔鱼量占当年鱼类早期补充群体监测总量的 1.06%。

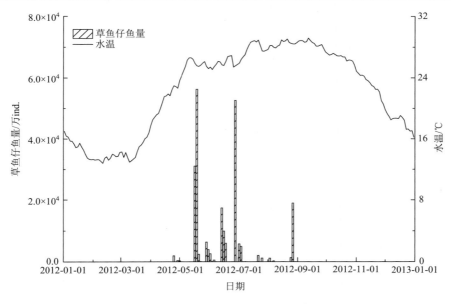

图 3-8　草鱼仔鱼量与水温关系

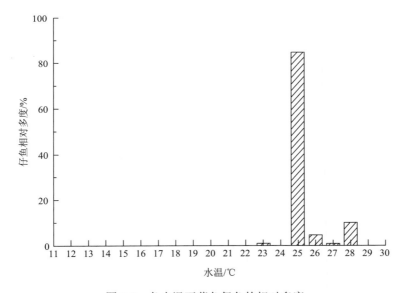

图 3-9　各水温下草鱼仔鱼的相对多度

4. 青鱼

青鱼仔鱼出现在 25.6～27.5℃，图 3-10 显示 2012 年珠江肇庆段青鱼仔鱼发生峰值温度为 25.6℃。在仔鱼发生的 68 d 跨度中 25.6℃温度点出现 3 次，峰值发生在第一次出现的 25.6℃温度点，仔鱼量占全年青鱼仔鱼总量的 49.2%。图 3-10 显示青鱼仔鱼主要出现在 5～8 月，仔鱼发生集中在 1.9℃温度变幅区间反映青鱼繁殖要求的温度条件较高，错过最佳温度对青鱼资源补充造成较大的影响；监测数据反映的另一信息是监测江段青鱼的繁殖亲体种群少，表现适应温度范围窄。25℃出现的仔鱼量占全年青鱼仔鱼总量的95%以上（图3-11）。青鱼仔鱼量占当年鱼类早期补充群体监测总量的0.10%。

图 3-10　青鱼仔鱼量与水温关系

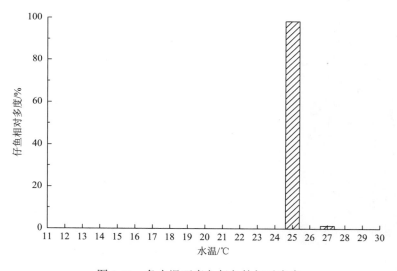

图 3-11　各水温下青鱼仔鱼的相对多度

5. 赤眼鳟

赤眼鳟仔鱼出现在 25.1～29.2℃，图 3-12 显示，2012 年珠江赤眼鳟仔鱼全年补充量与温度的关系，全年赤眼鳟仔鱼发生有 4.1℃的温度变幅，繁殖期跨度达 138 d，其仔鱼出现的温度区间虽然较四大家鱼窄，但仔鱼优势度较四大家鱼大。2012 年珠江赤眼鳟仔鱼量占当年鱼类早期补充群体监测点量的 48.57%。历史上赤眼鳟是珠江的"野杂鱼"，说明当时的优势度不大。近年来，其仔鱼量占当年鱼类早期补充群体监测总量的 40%以上，说明珠江赤眼鳟的某种制约因素解除，早期资源量进入快速扩张期。25℃出现的仔鱼量约占全年赤眼鳟仔鱼总量的 70%以上（图 3-13）。

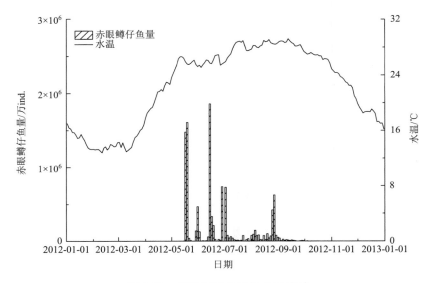

图 3-12　赤眼鳟仔鱼量与水温关系

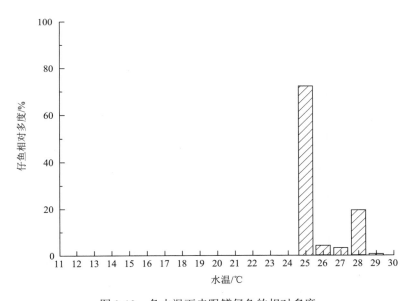

图 3-13　各水温下赤眼鳟仔鱼的相对多度

6. 鳡

鳡仔鱼出现在 19.3～28.9℃，图 3-14 显示，2012 年珠江肇庆段鳡仔鱼发生的适宜温度在 25.5～26.1℃，仔鱼发生占全年该鱼补充量的 70.15%，单次最大峰值仅占 17.82%。珠江鳡仔鱼发生有 9.6℃的温度变幅，繁殖期跨度达 120 d，鳡仔鱼发生水温幅度宽，繁殖期跨度大。25℃出现的仔鱼量占全年鳡仔鱼总量的 65%以上（图 3-15）。鳡仔鱼量占当年鱼类早期补充群体监测总量的 0.64%。

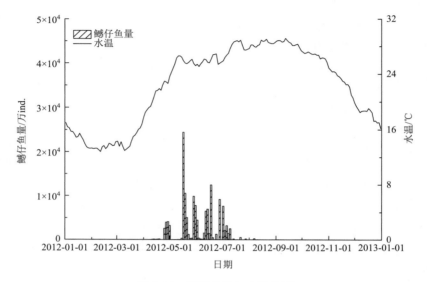

图 3-14　鳡仔鱼量与水温关系

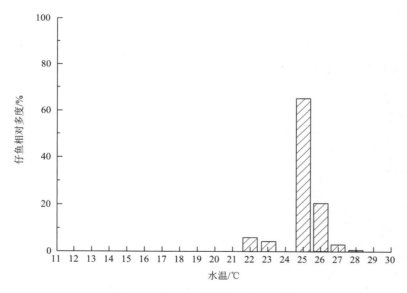

图 3-15　各水温下鳡仔鱼的相对多度

7. 鳡

鳡仔鱼出现在 25.1～27.5℃，图 3-16 显示 2012 年珠江肇庆江段鳡仔鱼发生的适宜温度为 25℃，单次最大峰值仔鱼发生占全年该鱼补充量的 62.01%。珠江鳡仔鱼发生仅有 2.4℃的温度变幅，繁殖期跨度 68 d。鳡仔鱼发生水温空间窄，繁殖期跨度小。25℃出现的仔鱼量占全年鳡仔鱼总量的 90%以上（图 3-17）。仔鱼量仅占当年鱼类早期补充群体监测总量的 0.29%。

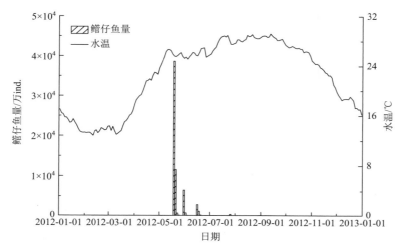

图 3-16　鳡仔鱼量与水温关系

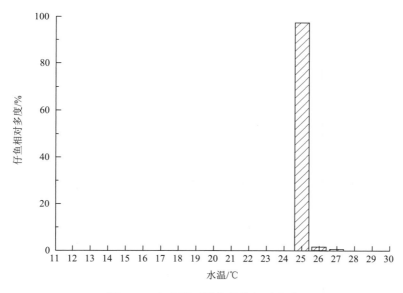

图 3-17　各水温下鳡仔鱼的相对多度

8. 鲌类

鲌类仔鱼出现在 25.2～29.2℃，图 3-18 显示 2012 年珠江肇庆段鲌类仔鱼发生的峰值温度为 25.7℃，单次仔鱼发生占全年该鱼补充量的 42.49%。2012 年珠江鲌类仔鱼发

生有 4.0℃的温度变幅，繁殖期跨度达 108 d。25℃出现的仔鱼量占全年鮊类仔鱼总量的
50%以上（图 3-19）。历史上，鮊类是珠江的"野杂鱼"，说明当时的优势度不大。2012 年，
珠江鮊类仔鱼量仅占当年鱼类早期补充群体监测总量的 0.54%。

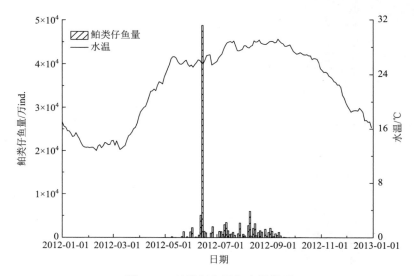

图 3-18　鮊类仔鱼量与水温关系

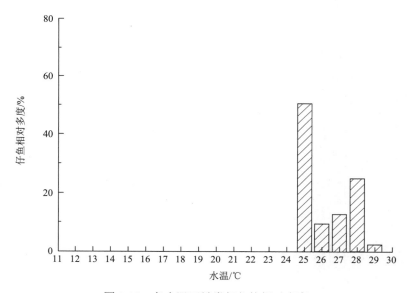

图 3-19　各水温下鮊类仔鱼的相对多度

9. 广东鲂

广东鲂是我国华南地区特有鱼种，是珠江水系的优势种。图 3-20 显示，2012 年珠
江肇庆江段广东鲂仔鱼发生在 4 月 17 日至 9 月 28 日，水温区间为 21.6～28.9℃。单次

最大仔鱼量发生在 21.7℃，仔鱼量达 52.78%。2012 年，广东鲂仔鱼发生的水温变幅达 7.3℃，仔鱼发生跨度达 160 d。21℃出现的仔鱼量占全年广东鲂仔鱼总量的 50%以上（图 3-21）。广东鲂仔鱼量占当年鱼类早期补充群体监测总量的 22.5%。

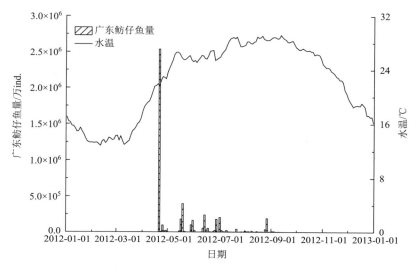

图 3-20 广东鲂仔鱼量与水温关系

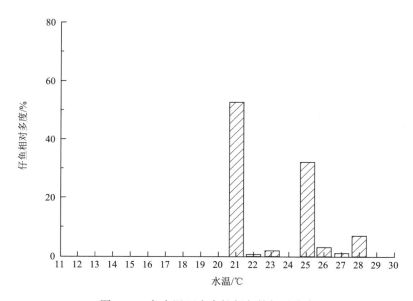

图 3-21 各水温下广东鲂仔鱼的相对多度

10. 飘鱼属

飘鱼属仔鱼出现在 22.4～29.1℃，图 3-22 显示 2012 年珠江肇庆段飘鱼属仔鱼发生时间范围较宽，仔鱼发生跨度达 174 d，单次仔鱼发生量占全年该鱼补充量的 15.18%。

珠江飘鱼属仔鱼发生水温变幅宽，繁殖期跨度大。28℃出现的仔鱼量约占全年飘鱼属仔鱼总量的 45%（图 3-23）。但仔鱼量仅占当年鱼类早期补充群体监测总量的 0.40%。

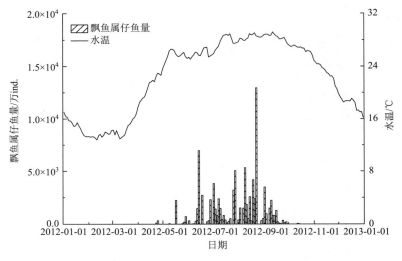

图 3-22　飘鱼属仔鱼与水温关系

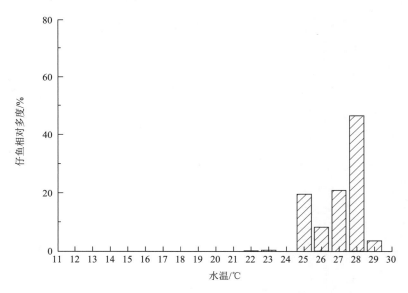

图 3-23　各水温下飘鱼属仔鱼的相对多度

11. 鳌类

鳌类仔鱼出现在 19.3～29.2℃，图 3-24 显示，2012 年珠江肇庆段鳌类仔鱼发生的最大峰值在 21.7℃，单次仔鱼发生量占全年该鱼补充量的 16.78%。仔鱼发生的温度变幅达 9.9℃，仔鱼发生时间跨度达 178 d。单次仔鱼量占 10% 以上的峰值 4 个，分别发生在 21℃、

25℃、26℃和 28℃（图 3-25）。鳘类仔鱼发生水温空间宽，繁殖期跨度大，仔鱼量占当年鱼类早期补充群体监测总量的 3.37%。

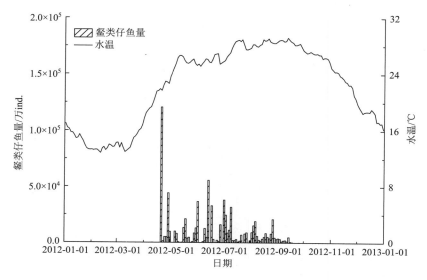

图 3-24　鳘类仔鱼量与水温关系

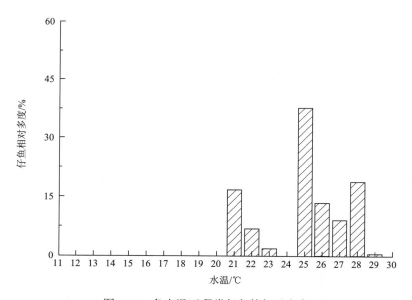

图 3-25　各水温下鳘类仔鱼的相对多度

12. 鲴属

鲴属仔鱼出现在 21.6～28.9℃，图 3-26 显示，2012 年珠江肇庆段鲴属仔鱼量在 25.6℃和 28.4℃有两个峰值，单次仔鱼发生量分别为 16.03%和 16.60%。仔鱼发生的温度变幅达 7.3℃。珠江鲴属仔鱼发生跨度达 145 d，鲴属仔鱼发生水温空间宽，繁殖期跨度大。

25℃出现的仔鱼量占全年鲷属仔鱼总量的 60%（图 3-27）。仔鱼量占当年鱼类早期补充群体监测总量的 9.14%。

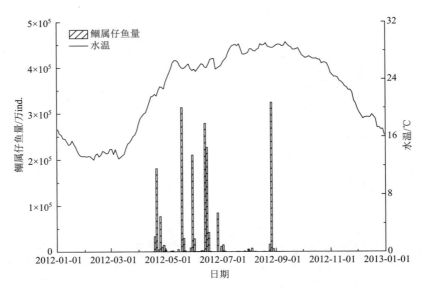

图 3-26　鲷属仔鱼量与水温关系

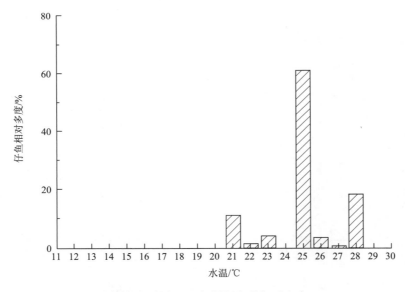

图 3-27　各水温下鲷属仔鱼的相对多度

13. 鲮

鲮是我国华南地区特有种，是珠江水系的优势种。仔鱼出现在 21.6～28.9℃，图 3-28 显示鲮仔鱼发生在 4 月 17 日至 9 月 28 日，鲮仔鱼发生的水温变幅达 7.3℃，仔鱼发生跨度达 143 d。25℃出现的仔鱼量占全年鲮仔鱼总量的 70%以上（图 3-29）。仔鱼量占当年鱼类早期补充群体监测总量的 4.85%。

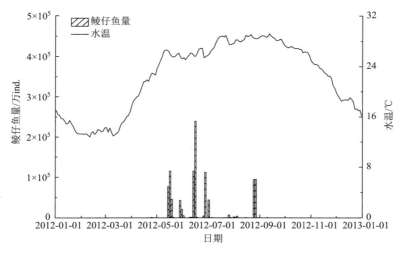

图 3-28　鲮仔鱼量与水温关系

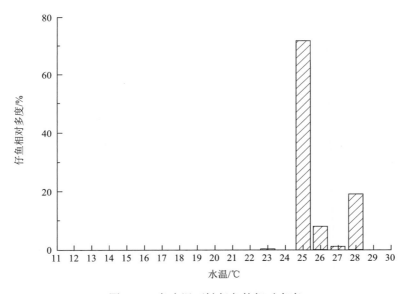

图 3-29　各水温下鲮仔鱼的相对多度

14. 鮈类

鮈类仔鱼出现在 21.6～29.2℃，图 3-30 显示 2012 年珠江肇庆段鮈类最大峰值在 25.6℃，单次仔鱼发生量占全年该鱼补充量 13.0%。仔鱼发生的温度变幅达 7.6℃。珠江鮈类仔鱼发生跨度达 199 d，鮈类仔鱼发生水温空间宽，繁殖期跨度大。25℃出现的仔鱼量约占全年鮈类仔鱼总量的 75% 以上（图 3-31）。但仔鱼量仅占当年鱼类早期补充群体监测总量的 0.88%。

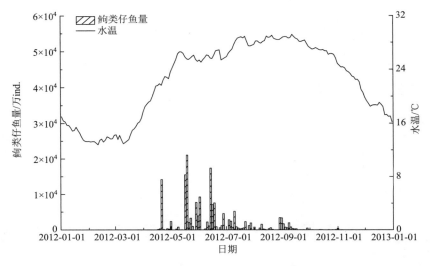

图 3-30　鮈类仔鱼量与水温关系

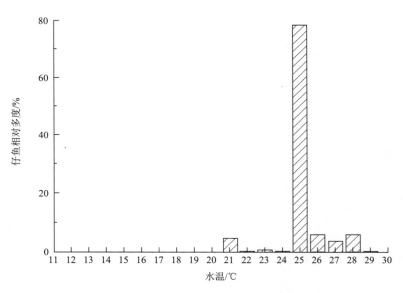

图 3-31　各水温下鮈类仔鱼的相对多度

15. 鲤/鲫

　　鲤/鲫仔鱼出现在 13.5～21.6℃，在南方河流中，通常认为鲤/鲫在早春季节繁殖，此时是周年水温中较低的时节。图 3-32 显示 2012 年珠江肇庆段鲤/鲫仔鱼出现的时间在 3 月 8 日至 4 月 15 日。仔鱼出现的最高水温为 21.6℃。4 月 7 日～15 日为仔鱼连续出现的时间，仔鱼量占全年鲤/鲫仔鱼总量的 88.7%，此时温度从 19.2℃ 上升至 21.6℃，仔鱼由盛期转入终止。通常一个批次仔鱼持续时间为 8～10 d。19～21℃ 出现的仔鱼量约占 85%（图 3-33）。仔鱼量仅占当年鱼类早期补充群体监测总量的 0.002%。

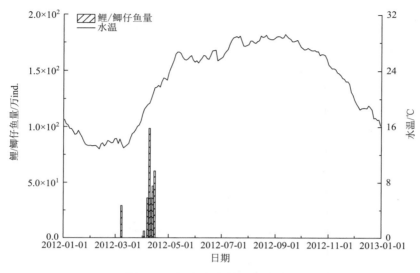

图 3-32　鲤/鲫仔鱼量与水温关系

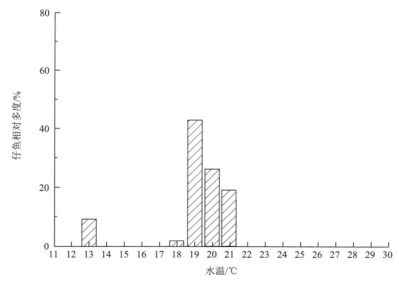

图 3-33　各水温下鲤/鲫仔鱼的相对多度

16. 鲢

　　鲢仔鱼出现在 22.6～28.9℃，图 3-34 显示，2012 年珠江肇庆段鲢仔鱼发生温度变幅 6.3℃，繁殖期跨度达 130 d。珠江鲢仔鱼发生水温空间较宽，温度不是制约珠江鲢种群的关键因素。25℃出现的仔鱼量占全年鲢仔鱼总量的 70%以上（图 3-35）。仔鱼量占当年鱼类早期补充群体监测总量的 2.65%。

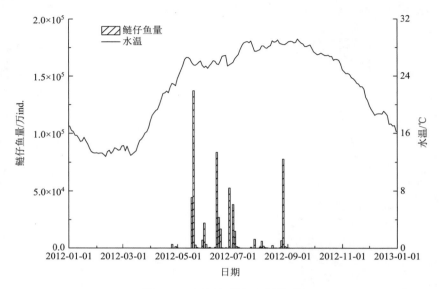

图 3-34   鲢仔鱼量与水温关系

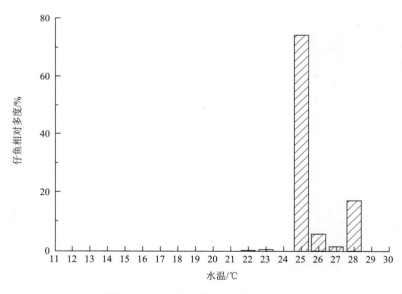

图 3-35   各水温下鲢仔鱼的相对多度

17. 鳙

鳙仔鱼出现在 22.6～28.8℃，图 3-36 显示，2012 年珠江肇庆段鳙仔鱼发生温度变幅为 6.2℃，繁殖期跨度达 122 d。珠江鳙仔鱼发生水温空间较宽，温度不是制约珠江鳙种群的关键因素。25℃出现的仔鱼量占全年鳙仔鱼总量的 75%以上（图 3-37）。仔鱼量占当年鱼类早期补充群体监测总量的 1.10%。

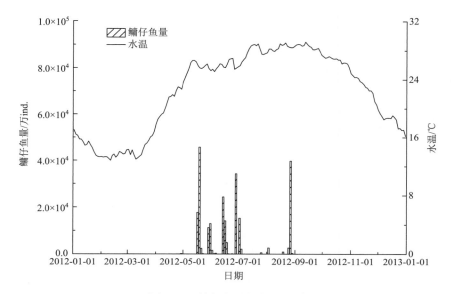

图 3-36　鳙仔鱼量与水温关系

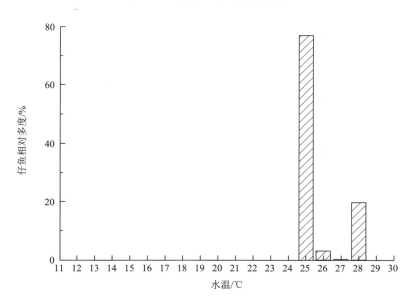

图 3-37　各水温下鳙仔鱼的相对多度

18. 壮体沙鳅

壮体沙鳅仔鱼出现在 20.8～29.1℃，图 3-38 显示，2012 年珠江肇庆段壮体沙鳅单次最大峰值达 32.96%。仔鱼发生的温度变幅达 8.3℃。珠江壮体沙鳅仔鱼发生跨度达 135 d，壮体沙鳅仔鱼发生水温空间宽，繁殖期跨度大。25℃出现的仔鱼量占全年壮体沙鳅仔鱼总量的 85%以上（图 3-39）。壮体沙鳅仔鱼量占当年鱼类早期补充群体监测总量的 1.30%。

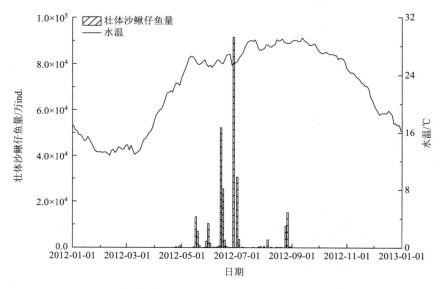

图 3-38　壮体沙鳅仔鱼量与水温关系

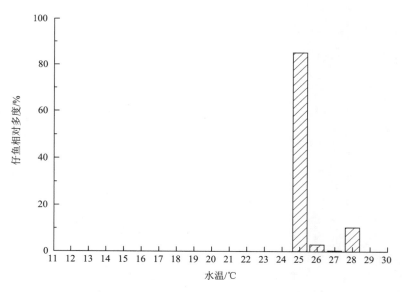

图 3-39　各水温下壮体沙鳅仔鱼的相对多度

19. 鳜属

鳜属仔鱼出现在 22～29℃，图 3-40 显示，2012 年珠江肇庆段鳜属仔鱼发生在 4 月

23 日至 11 月 11 日，单次最大仔鱼发生量在 26℃，仔鱼量达 21.77%。鳜属仔鱼发生的水温变幅达 6.5℃，仔鱼发生跨度达 203 d。25℃出现的仔鱼量占总仔鱼量的 60%以上（图 3-41）。仔鱼量占当年鱼类早期补充群体监测总量的 0.15%。

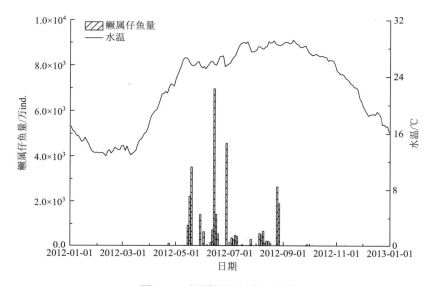

图 3-40　鳜属仔鱼与水温关系

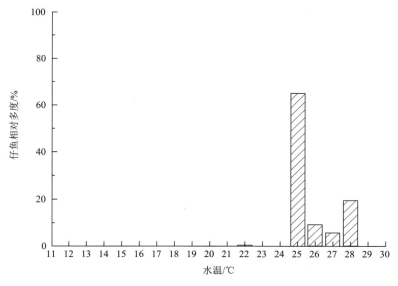

图 3-41　各水温下鳜属仔鱼的相对多度

20. 虾虎鱼科

虾虎鱼科仔鱼出现在 12.9～29.2℃，2012 年珠江肇庆段虾虎鱼科仔鱼中含 5～6

种鱼类，仔鱼出现水温幅度达 16.3℃。图 3-42 显示，仔鱼发生跨度达 274 d。单次峰值占全年虾虎鱼科仔鱼总量的 14.34%，26℃ 出现的仔鱼量约占 45%（图 3-43）。仔鱼量仅占当年鱼类早期补充群体监测总量的 0.52%。

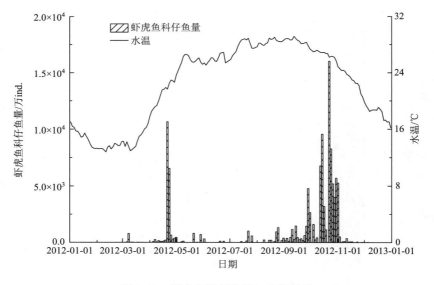

图 3-42　虾虎鱼科仔鱼量与水温关系

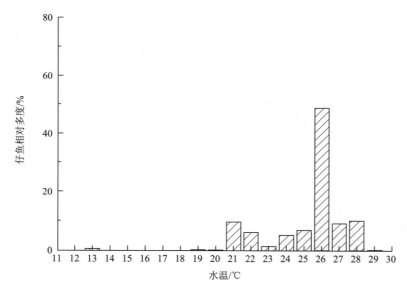

图 3-43　各水温下虾虎鱼科仔鱼的相对多度

21. 罗非鱼

罗非鱼为一类外来种，存在于我国许多河流之中。罗非鱼仔鱼出现在 22.6~28.4℃，

图 3-44 显示，2012 年珠江肇庆江段罗非鱼适宜的温度变幅为 5.8℃，仔鱼发生的时间跨度为 89 d。仔鱼量达 40%以上的峰有两个（图 3-45）。罗非鱼仔鱼量占当年鱼类早期补充群体监测总量的 0.02%。

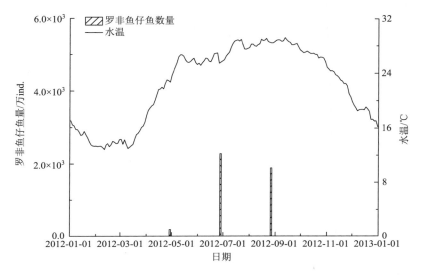

图 3-44　罗非鱼仔鱼量与水温关系

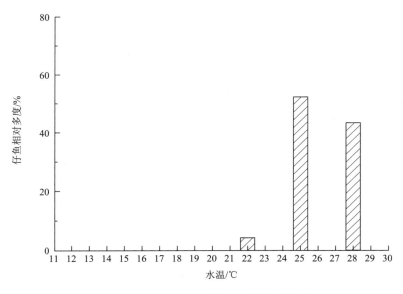

图 3-45　各水温下罗非鱼仔鱼的相对多度

22. 鲟科

鲟科鱼类产卵水温为 6～25℃，产卵季节几乎覆盖了一年四季。闪光鲟和西伯利亚鲟喜温性，卵孵化需要较高的积温；欧洲鳇自然环境下产卵最适温度为 9～17℃，较达氏鳇最适孵化温度（14～18℃）低。鲟通常孵化水温为 14～25℃，低于 12℃胚胎发育停止，超过 25℃时胚胎无法正常发育（苏良栋，1980；刘洪柏等，2000；马境等，2007；庄平等，2009；黄洪贵等，2010；宋炜等，2012；杨华莲等，2012；李艳华等，2013；郭长江等，2016）。长江中华鲟产卵需要的水温条件是 16.10～20.60℃（杨德国等，2007），平均 18.63℃。达氏鳇孵化积温为 2148℃·h、匙吻鲟为 2266℃·h、达氏鲟为 2322℃·h、史氏鲟为 1666℃·h、施氏鲟为 1710℃·h、中华鲟为 1921℃·h，野外观测这些鱼类仔鱼可结合水温与积温值确定观测时间。

23. 乌苏里白鲑

乌苏里白鲑分布于北纬 45°以北的寒冷水域，栖息水温为 1～20℃。产卵水温为 4℃以下。在冰下产卵孵化，第二年孵出幼鱼，仔鱼孵出后即沿江水顺流而下。每年 4～5 月江河解冻、流冰期结束后，鱼群在浅水区索饵（董崇智等，1997；李虹娇等，2017）。

24. 茴鱼

黑龙江茴鱼受精卵孵化有效积温为 117℃·d，在 10℃左右需 11～12 d 破膜，仔鱼在 240℃·d 左右现鳔，开始上浮（韩英等，2009）。

25. 白斑狗鱼

额尔齐斯河白斑狗鱼在河湖解冻即开始产卵，产卵水温在 8～15℃，一般在 4～14℃，最适孵化水温在 8～12℃。额尔齐斯河流域在 3 月底或 4 月初产卵，孵化期一般约 20 d。在 5～11℃的温度下受精卵历时 185 小时 18 分发育后孵出，所需总积温为 2641.37℃，初孵仔鱼全长 7.0～7.7 mm，从孵出到各鳍形成需 21 d（李斌等，2007；齐遵利等，2010）。

第4章 时空分布与生长

不同河流中有不同的鱼类群落结构，因此，早期发育群体的构成也不一样。早期从事仔鱼资源调查主要针对经济鱼类，小型鱼类几乎被忽略。近年重视生态系统食物链结构与功能，人们关注河流生态系统中食物链的组成部分。在生态系统物质和能量循环的过程中，每种生物都有其相应的功能位置，鱼类处在河流生态系统中食物链顶端，其物种构成、资源量及补充机制影响着系统的服务功能。我国利用鱼类早期资源已有千年历史，最初掌握长江、珠江鱼类早期资源种类的组成、发生过程是捕捞仔鱼的需要，随后产生的仔鱼调查、捕捞管理和产卵场保护是保证鱼类养殖业生产发展的需要。20世纪30年代，学界开展了长江、珠江仔鱼调查，60年代起逐渐开展以工程胁迫评价为目标的早期资源研究。虽然有许多从事漂流性鱼卵、仔鱼方面的监测工作，但完整观测周年鱼类早期资源的发生、发展，或针对某一种鱼（一类鱼）早期资源发生过程的报道很少。

4.1 鱼类早期资源种类与数量

我国地域广阔，河流众多。水域面积超过 $100\ km^2$ 的河流有50 000多条，超过 $1000\ km^2$ 的有1600多条，超过 $10\ 000\ km^2$ 的有70多条，但长期、系统开展的鱼类早期资源观测工作主要集中在长江和珠江，此外，以裸鲤为特色的青海湖入湖河流仔鱼资源也有较系统的评估资料。不同河流有不同的鱼类资源量，主要反映在早期资源量存在差异。这种差异与河流的大小、径流量的丰沛程度有关。鱼类资源量受环境变化影响，如自然气候温度变化、雨水径流量变化等的影响，受拦河筑坝、炸礁疏浚和过度捕捞等人类活动的影响，也受水质恶化、富营养化的影响，等等。人类对河流的综合开发利用对鱼类生境、栖息地造成的改变，体现在鱼类早期资源补充过程和资源量受影响。通常用网具采获的鱼卵、仔鱼，大多是江河中的优势种类，稀有种类样本除用专门的方法进行监测获得外，通常的监测方法监测率很低，在鱼类资源研究中常常被忽视。本书介绍的种类是目前研究或文献记录的优势种或常见种。认识河流生态系统鱼类早期资源的发生过程、早期资源量的动态变化，可以了解河流与生物类群之间的多方面信息，利于系统性地开展早期资源观测研究。

4.1.1　不同江河鱼类早期资源的主要种类

1. 长江早期资源种类研究

长江水系中流域面积 10 000 km² 以上的支流有 49 条，主要有嘉陵江、汉江、岷江、雅砻江、湘江、沅江、乌江、赣江、资水和沱江。总长 1000 km 以上的支流有汉江、嘉陵江、雅砻江、沅江和乌江；流域面积 50 000 km² 的支流为嘉陵江、汉江、岷江、雅砻江、湘江、沅江、乌江和赣江；年平均径流量超过 500 亿 m³ 的有岷江、湘江、嘉陵江、沅江、赣江、雅砻江、汉江和乌江。不同河流（江段）鱼类种类、组成不同体现在网采观测到的鱼类早期资源种类的不同。据不完全统计，自 1960 年以来，长江水系在不同时期、不同江段或河流监测的仔鱼种类达 116 种。支流汉江有 29 种、赤水河 12 种、岷江下游 28 种；干流江津江段 31 种、三峡库区上游 50 种、宜昌江段 23 种、洪湖段 20 种、长江口 39 种（表 4-1）。

表 4-1　长江水系部分河流（江段）漂流性仔鱼种类分布

编号	种类	汉江（唐会元等，1996；雷欢等，2018）	赤水河（刘飞等，2014）	岷江下游（吕浩等，2019）	江津江段（唐锡良等，2010）	三峡库区上游（王红丽等，2015）	宜昌江段（刘明典等，2018）	洪湖段（郭国忠等，2017）	长江口（陈渊戈等，2011；毛成责等，2018）
1	中华沙鳅	+	+	+	+				
2	犁头鳅	+	+	+	+	+			
3	花斑副沙鳅	+	+		+	+	+	+	
4	草鱼	+		+		+	+	+	
5	鳙	+				+	+	+	
6	鲢	+		+		+	+	+	
7	银飘	+			+	+	+		飘鱼属
8	鳘	+			+	+			鳘属
9	翘嘴红鲌	+			+	+	+		
10	银鮈	+	+	+	+	+	+		
11	铜鱼	+			+	+			
12	圆筒吻鮈	+			+	+			
13	吻鮈	+		+	+	+	+		
14	蛇鮈	+			+	+		+	
15	青鱼	+				+	+		
16	赤眼鳟	+				+	+		
17	鳊	+				+	+	+	
18	蒙古鲌	+				+			

续表

编号	种类	汉江（唐会元等，1996；雷欢等，2018）	赤水河（刘飞等，2014）	岷江下游（吕浩等，2019）	江津江段（唐锡良等，2010）	三峡库区上游（王红丽等，2015）	宜昌江段（刘明典等，2018）	洪湖段（郭国忠等，2017）	长江口（陈渊戈等，2011；毛成责等，2018）
19	银鲴	+				+	+	+	
20	鳤	+	+	+		+		+	
21	鳡	+							
22	鯮	+							
23	鳊	+							
24	拟尖头鲌	+							
25	细鳞鲴	+							
26	大眼鳜	+							
27	鳘	+							
28	逆鱼	+							
29	银色颌须鮈	+							
30	长薄鳅		+	+	+	+			
31	紫薄鳅		+	+	+		+	+	
32	双斑副沙鳅		+		+				
33	寡鳞飘鱼		+	+	+	+	+	+	
34	宜昌鳅蛇		+	+		+	+		
35	短身金沙鳅		+	+					
36	四川华吸鳅		+						
37	马口鱼			+		+	+		
38	黑鳍鳈			+		+			
39	小眼薄鳅			+					
40	红唇薄鳅			+					
41	红尾副鳅			+					
42	短体副鳅			+					
43	异鳔鳅鮀			+					
44	裸体异鳔鳅鮀			+					
45	四川华鳊			+					
46	半鳘			+					
47	达氏鲌			+					
48	圆吻鲴			+					
49	宽鳍鱲			+					
50	中华金沙鳅			+					
51	中华纹胸鮡			+					
52	陈氏短吻银鱼				+				
53	红唇薄鳅				+				

续表

编号	种类	汉江（唐会元等，1996；雷欢等，2018）	赤水河（刘飞等，2014）	岷江下游（吕浩等，2019）	江津江段（唐锡良等，2010）	三峡库区上游（王红丽等，2015）	宜昌江段（刘明典等，2018）	洪湖段（郭国忠等，2017）	长江口（陈渊戈等，2011；毛成责等，2018）
54	中华金沙鳅				+	+			
55	宽鳍鱲				+	+			
56	圆口铜鱼				+				
57	棒花鱼				+	+			
58	宜昌鳅鮀				+				
59	异鳔鳅鮀				+				
60	鲤				+	+		+	
61	鲫				+	+			+
62	大口鲇				+	+			
63	瓦氏黄颡鱼				+	+			
64	子陵吻虾虎鱼				+	+		+	+
65	大湖新银鱼					+	+	+	
66	贝氏鳘					+	+	+	
67	达氏鲌					+			
68	红鳍原鲌					+			
69	唇䱻					+			
70	华鳊					+	+		
71	麦穗鱼					+	+		+
72	黄尾鲴					+			
73	似鳊					+	+		
74	大鳍鳠					+			
75	高体鳑鲏					+			
76	兴凯鱊					+			
77	壮体沙鳅					+			
78	黄颡鱼					+		+	
79	间下鱵					+		+	+
80	细体拟鲿					+			
81	粗唇鮠					+			
82	褐吻虾虎鱼					+			+
83	中华鳑鲏							+	+
84	刺鳅							+	
85	青鳉							+	
86	乔氏新银鱼								+
87	刀鲚								+
88	鲬								+

续表

编号	种类	汉江（唐会元等，1996；雷欢等，2018）	赤水河（刘飞等，2014）	岷江下游（吕浩等，2019）	江津江段（唐锡良等，2010）	三峡库区上游（王红丽等，2015）	宜昌江段（刘明典等，2018）	洪湖段（郭国忠等，2017）	长江口（陈渊戈等，2011；毛成责等，2018）
89	鲅								+
90	多鳞四指马鲅								+
91	中国花鲈								+
92	普氏细棘虾虎鱼								+
93	日本须�鳎								+
94	凤鲚								+
95	中华侧带小公鱼								+
96	大银鱼								+
97	有明银鱼								+
98	鲻								+
99	细鳞鲥								+
100	斑尾刺虾虎鱼								+
101	斑纹舌虾虎鱼								+
102	相模虾虎鱼								+
103	纹缟虾虎鱼								+
104	弹涂鱼								+
105	梭鱼								+
106	香鲻								+
107	普氏细棘虾虎鱼								+
108	睛尾蝌蚪虾虎鱼								+
109	拟矛尾虾虎鱼								+
110	髭缟虾虎鱼								+
111	大弹涂鱼								+
112	拉氏狼牙虾虎鱼								+
113	短吻舌鳎								+
114	半滑舌鳎								+
115	陈氏新银鱼								+
116	食蚊鱼								+

注：＋表示有分布。

2. 珠江鱼类早期资源种类研究

1）种类组成

珠江水系中流域面积大于 10 000 km² 的支流有 9 条，主要有西江水系的柳江、龙江、郁江、右江、左江、桂江、贺江，以及珠江一级支流的东江、北江。总长大于 1000 km 的支流为郁江。年平均径流量超过 500 亿 m³ 的支流有北江。2005 年起，中国水产科学研究院珠江水产研究所逐渐建立了珠江水系漂流性鱼卵、仔鱼长期定位观测体系，观测到的漂流性仔鱼早期资源包括 64 种（类）鱼类。其中，支流柳江有 40 种（类）、贺江 22 种（类）、左江 18 种（类）、右江 24 种（类）、邕江 12 种（类）、东江 25 种（类）、北江 18 种（类），干流红水河江段 13 种（类）、浔江 41 种（类）、西江封开江段 34 种（类）、西江高要江段 30 种（类）（表 4-2）。

表 4-2　珠江水系部分河流（断面）流漂流性仔鱼种类分布

序号	种类	干流				支流						
						柳江	郁江			贺江	北江	东江
		红水河	浔江	西江封开	西江高要		左江	右江金陵	邕江			
1	银鱼属		+	+	+	+	+	+		+		+
2	赤眼鳟	+	+	+	+	+		+	+	+	+	+
3	草鱼		+	+	+	+				+	+	+
4	鲢		+	+	+	+			+			
5	鳙		+	+	+	+				+		
6	鲤		+	+	+	+	+	+	+			+
7	鲫			+				+	+		+	
8	鳡										+	
9	鲮	+	+	+	+	+	+	+	+	+	+	+
10	南方拟鳘	+	+	+		+		+				
11	飘鱼属	+	+		+	+	+	+	+			+
12	海南似鲚		+			+	+	+		+		
13	红鳍原鲌		+	+		+			+		+	
14	细鳊属					+						
15	大眼华鳊					+						
16	鲌亚科其他	+	+					+				+
17	银鮈属	+	+	+	+	+	+	+		+	+	+
18	鮈亚科未定					+						
19	鳅亚科		+	+		+	+	+	+	+	+	+
20	纹唇鱼	+	+			+						

续表

序号	种类	干流				支流						
						柳江	郁江			贺江	北江	东江
		红水河	浔江	西江封开	西江高要		左江	右江金陵	邕江			
21	麦穗鱼		+			+						+
22	光唇鱼属		+	+		+	+					+
23	壮体沙鳅	+	+	+	+	+		+		+		
24	鳅科未定	+	+	+	+	+	+	+			+	+
25	鮈属		+	+	+	+	+	+				+
26	罗非鱼		+	+	+	+	+	+	+	+	+	
27	大刺鳅		+	+	+	+	+			+	+	+
28	鳜属		+	+	+	+	+	+		+	+	+
29	虾虎鱼科	+	+	+	+	+	+	+		+	+	+
30	粗唇黄颡					+						
31	黄颡					+						
32	斑鳠					+						
33	盎鮕					+						
34	鮕					+						
35	鳡					+						
36	鳤					+						
37	南方白甲					+						
38	岩鲮					+						
39	光倒刺鲃					+						
40	倒刺鲃					+						
41	鯮		+									
42	鲮		+	+	+			+		+		
43	广东鲂			+	+					+		
44	海南鲌		+	+	+					+		
45	塘鳢属		+		+					+		
46	鱤鱼			+	+					+		
47	鲬属						+	+				+
48	食蚊鱼		+				+	+			+	+
49	银鲴		+	+	+			+			+	+
50	鳊		+	+	+			+				
51	鲦科		+					+			+	
52	四须盘鮈			+	+					+		+

续表

序号	种类	干流				支流						
						柳江	郁江			贺江	北江	东江
		红水河	浔江	西江封开	西江高要		左江	右江金陵	邕江			
53	斑鳢											+
54	美丽小条鳅	+										+
55	中华花鳅	+										+
56	倒刺鲃										+	
57	光倒刺鲃										+	
58	子陵吻虾虎鱼		+								+	
59	七丝鲚		+	+	+							
60	圆尾斗鱼		+									
61	青鳉		+									
62	花斑副沙鳅			+	+							
63	青鱼			+	+							
64	鳤			+	+							

注：＋表示有分布。

西江是珠江干流，径流量占珠江水系的 70%左右。珠江广西桂平—广东珠海（磨刀门出海口）是产卵场至河口完整的生态单元，江段长度约 500 km。每年四大家鱼在东塔产卵场繁殖，受精卵从产卵场经肇庆监测点漂流进入珠江三角洲河网区生长、育肥，成长后四大家鱼逆流而上，回产卵场繁殖，周而复始。2016～2018 年对珠江肇庆段漂流性早期资源种类进行形态和 DNA 鉴别，共确定仔鱼种类 50 种（类），其中 48 种鉴定至种，银鲴和黄尾鲴等鲴属不能区分，鉴定至属；还有 1 种未能鉴定。

2）群落结构

由于利用形态学进行早期资源种类鉴定较为困难，通常仅鉴定至能识别的最小分类单元。珠江水系渔业资源调查编委会（1985）记录珠江干流浔江—黔江下游段仔鱼组成为草鱼 21.9%，青鱼 43.3%，鲢 1.8%，鳙 1.3%，鳡 0.9%，鳊 11.8%，鲮 15.4%，赤眼鳟 2.1%，鳤 0.1%，鲸1.4%。黔江上游段仔鱼组成为草鱼 6.7%，青鱼 2.3%，鲢 0.3%，鳙 0.1%，鳡 0.8%，鳊 0.1%，鲮 79.8%，鳤 0.3%，鲸 0.3%，鳜属 7.4%，七丝鲚 0.1%，倒刺鲃 1.8%。柳江石龙江段草鱼 3.1%，青鱼 2.2%，鲢 0.3%，鲮 1.1%，赤眼鳟 0.3%，倒刺鲃 0.9%，光倒刺鲃 0.2%，鲂 6.6%，鳊 1.9%，鲌 0.2%，岩鲮 1.6%，南方白甲 0.9%，鳡 2.1%，鳤 1.1%，鲇 1.2%，盎鲇 13.7%，斑鳢 15.3%，黄颡 21.8%，粗唇黄颡 18.5%，鳜属 0.9%，未识别种类 6.1%。

近年来，作者团队对珠江主要干支流进行了鱼类早期资源调查，掌握了鱼类早期资源群落结构状况。各江段优势类群及群落结构在不同区域表现出一定的差异（表 4-3）。

表 4-3　珠江水系各采样站位鱼类早期资源优势类群结构组成　　（单位：%）

种类	石龙	石咀	封开	高要	下楞	金陵	老口	江口	古竹	韶关
鳘类	0.18	4.92	13.5	4.06	1.30	21.4	1.62	4.59	0.31	28.2
鲤/鲫	0.40	0.27	0.01	0.04	0.30	0.23	0.07	0.01	0.07	1.50
鲴属	—	4.31	3.07	13.1	—	5.48	—	—	0.22	2.31
鳜类	5.59	3.29	3.18	0.19	0.40	1.19	—	0.07	0.43	1.02
飘鱼属	2.36	5.06	16.2	0.88	0.35	1.41	0.29	—	0.06	
银鱼科	7.47	3.33	0.11	0.40	0.52	0.09		0.71	0.12	
罗非鱼类	9.47	0.27	0.05	—	2.05	3.13	7.73	0.55	1.69	0.01
鲌类	30.8	3.80	3.50	0.86	2.65	0.79	3.40	—	0.23	0.05
鮈类	1.12	4.53	3.20	4.41	0.05	5.71	0.07	0.13	0.22	6.28
鳅类	0.55	1.19	2.20	1.88	0.70	0.11	—	0.03	0.04	0.42
虾虎鱼科	0.37	15.3	8.40	0.49	2.44	26.0	74.9	88.8	10.3	49.1
鳢类	3.54	1.09	0.01	—	—	6.42	10.2	1.96	1.86	1.10
广东鲂	—	—	3.99	17.6	—	—		0.01	—	
赤眼鳟	1.02	2.91	40.1	38.8	—	0.04	1.55	0.68	1.53	0.79
鲮	—	0.02	0.40	8.75		0.26		0.47		
青鱼	—	—	0.20	0.26		—		—		
草鱼	0.29	0.11	0.30	1.10		—		0.04	—	0.04
鲢	0.08	0.27	0.90	2.50		—		—	—	
鳙	0.46	0.07	0.30	0.65						
鳡	0.19	0.01	0.10	0.46						
鳤	—		0.03	0.18						
鱼卵	28.3	13.8	0.10	1.51	84.5	11.09	0.00	0.00	81.9	4.02
其他	7.81	35.45	0.15	1.88	4.74	16.65	0.17	1.95	1.02	5.16

干支流共有种类包括鳘类、鲤/鲫、鮈类、虾虎鱼科等，渔民生产捕捞中鳜类、罗非鱼(类)、鲌类、鳅类和赤眼鳟等也在各水域中出现。在各站位中均出现了四大家鱼，但成统计规模的仔鱼数据仅出现在西江干流中下游及柳江下游石龙。

结合历史资料分析发现，近数十年各江河（江段）鱼类种群构成发生了较大变化，四大家鱼从广布性优势种演替成少数种，或仅为人工增殖放流种群（无仔鱼出现），且分布空间萎缩。小型鱼类逐渐成为优势种，如鳘类、虾虎鱼科、赤眼鳟等。

由于珠江水系梯级开发度大，河流受坝阻隔处于片断化状态，类似四大家鱼等产漂流性卵的大型鱼类萎缩在西江干流及相邻近未阻隔的支流水域。同样是产漂流性卵的小型鱼类，如鳘类、鮈类和赤眼鳟等在水系中较为广布。鳜属鱼类也属产漂流性卵鱼类，但在整个水系中均有分布，其在河流生态系统中的生态位变化不大，属于稀少珍贵种类。鳜类的分布受梯级开发影响小，可能与其卵中含油球有关。油球使卵不会下沉，漂流发育的漂程不受局限，因此受梯级影响小。

　　不同类型鱼对环境的适应性及其生存机制需要进行深入研究。此外，江河生态系统发生了非自然的剧变，分析流域不同水域鱼类群落结构及食物链，发现许多水域缺失低营养级鱼类，外来种罗非鱼逐渐填补河流生态系统中缺位鱼类。如果不改善鱼类栖息地环境，从食物链系统功能需求角度考虑恢复低营养级鱼类，未来的河流生态系统就只能依赖类似罗非鱼等外来低营养级鱼类来填补。当然，未来河流生态系统中，食物链高营养级鱼类缺损也面临这样的问题，这是河流生态研究与管理者需要未雨绸缪的问题。

4.1.2　漂流性鱼类早期资源量研究

1. 长江鱼类早期资源量

　　我国关注江河鱼类早期资源有千年历史，但系统性针对某一江河周年全过程早期资源研究的报道很少。长江鱼类早期资源研究有很长的历史，多数工作以特定种类、主要繁殖期为研究对象，对早期资源进行长期跟踪比较分析。1977 年长江资源量约 1746 亿 ind.（唐会元等，1996），是迄今为止长江较为综合的早期资源数据，这一数据成为长江鱼类早期资源、产卵场功能的标杆数据。1977 年，我国江河开发还处于起步期，至 2004 年汉江鱼类早期资源量为 163 亿 ind.，仅为 1977 年记录的 9.3%。表 4-4 列示了长江水系的干支流部分位点鱼类早期资源的数量分布及变化。

表 4-4　长江水系的干支流部分位点鱼类早期资源的数量分布及变化数据

江河（段）	鱼类早期资源量/亿 ind.	数据年代
汉江上游	1745.8569	1977 年（唐会元等，1996）
汉江上游	712.4266	1993 年（唐会元等，1996）
汉江中游	163.2651	2004 年（李修峰等，2006a）
岷江下游干流	11.36	2016～2017 年（吕浩等，2019）
赤水河	5.26	2017 年 4～10 月（吴金明等，2010）
长江上游江津江段	129.27	2010～2012 年（段辛斌等，2015）
三峡上游支流库尾珞璜断面	153.5	2007～2008 年（王红丽等，2015）
三峡上游支流库尾洛碛断面	96.85	2011～2012 年（王红丽等，2015）
三峡库区丰都江段	111.98（＋卵 4.37）	2014 年 4～7 月（王红丽等，2015）
宜昌	143.72	2000～2006 年（段辛斌等，2008）
在长江中游监利江段	14.372	2003～2006 年（段辛斌等，2015）
湘江衡南断面	6.728	2010 年 4～5 月（谢文星等，2014）

2. 珠江鱼类早期资源量

珠江鱼类早期资源方面的历史资料主要来源于记录采捕四大家鱼仔鱼的信息。20 世纪 30 年代至 20 世纪 80 年代的资料中,珠江四大家鱼仔鱼采捕的最高记录为 120 亿 ind.,反映了四大家鱼仔鱼的输出量。其中,《广东淡水渔业》(姚国成,1999)描述了在西江、东江捕捞的仔鱼量,年最高捕捞仔鱼量为 38 亿 ind.;珠江水系渔业资源调查编委会(1985)描述珠江干流广西段仔鱼约 120 亿 ind.,柳江石龙江段 1.7 亿 ind.等。2005 年以来,珠江水系逐渐建立了较为系统的监测体系,尤其是西江肇庆段,已掌握了漂流性仔鱼的资源状况及演变趋势。2008~2017 年,珠江主要干支流鱼类早期资源各江段数量情况如表 4-5 所示。

表 4-5　珠江水系干支流鱼类早期资源的空间变化

采样点	代表江段	鱼类早期资源量/亿 ind.
红水河南丹吾隘断面	—	5.54
大湾	红水河来宾江段	13.15
石龙	柳江柳州至石龙江段	29.14
石咀	黔江至桂平江段	3682.56
封开	桂平至封开江段	1367.77
高要	桂平至高要江段	3719.58
江口	贺江	1.30
下楞	左江	0.70
金陵	右江	1.74
贺江	江口断面	1.30
古竹	东江河源江段	12.52
武江	韶关武江	9.62
浈江	韶关浈江	10.03

3. 青海湖入湖河流裸鲤早期资源量

青海湖位于西北高原的内陆咸水湖,裸鲤是该湖的绝对优势种。湖区面积为 4337.48 km^2(2013 年),湖水容积 739 亿 m^3,青海湖水补给来源是河水,其次是湖底的泉水和降水。湖周大小河流有 70 余条。青海湖每年获得径流补给入湖的河流有 40 余条,主要是布哈河、沙柳河、乌哈阿兰河和哈尔盖河,这 4 条大河的年径流量达 16.12 亿 m^3,占入湖径流量的 86%。布哈河是流入湖中最大的一条河,发源于祁连山支脉的阿木尼尼库山,长约 300 km,干流长 92 km,支流有几十条;较大支流有 10 多条,下游河面宽 50~100 m,深达 1~3 m,年径流量 11.2 亿 m^3,占入湖径流量的 60%。2015 年对青海湖主要入湖河流的鱼类早期资源进行监测，发现布哈河的资源量最大，达 5.658 亿 ind.。表 4-6 列出了四条主要入湖河流裸鲤早期资源数量。

表 4-6　2015 年青海湖部分入湖河流鱼类早期资源量

河流	鱼类早期资源量/亿 ind.
布哈河	5.658
沙柳河	1.215
泉吉河	0.144
黑马河	0.010

4.2　鱼类早期资源补充过程研究

1933 年，林书颜发表了《西江鱼苗调查报告书》，20 世纪 60 年代，他又对长江四大家鱼的早期资源进行了调查。梁秩燊等（1984）调查了长江干流和汉江的鳡的产卵场分布、产卵条件，对鳡的鱼卵、仔鱼胚胎发育各期的特征进行了描述，并对径流量、水位与产卵量的关系进行了分析。邱顺林等（2002）对长江中游四大家鱼产卵量进行了报道。李修峰等（2006a）对汉江漂流性仔鱼补充群体生物量进行了调查。但是，现有的资料很少介绍某种鱼类早期资源在周年内完整的发生过程，真正掌握某种鱼的补充规律，包括仔鱼发生的起止时间、补充过程、仔鱼发生量、周期变化资料几乎一片空白，成为研究鱼类早期资源发生的缺陷，也影响了鱼类种群、河流生态的研究。目前，我国在长序列的鱼卵、仔鱼发生监测方面所做的系统性工作很少，珠江水系漂流性鱼卵、仔鱼长序列和周期性的监测工作，提供了一些广布性鱼类早期资源发生情况，对认识江河鱼类早期资源发生规律具有重要意义。

4.2.1　不同种类鱼类早期资源发生时间

鱼类的繁殖有一定的时间空间。每种鱼类从首次出现仔鱼至末次出现仔鱼的时间段不同，将首次和末次出现仔鱼的时间段作为仔鱼期。表 4-7 列出了一些鱼类在珠江肇庆段的仔鱼期。如赤眼鳟在珠江于 4 月底或 5 月初开始出现仔鱼，直至 10 月底或 11 月初结束，多年平均仔鱼期达 177 d。从漂流性早期补充群体监测数据分析，赤眼鳟约占肇庆段总仔鱼量的 40%；而鳊繁殖同样自 4 月底开始，但一般在 8 月底之前结束，多年平均仔鱼期仅为 97 d，比赤眼鳟少 80 d，其在肇庆江段早期补充群体中仅占 0.7% 左右。表中，仔鱼期只是表示在年度时间范围内，第一次和最后一次监测到仔鱼的时间，并不意味着某种鱼在这一区间内每天都有资源补充。掌握鱼类的早期资源的补充时间和过程，是鱼类多样性保护、渔业资源和河流生态管理的需要。仔鱼期长短在一定程度上也反映了鱼类对环境的适应性，对仔鱼期短的鱼类需要从保护角度进行关注。

表 4-7 珠江肇庆段优势种早期资源周年发生时间区间

种类	仔鱼出现起始时间	仔鱼期/d	平均/d
青鱼	4 月 23 日～9 月 22 日[*]	153	
	5 月 26 日～7 月 31 日[**]	67	96
	5 月 19 日～7 月 26 日[***]	69	
草鱼	4 月 23 日～8 月 5 日[*]	105	
	5 月 20 日～8 月 2 日[**]	75	102
	4 月 25 日～8 月 27 日[***]	125	
鲢	4 月 23 日～9 月 22 日[*]	153	
	5 月 20 日～8 月 8 日[**]	81	122
	4 月 25 日～9 月 2 日[***]	131	
鳙	4 月 27 日～8 月 5 日[*]	101	
	5 月 24 日～7 月 31 日[**]	69	97
	4 月 29 日～8 月 27 日[***]	121	
赤眼鳟	5 月 9 日～10 月 12 日[*]	157	
	5 月 10 日～11 月 8 日[**]	183	177
	4 月 23 日～10 月 30 日[***]	191	
黄尾鲴	4 月 19 日～10 月 16 日[*]	181	
	4 月 26 日～10 月 15 日[**]	173	167
	4 月 15 日～9 月 8 日[***]	147	
广东鲂	4 月 21 日～10 月 14 日[*]	177	
	4 月 18 日～10 月 17 日[**]	183	174
	4 月 21 日～9 月 28 日[***]	161	
海南鲌	5 月 11 日～10 月 16 日[*]	159	
	5 月 14 日～10 月 21 日[**]	161	153
	5 月 9 日～9 月 24 日[***]	139	
鲤	2 月 8 日～5 月 21 日[*]	103	
	3 月 13 日～5 月 20 日[**]	69	70
	3 月 8 日～4 月 15 日[***]	39	
鮈类	4 月 17 日～10 月 4 日[*]	171	
	4 月 30 日～10 月 31 日[**]	185	185
	4 月 15 日～10 月 30 日[***]	199	

续表

种类	仔鱼出现起始时间	仔鱼期/d	平均/d
鳘类	4月17日～10月10日[*]	177	
	4月20日～10月27日[**]	191	182
	4月9日～10月4日[***]	179	
鳊	4月23日～7月26日[*]	95	
	5月12日～7月15日[**]	65	94
	4月9日～8月7日[***]	121	
鲴	5月23日～7月16日[*]	55	
	5月28日～6月21日[**]	25	50
	5月19日～7月26日[***]	69	
鳜类	5月15日～9月18日[*]	127	
	4月24日～10月7日[**]	167	151
	4月23日～9月28日[***]	159	
壮体沙鳅	4月17日～9月22日[*]	159	
	5月20日～10月15日[**]	149	150
	4月13日～8月31日[***]	141	
飘鱼属	5月9日～10月6日[*]	151	
	5月18日～10月31日[**]	167	164
	4月23日～10月14日[***]	175	

[*]表示数据来自 2009 年，[**]表示数据来自 2010 年，[***]表示数据来自 2012 年。

4.2.2 鱼类早期资源发生批次

进入繁殖期的鱼类，由于发育程度的差异，以及对环境状况的适应差异，导致繁殖时间不一致，从时间序列上出现不同批次的仔鱼。不同批次的鱼卵或仔鱼量不同，对于多次产卵的鱼类，通常初始和末期产卵量少，出现仔鱼少，中间会出现卵或仔鱼的高峰值。一个鱼类早期资源发生批次的时间过程可能仅有 2～3 d，有的批次则可能持续数月，这与繁殖群体的数量有关。通常，繁殖群体越大，早期资源发生批次的时间越长。判断一种鱼的早期资源批次，不同目的会有不同的判断结果。比如，一种判断方式是在时间轴上，从零起始至零结束发生的卵或仔鱼为一个批次；另一种方式是依据峰值出现来判断。图 4-1 表示 2007 年珠江赤眼鳟早期资源从零起始至零结束发生的情况，时间跨度为 5 月 29 日至 9 月 11 日，连续不间断都有监测到早期资源。其中也出现多个峰值。早期资源的补充过程反映鱼类繁殖习性、种群构成、环境适应性及资源状况，有助于了解鱼类资源变动、河流生态等范畴内容，研究者可根据需要对早期资源的补充批次进行界定和研究。

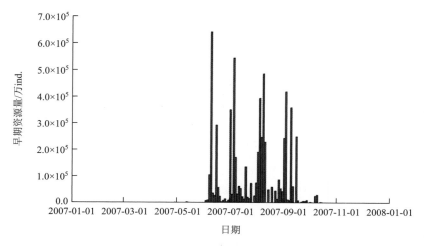

图 4-1　2007 年珠江赤眼鳟早期资源出现的批次

　　除周年内鱼类早期资源发生有批次外，年际不同种类鱼卵、仔鱼出现的批次也会有所不同，这是鱼类响应环境变化的结果，表 4-8 列示了珠江肇庆段青鱼连续 5 年的批次变化。该表既显示了不同年份青鱼早期资源发生批次的差异，也显示了青鱼早期资源批次月分布的差异。

表 4-8　珠江青鱼早期资源发生批次

年份	1 月	2 月	3 月	4 月	5 月	6 月	7 月	8 月	9 月	10 月	11 月	12 月	合计
2006 年						1		1					2
2007 年					2	6	5	4	2				19
2008 年					5	4	3			1			13
2009 年			3	4	4	6	3	1					21
2010 年					2	4	5						11

4.2.3　珠江水系干支流早期资源

1. 南盘江百乐江段

　　南盘江是珠江干流上游，处于云贵高原。由于开发密度高，早期资源采样主要是胚胎期发育卵。2017 年在百乐江段共采集鱼卵 639 ind.，其中早上和晚上采集的鱼卵数分别为 557 ind. 和 82 ind.，早上鱼卵数量明显高于晚上。鱼卵最早出现在 4 月 6 日，最晚出现在 7 月 21 日。百乐江段各天鱼卵密度变化如图 4-2 所示，鱼卵主要出现在 4 月至 6 月初，以 5 月 13 日早上鱼卵密度为最高，达 10.56 ind./100 m³；6 月中旬以后基本无鱼卵，仅 7 月 21 日早上采集到。

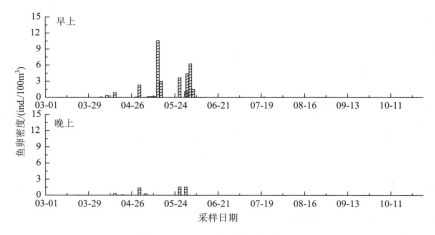

图 4-2　百乐江段鱼卵密度变化

2. 红水河南丹吾隘江段

红水河南丹吾隘江段是珠江干流红水河上游。由于开发密度大，早期资源采样主要是胚胎期发育卵。2015～2017 年在吾隘江段采样 214 批，共统计鉴定鱼卵 3741 ind.。鱼卵密度呈现随径流量变化的特征，3 月下旬开始有鱼卵出现，但数量极少；4 月底之后伴随洪水过程，鱼卵密度逐渐增大；鱼卵主要在 4～7 月脉冲式出现，年度有 2～4 次高峰期。3 年鱼卵最大密度达 64.5 ind./100 m³，出现在 2016 年 6 月 27 日，滞后全年最大径流量约 10 d。2015 年（图 4-3）、2016 年（图 4-4）和 2017 年（图 4-5）补充过程有差异。

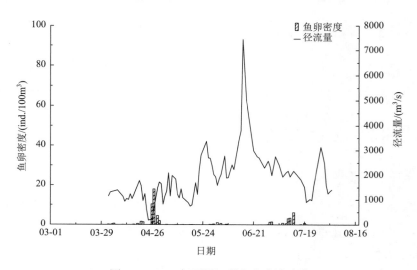

图 4-3　2015 年吾隘江段鱼卵密度变化

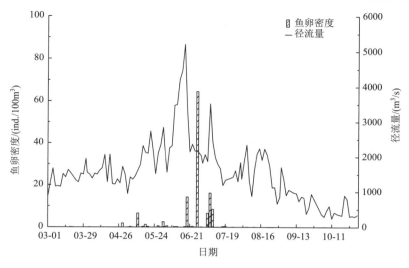

图 4-4　2016 年吾崤江段鱼卵密度变化

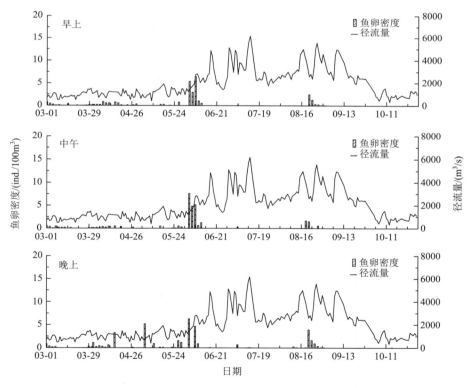

图 4-5　2017 年吾崤江段鱼卵密度昼夜变化情况

2017 年吾崤江段共采集鱼卵 1563 ind.，早上、中午和晚上三个时段分别为 466 ind.、486 ind.和 611 ind.，对三个时段采集到的鱼卵数量进行方差分析，反映同一天三个时段采集到的鱼卵数量之间不存在显著性差异（$p>0.05$，$n=125$）。图 4-5 显示漂流性鱼卵密度随季节变化有明显的变化规律，整体来看，全年主要有一次产卵高峰期（早上、中午和晚上均呈现相对较高的鱼卵密度），发生在 6 月初，最高鱼卵密度出现在 6 月 3 日中午，达 7.59 ind./100 m³。8 月也有一次集中产卵，但规模较小，最高密度仅为 3.89 ind./100 m³。5 月 5 日晚上有一个小高峰，鱼卵密度达 5.19 ind./100 m³，当天早上和中午则未采集到鱼卵。

从各月鱼卵分布状况分析（图 4-6），吾隘江段鱼卵主要出现在 4～7 月，占全年的 99.9%；6～7 月为产卵盛期，3 月以前和 8 月之后产卵量相对较低，合计仅占全年产卵量的 0.1%。

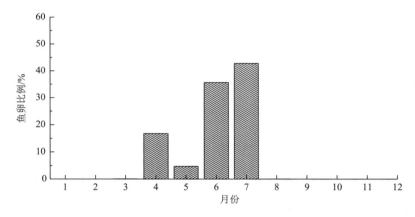

图 4-6　吾隘江段鱼卵数量月变化情况

吾隘江段鱼卵样品发育期最早为囊胚中期，最晚的为耳石出现期，以晶体形成期至心脏波动期（20～27 h）比例最高，占 73.8%，其他发育期（7～18 h）合计仅占 26.2%。估算其产卵场位于吾隘上游 20～40 km 的天峨县城至龙滩峡谷江段、龙滩电站库区距坝址 20～40 km 蒙江口至牛江口及其下游支流江段。仔鱼优势种类包含四须盘鮈、银鮈、横纹条鳅、南方拟鳘等小型鱼类。

3. 红水河来宾大湾江段

红水河是珠江干流中游区域，处于广西境内。由于开发密度高，早期资源采样主要是胚胎期发育卵。2014～2016 年大湾江段采样 372 批，共鉴定鱼卵 7455 ind.，仔稚鱼 41 ind.。鱼卵密度随季节与洪水变化有明显的变动规律（图 4-7～图 4-9），每年 4 月至 10 月中上旬几乎不间断地有鱼卵出现，每年有数次小高峰，最高峰出现在 2016 年 5 月 11 日，密度为 20.06 ind./100 m³，2014 年最高峰为 18.46 ind./100 m³，但 2015 年全年无明显峰值。

2017 年在大湾江段采样点共采集鱼卵 11 581 ind.，早上、中午和晚上三个时段分别采集到鱼卵 4562 ind.、3656 ind. 和 3363 ind.，对三个时段采集到的鱼卵数量进行方差分析，结果显示同一天三个时段采集到的鱼卵数量之间不存在显著性差异（$p > 0.05$，$n = 122$）。2017 年鱼卵密度随季节变化有明显的变化规律（图 4-10），整体来看，大湾江段全年有多次产卵高峰期，主要发生在 4 月底至 6 月底，最大鱼卵密度出现在 4 月 23 日早上，达 33.21 ind./100 m³。日均鱼卵密度超过 10.00 ind./100 m³ 的有 7 次。

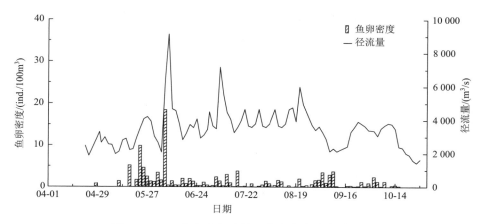

图 4-7　2014 年红水河大湾江段鱼卵密度变化情况

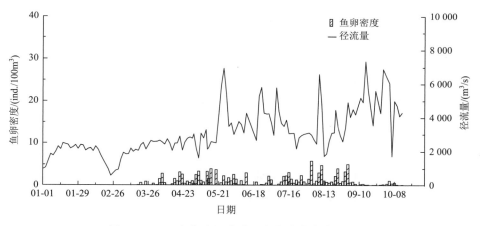

图 4-8　2015 年红水河大湾江段鱼卵密度变化情况

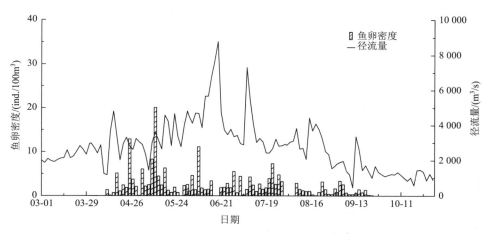

图 4-9　2016 年红水河大湾江段鱼卵密度变化情况

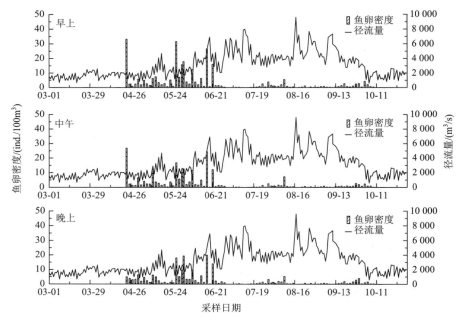

图 4-10　2017 年红水河大湾江段鱼卵密度昼夜变化情况

图 4-11 显示大湾江段鱼类的繁殖期为 4～9 月,其产卵量占全年的 96.9%;以 5～8 月为繁殖盛期,产卵量占全年的 79.5%;3 月之前和 10 月之后都会有鱼卵出现,但有年际差异,可能与当年的天气及水文状况有关。

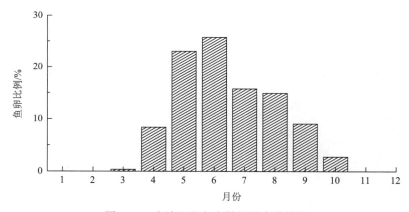

图 4-11　大湾江段鱼卵数量月变化情况

4. 浔江桂平石咀江段

河流中下游水头差低,梯级水坝间距相对大,受精卵漂流发育的时间相对长,网采的鱼类早期资源样本中通常越往下游仔鱼的比例越高,发育卵的比例越低。浔江桂平石咀江段是珠江干流中游,是珠江大型鱼类产卵场分布的重要江段。2009～2010 年、2015～2016 年在石咀江段采样 632 批,共鉴定仔稚鱼 17 974 ind.,鱼卵 2427 ind.。各年早期资源密度随季节与洪水变化有明显的变化规律（图 4-12～图 4-15），全年均有早期资源出现，但 3 月之前和 10 月之后早期资源密度较低，4～9 月是鱼类产卵盛期，全年有多个峰值出现。2009 年该江段早期资源最高峰出现在 6 月 11 日，密度达 160.74 ind./100 m³，当天有大量的早期资源集中出现，其他年份早期资源最大密度均在 30 ind./100 m³ 以下。

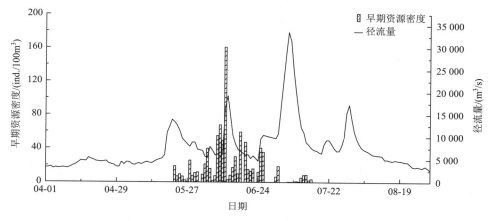

图 4-12　2009 年石咀江段早期资源密度变化情况

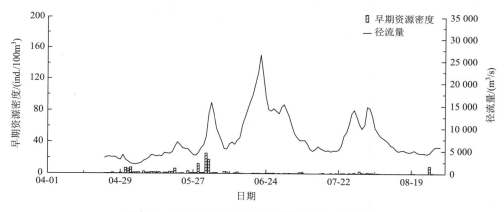

图 4-13　2010 年石咀江段早期资源密度变化情况

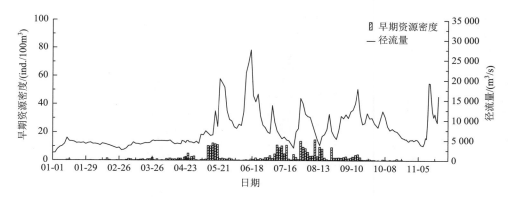

图 4-14　2015 年石咀江段早期资源密度变化情况

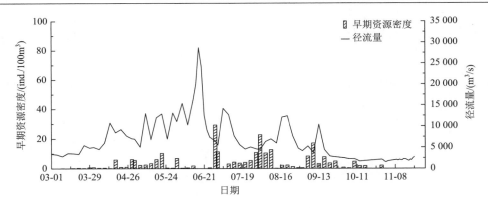

图 4-15　2016 年石咀江段早期资源密度变化情况

石咀江段鱼类早期补充群体优势种类组成分析表明：鱼卵占补充群体总量的 13.8%，仔鱼共包含 36 种（类）。仔鱼优势种类依次为虾虎鱼科（15.3%）、飘鱼属（5.3%）、鳌（4.9%）、鲴属（4.3%）、鲌类（4.0%）、罗非鱼（9.5%）、银鱼属（3.3%）、鳜属（3.3%）、赤眼鳟（2.9%）、七丝鲚（2.0%），合计占早期资源总量的 54.8%，还包括南方拟鳌、壮体沙鳅、鳊亚科、麦穗鱼、鲌亚科等，总量均达 1% 以上，四大家鱼中鳙、鲢和草鱼均有出现，未采集到青鱼，合计仅占早期资源总量的 0.4%。此外，还包括鲤、鲫、光唇鱼、塘鳢、罗非鱼、鳡、鲮、青鳞、食蚊鱼、大刺鳅、细鳊、海南鲌、鲇和鲿科等鱼类。

各月早期资源数量分布状况（图 4-16）分析表明：5～9 月为石咀上游鱼类的主要繁殖季节，占全年早期资源总量的 92.0%，与上游来宾大湾江段早期资源量的季节分布特征基本一致，由此也可说明石咀断面的监测范围可以覆盖至红水河来宾大湾江段的鱼类产卵场。4 月早期资源量占全年的 5.3%，3 月之前和 10 月之后早期资源量分别占全年的 1.0% 和 1.7%。

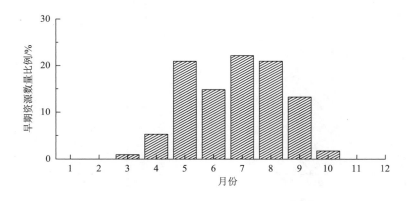

图 4-16　浔江桂平石咀江段早期资源数量月变化情况

5. 西江肇庆封开江段

西江肇庆封开江段是珠江干流中下游，位于广东与广西相邻的地方。早期资源监测采集的样本中仔鱼比例高。2015～2017 年在封开江段采样 116 批，共鉴定早期资源 20 126 ind.，其中，鱼卵 220 ind.，仔鱼 19 906 ind.。早期资源密度与径流量关系如图 4-17（2015 年）、图 4-18（2016 年）和图 4-19（2017 年）所示。2015 年早期资源主要出现在 5～8 月，4 月开始有早期资源出现，全年有多次高峰，最大密度达 1431.11 ind./100 m³。2016 年 5 月至 6 月中旬早期资源量相对较少，6 月下旬之后早期资源量开始增加，密度最大值出现在 7 月 29 日，达 561 ind./100 m³。2017 年封开江段有两次较大的洪水，分别发生在 7 月初和 8 月中旬，5 月中旬出现第一次高峰，密度达 79.01 ind./100 m³；全年最高峰值在第一次洪水后的 7 月 9 日，早期资源密度为 638.52 ind./100 m³；8 月中旬的洪峰也带来了一次高峰，最大密度为 150.19 ind./100 m³。

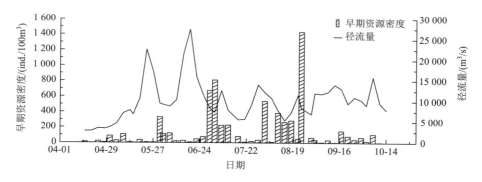

图 4-17　2015 年封开江段早期资源密度变化情况

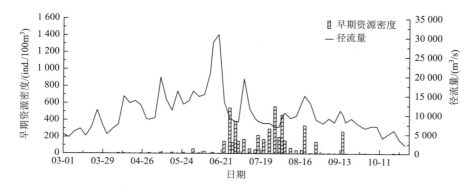

图 4-18　2016 年封开江段早期资源密度变化情况

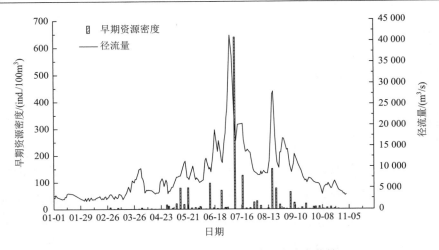

图 4-19　2017 年封开江段早期资源密度变化情况

封开江段采集的鱼类早期补充群体优势种类，仔鱼中数量比例超过 1%的有 10 种，其中最优势种类为赤眼鳟（40.1%），之后依次为银飘鱼（16.2%）、鳘（13.6%）、虾虎鱼科（8.4%）、广东鲂（3.6%）、鳜属（3.2%）、鲴属（3.1%）、鲌类（3.1%）、海南鲌（2.7%）和壮体沙鳅（2.1%），合计占早期资源总量的 96.1%，其他还包括青鱼、草鱼、鲢、鳙、鳊、鲮、鳡、鳠、四须盘鲌、花斑副沙鳅、罗非鱼、红鳍原鲌、银鱼属、七丝鲚、间下鱵、鳑亚科、鲤、鲫、鲇类、大刺鳅、光唇鱼、鳅科未定种等 33 个类别。四大家鱼均有出现，合计仅占早期资源总量的 1.8%；鱼卵数量占早期资源总量的 0.1%。产漂流性卵鱼类的仔鱼总量约占总仔鱼量的 80%。

封开江段的早期资源主要出现在 6～8 月，这三个月的早期资源量占全年的 85.2%；5 月和 9 月比例差异不大，分别为 4.6%和 6.6%（图 4-20）。

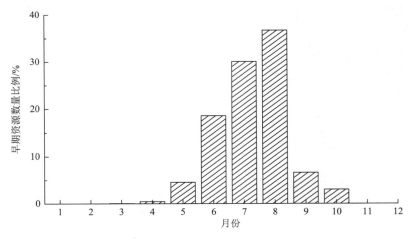

图 4-20　西江肇庆封开江段早期资源数量月变化情况

6. 西江肇庆高要江段

西江肇庆高要江段是珠江干流的下游,采集的早期资源样本中仔鱼比例较高。2006～2013 年在高要江段采样 1205 批,共鉴定早期资源 311 234 ind.,其中,鱼卵 27 673 ind.,仔稚鱼 283 561 ind.。高要江段各年早期资源量随径流量变化情况如图 4-21～图 4-28 所示。总体上每年 4 月下旬开始有早期资源出现,全年有多次高峰期,但 2006 年全年无突出的峰值,密度最大值为 708.85 ind./100 m³;2007～2013 年每年的最高峰值密度均超过 1000 ind./100 m³,各年分别为 4442.75 ind./100 m³、2320 ind./100 m³、2785.19 ind./100 m³、3994.07 ind./100 m³、1947.65 ind./100 m³、3267.16 ind./100 m³ 和 8643.95 ind./100 m³。早期资源出现的批次自 2006 年起有减少的趋势。

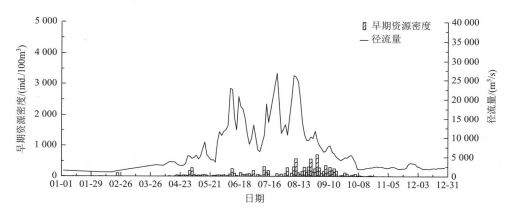

图 4-21　2006 年高要江段早期资源密度变化情况

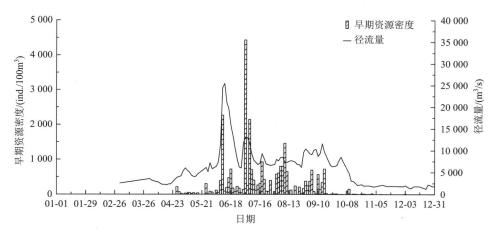

图 4-22　2007 年高要江段早期资源密度变化情况

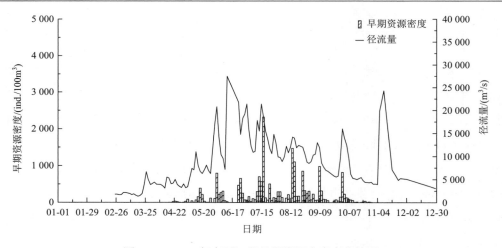

图 4-23　2008 年高要江段早期资源密度变化情况

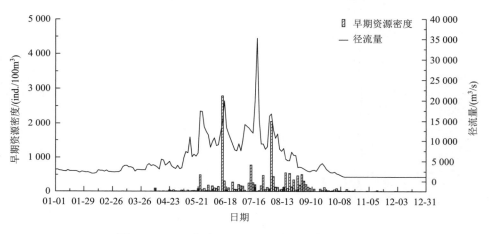

图 4-24　2009 年高要江段早期资源密度变化情况

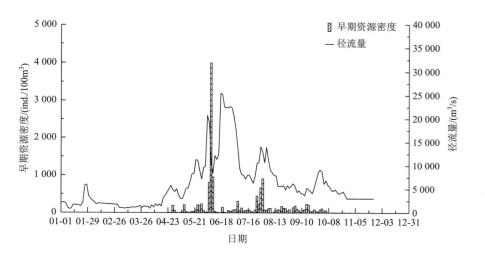

图 4-25　2010 年高要江段早期资源密度变化情况

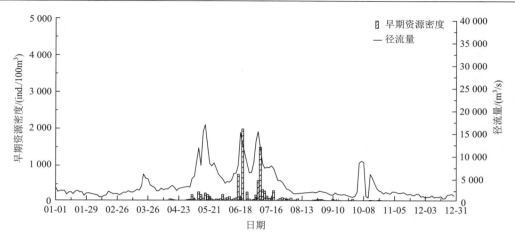

图 4-26　2011 年高要江段早期资源密度变化情况

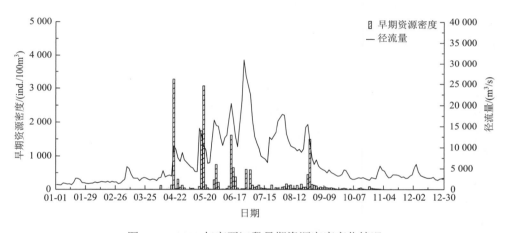

图 4-27　2012 年高要江段早期资源密度变化情况

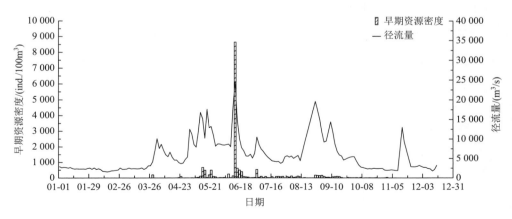

图 4-28　2013 年高要江段早期资源密度变化情况

高要江段鱼类早期补充群体中最优势种为赤眼鳟（38.9%），之后依次为广东鲂

（17.7%）、鲴属（13.2%）、鲮（8.8%）、鮈亚科（4.4%）、鳘（4.1%）、鲢（2.5%）、壮体沙鳅（1.9%）、鱼卵（1.5%）、草鱼（1.1%）、银飘鱼（0.9%）、鲌属（0.9%）、鳙（0.7%）、鳜（0.5%）和虾虎鱼科（0.5%），合计占早期资源总量的97.6%。其他还包括银鱼属、大眼鳜、鲤、青鱼、鳍、花斑副沙鳅、罗非鱼等。

根据各月早期资源数量结构（图4-29）可知，高要江段的早期资源主要出现在每年的4～10月，其中5～8月为繁殖盛期。5月和9月早期资源量占全年的比例波动较大，其中5月在1.5%～30.3%波动，平均为9.6%；9月在0.2%～11.94%，平均为5.0%。4月之前和10月之后早期资源量较少，分别占全年的2.4%和1.3%。

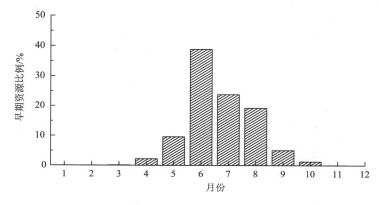

图 4-29　高要江段早期资源数量月变化情况

7. 东江河源古竹江段

东江是珠江一级支流，与北江、西江和珠江三角洲河网区构成珠江水系。2010年在东江河源古竹江段采样216批，鉴定鱼卵53 595 ind.，仔稚鱼22 089 ind.，古竹江段早期资源密度随径流量变化见图4-30，早期资源出现在春、秋两个季节，上半年高于下半年。

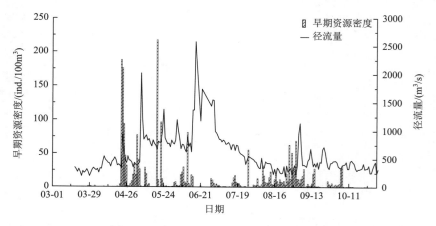

图 4-30　古竹江段早期资源密度变化情况

古竹江段早期资源月分布如图 4-31 所示，3 月开始出现，至 10 月初结束。早期资源发生盛期在 4～6 月，数量占全年的 72.8%。全年有多个高峰，最大密度达 217.5 ind./100 m³。

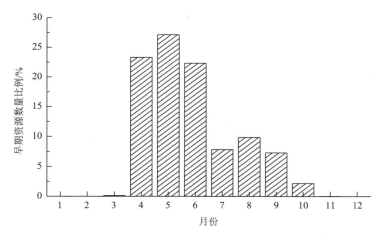

图 4-31　古竹江段早期资源数量月变化情况

由于水坝的阻隔作用，该江段采集到的鱼类早期资源以鱼卵为主，占早期资源总量的 81.9%，仔鱼补充群体优势种类包括虾虎鱼科（10.3%）、鲴亚科（1.9%）、罗非鱼（1.7%）和赤眼鳟（1.5%），其他种类数量比例均在 1.0% 以下。四大家鱼中仅有草鱼出现，产漂流性卵的鱼类数量合计占仔鱼总量的 2.2%。

8. 北江韶关武江和浈江江段

北江是珠江一级支流，与东江、西江和珠江三角洲河网构成珠江水系。武江和浈江汇合形成北江。2014～2015 年在北江韶关武江和浈江江段进行调查，在武江采集鱼卵 61 ind.，仔鱼 32 244 ind.，浈江采集鱼卵 292 ind.，仔鱼 54 269 ind.。共鉴定早期资源种类 19 个类别。武江早期资源出现在 3 月至 11 月下旬，最高峰在 8 月下旬（图 4-32）；浈江早期资源发生的特征总体与武江相似，但早期资源密度高于武江（图 4-33）。武江全年最大早期资源密度为 139.47 ind./100 m³；浈江早期资源发生有一定批次，全年有多个峰值，最大早期资源密度为 222.75 ind./100 m³。每年 3 月底或 4 月初开始增多，9 月中旬之后明显减少，繁殖盛期为 6～8 月，这 3 个月的早期资源量占全年的 71.3%。

武江、浈江最优势种为虾虎鱼科（49.2%），之后依次为鳘（28.2%）、鲌类（6.3%）、光倒刺鲃（2.2%）、倒刺鲃（2.2%）、鲴属（1.6%）、鲤/鲫（1.5%）、鲴亚科（1.1%）和鳜属（1.0%），合计占早期资源总量的 93.3%。其他种类包括赤眼鳟、大刺鳅、罗非鱼、鳅科等，合计仅占 3.7%。武江和浈江鱼卵数量分别占早期资源总量的 0.29% 和 0.58%，平均为 0.5%。6 月、7 月和 8 月是早期资源发生的高峰期（图 4-34）。

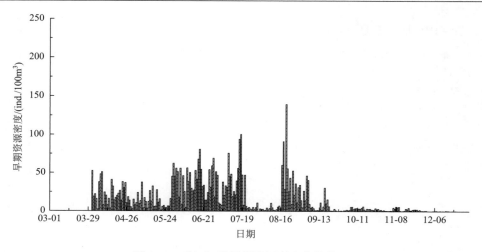

图 4-32　武江江段早期资源密度变化情况

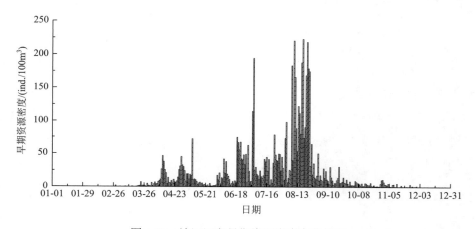

图 4-33　浈江江段早期资源密度变化情况

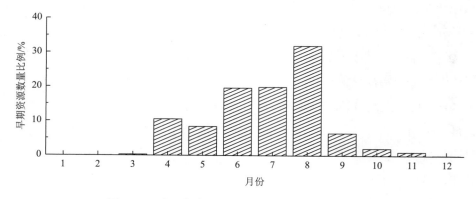

图 4-34　武江和浈江江段早期资源数量月变化情况

9. 柳江象州石龙江段

柳江是珠江西江支流。2015～2016 年在柳江象州石龙江段采样 244 批, 共鉴定鱼卵 962 ind.，仔稚鱼及幼鱼 2419 ind.。早期资源密度随季节与洪水变化，鱼卵、仔稚鱼集中出现在 4～10 月，全年一般有 3 个峰值出现，但密度相对较低，年际之间波动较大。2015 年早期资源密度最大值为 5.32 ind./100 m³（图 4-35），2016 年为 56.05 ind./100 m³（图 4-36）。

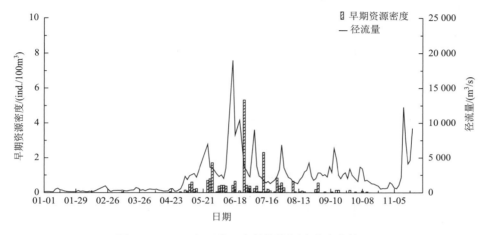

图 4-35　2015 年石龙江段早期资源密度变化情况

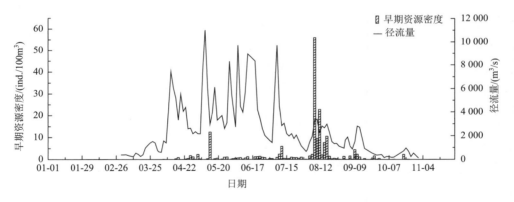

图 4-36　2016 年石龙江段早期资源密度变化情况

2017 年在石龙江段共采集鱼卵 13 248 ind.，早上、中午和晚上三个时段分别采集到鱼卵 12 646 ind.、266 ind. 和 336 ind.，对三个时段采集到的鱼卵数量进行方差分析发现，早上的鱼卵数量显著高于中午和晚上时段采集到的鱼卵数量（$p < 0.01$，$n = 122$），但中午和晚上鱼卵密度之间不存在显著差异（$p = 0.99 > 0.5$，$n = 122$）。2017 年石龙江段鱼卵密度随季节变化有明显的变化规律（图 4-37），根据早上鱼卵的密度变化可知全年有多个产卵高峰，主要产卵期为 4 月下旬至 10 月初，高峰期主要在 4～5 月和 8～9 月，6～7 月产卵量相对较低。

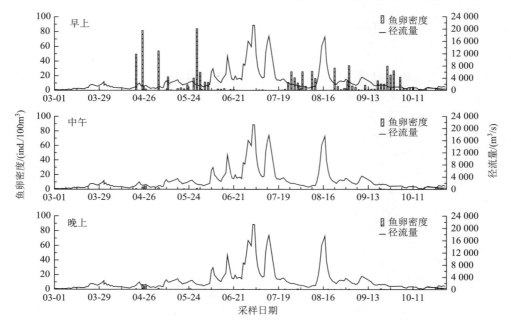

图 4-37　2017 年石龙江段鱼卵密度变化情况

石龙江段采集的鱼类早期补充群体优势种类组成分析表明：鱼卵占补充群体总量的 28.3%，仔鱼优势种类依次为南方拟鳘（24.0%）、罗非鱼（9.5%）、银鱼属（7.5%）、鳜属（5.6%）、宽鳍鱲（3.8%）、鳑亚科（3.5%）、细鲫属（3.2%）和银飘鱼（2.4%），合计占早期资源总量的 59.5%，其他还包括赤眼鳟、麦穗鱼、海南似鱎、鲌亚科、鲃亚科等，比例均在 1% 以上，四大家鱼中有鳙、鲢和草鱼出现，合计仅占早期资源总量的 0.8%。此外，还包括鲤、鲫、大刺鳅、斑鳢、粗唇鮠、鳘、红鳍原鲌、鳢和光唇鱼等。

各月早期资源数量分布状况（图 4-38）分析表明：5~8 月为石龙上游鱼类的主要繁殖期，占全年早期资源总量的 95.1%，4 月、9 月和 10 月数量比例差异不大，分别为 1.2%、3.0% 和 0.7%。

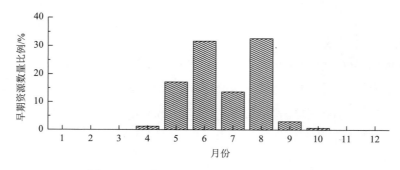

图 4-38　石龙江段早期资源数量月分布情况

10. 郁江

2015 年在郁江老口江段采样 53 批，鉴定仔稚鱼 1359 ind.，未采集到鱼卵。仔鱼密度变化如图 4-39 所示，4 月仔鱼开始增多，5 月达到峰值，仔鱼最大密度为 27.35 ind./100 m³。5 月占全年仔鱼量的 77.8%。

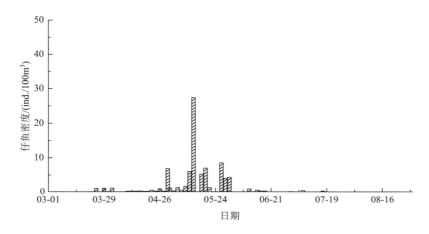

图 4-39　郁江老口江段仔鱼密度

老口江段采样点仔鱼群体结构分析表明：虾虎鱼科占仔鱼总量的 74.9%，其次为鲹亚科（10.23%）、罗非鱼（7.73%）、海南似鲚（3.38%）、鲨（1.62%）、赤眼鳟（1.55%），其他种类数量均在 1%以下。四大家鱼采集到 1 ind.鲢鱼仔鱼。郁江产漂流性卵的鱼类产卵场被破坏较为严重，全年很少有机会能够满足产漂流性卵鱼类的繁殖需求。

1）右江金陵江段

右江是郁江的中游江段。2012 年、2013 年在右江金陵江段采样 293 批，鉴定鱼卵841 ind.，仔鱼 5164 ind.。金陵江段早期资源密度随径流量变化情况如图 4-40（2012 年）和图 4-41（2013 年）所示，每年 3 月金陵江段早期资源开始大量出现，9 月底或 10 月初结束，繁殖盛期在 5~6 月。5~8 月占全年早期资源量的 78.5%，仔鱼最大密度为31.91 ind./100 m³（图 4-40）。

仔鱼种类主要包括 21 种（类），其中鲤形目最多，共 15 种（类），主要包括赤眼鳟、鲨、鲮、鳊、飘鱼属、鉤类、鲴属、海南似鲚、南方拟鳘、鲤、鲫、壮体沙鳅、花斑副沙鳅以及鳍属、鲹亚科等未定种类；其次为鲈形目共 4 种（类），包括大眼鳜、罗非鱼、虾虎鱼科和大刺鳅；还有鲇形目以鲿科鱼类为主，采集到鳉形目食蚊鱼仔鱼1 种。

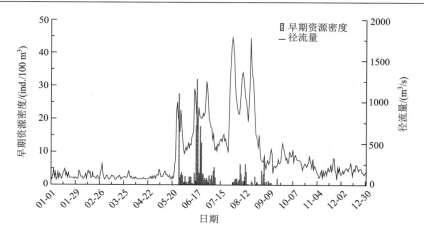

图 4-40　2012 年金陵江段早期资源密度变化情况

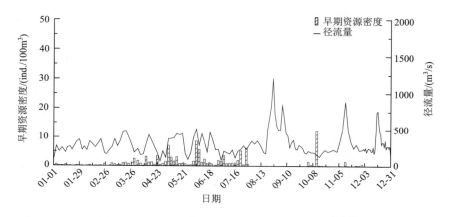

图 4-41　2013 年金陵江段早期资源密度变化情况

各种类的数量比例（图 4-42）分析表明：该江段鱼卵占早期资源总量的 11.1%，仔鱼最优势种为虾虎鱼科（26.0%），之后依次为鲴（21.4%）、鲌属（12.8%）、鳊亚科（6.4%）、

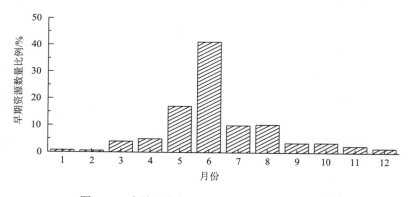

图 4-42　金陵江段各月早期资源数量月变化情况

鮈类等（5.7%）、鲴属（5.5%）、罗非鱼（3.1%）、飘鱼属（1.4%）和鳜属（1.2%），合计占早期资源总量的 94.6%。其他种类数量比例均在 1%以下。

2）左江下楞江段

左江是郁江的支流。2012 年和 2013 年在左江下楞江段共采样 493 批，鉴定鱼卵 1001 ind.，仔鱼 700 ind.。如图 4-43 所示，2012 年 5 月下旬之前径流量几乎无波动，之后发生急剧的震荡，全年无明显仔鱼峰值出现。如图 4-44 所示，2013 年有 2 次洪峰，第一次为 4 月底的小规模涨水，伴随一定量的早期资源发生，最大密度仅为 7.22 ind./100 m³；第 2 次为 7 月底，峰值密度为 10.62 ind./100 m³。图 4-45 显示 3 月早期资源开始发生，但数量极少，盛期为 7～8 月，占全年早期资源总量的 92.2%。

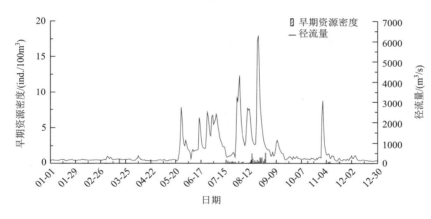

图 4-43　2012 年下楞江段早期资源密度变化情况

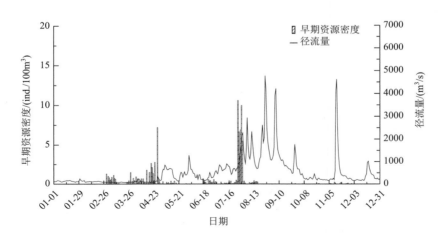

图 4-44　2013 年下楞江段早期资源密度变化情况

早期资源种类共 18 种（类），其中鲤形目最多，共 10 种（类），主要包括鳌、银飘鱼、海南似鲚、鲤、细鳊（*Rasborinus lineatus*）以及鳕属、鳍亚科、鮈亚科、鳅科、光

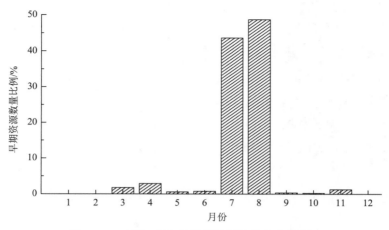

图 4-45　下楞江段各月早期资源数量月变化情况

唇鱼等小型种类。此外，还包括罗非鱼、虾虎鱼科、银鱼、鳜属、大刺鳅、鲇和食蚊鱼等种（类）。鱼卵在该江段占早期资源总量的 84.6%，仔鱼最优势种为海南似鲚（2.6%），之后依次为虾虎鱼科（2.4%）、罗非鱼（2.1%）、鲢亚科（1.4%）、鳘（1.3%）、鳍属（1.2%），合计占早期资源总量的 95.4%。其他种类数量比例均在 1%以下。

11. 贺江江口江段

贺江是西江水系支流。2015～2016 年在贺江江口采样 139 批，鉴定鱼卵 4 ind.，仔稚鱼 8502 ind.，幼鱼 273 ind.。贺江江口早期资源密度变化情况如图 4-46（2015 年）和图 4-47（2016 年）所示，每年早期资源出现一次高峰，仅持续数天，其他时间早期资源密度极低。峰值出现在 5 月和 8 月，2015 年最大密度为 22.96 ind./100 m^3，2016 年 8 月最大密度65.7 ind./100 m^3。年度峰值时间差异较大。

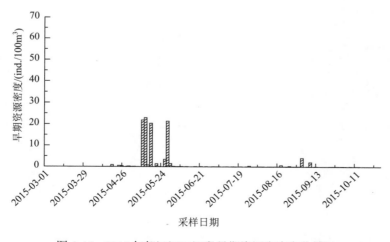

图 4-46　2015 年贺江江口江段早期资源密度变化情况

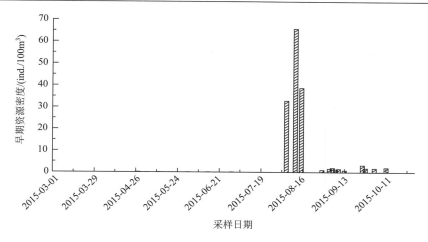

图 4-47　2016 年贺江江口江段早期资源密度变化情况

贺江江口江段采集的仔稚鱼及幼鱼主要种类有赤眼鳟、鳘、鳙、鲮、海南鲌、广东鲂、草鱼、海南似鲚、红鳍原鲌、纹唇鱼、南方拟鳘、鲫、大刺鳅、马口鱼、鉤类、食蚊鱼、青鳉、间下鱵、细鳊、大眼鳜、尖头塘鳢、中华花鳅、弓斑东方鲀、罗非鱼、黄颡鱼属、银鱼属、虾虎鱼科、鉤亚科、鳊亚科等 29 个类别。贺江江口鱼类早期补充群体的优势种为虾虎鱼科、鳘和鳊亚科鱼类，分别占仔鱼总量的 88.9%、4.6% 和 2.0%，合计为 95.4%；其次是银鱼属（0.7%）、赤眼鳟（0.7%）、罗非鱼（0.5%）、鲮（0.5%），其他种类数量比例均在 0.5% 以下。四大家鱼仅采集到草鱼和鳙两种，合计仅占 0.1%。

贺江多年平均径流总量约为 67.8 亿 m^3，2015 年和 2016 年贺江江口早期资源年平均密度分别为 1.47 ind./100 m^3 和 2.35 ind./100 m^3，平均为 1.91 ind./100 m^3。2015 年未采集到鱼卵，2016 年鱼卵量仅占早期资源总量的 0.11%，约为 14.3 万 ind.。贺江早期资源主要发生在 5 月和 8 月（图 4-48）。

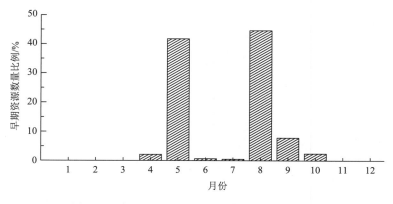

图 4-48　贺江江口江段早期资源数量月变化情况

4.3　分　布　模　式

4.3.1　季节分布模式

　　西江肇庆江段 2006 年仔鱼监测的结果显示，仔鱼出现在全年各个月（图 4-49）。主要仔鱼期为 6～9 月，但不同鱼类仔鱼出现的时间不同。10 月至次年 3 月主要以虾虎鱼科和银鱼为主，其中 12 月至次年 3 月种类数和密度都较小。鲤/鲫仔鱼主要出现在 3～5 月，其他大部分鱼的仔鱼出现在 6～9 月（图 4-50）。虽然很多研究报道产卵规模与涨水持续时间、径流量等存在密切关系，但是肇庆江段鱼类早期资源密度的变化并不与径流量的变化呈线性关系，其中第一次洪峰到来时早期资源密度相对较低，而第二次洪峰及其后很短时间内密度相对较高。这说明鱼类的产卵活动还与水温或者其他因素相关。

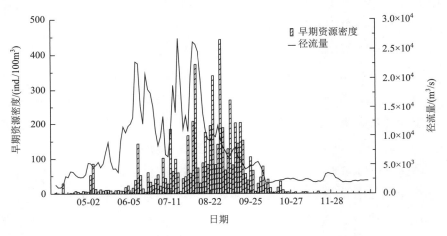

图 4-49　西江肇庆江段鱼类早期资源密度变化情况

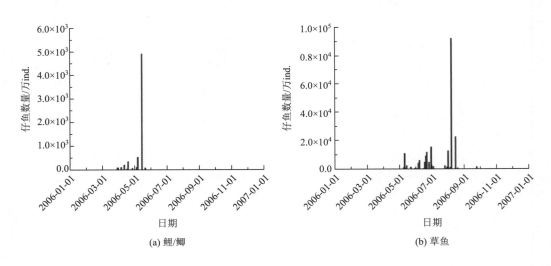

(a) 鲤/鲫　　　　　　　　　　　　　　　　　　　　(b) 草鱼

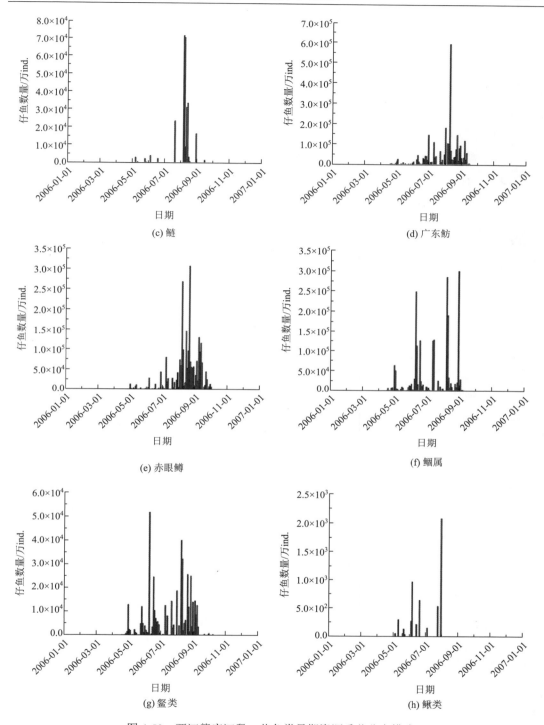

图 4-50 西江肇庆江段一些鱼类早期资源季节分布模式

Reichard 等（2002）通过研究欧洲两条河流中早期补充群体的年际变化及季节性变化动力学发现，早期资源发生的时间受温度影响，水温提前上升，早期资源峰值期会提前到来，因此，早期资源的季节分布模式与温度有关。

不同年份早期资源的出现存在一定的差异，不同种类年度间的分布也有差异，但总体分布模式大致相同。季节分布模式改变将影响仔鱼的生长或世代强度，如早期资源提前出现，合适的饵料生物不足将会导致仔鱼饥饿而死亡；推迟则尚未发育长成将进入冬季，难以抵御低温而死亡。通常发生大的环境事件时季节分布模式改变，鱼类处于应急状态，出现的仔鱼无论是先天还是后天均不足，影响世代强度。

根据肇庆江段漂流性早期资源优势种多度变化分析，图 4-51 表示不同种类鱼早期资源补充数量在时间轴上的分布，表现出明显的季节变化，其中主要与温度有关，大多数早期资源发生在 5～9 月，6 月量最大。

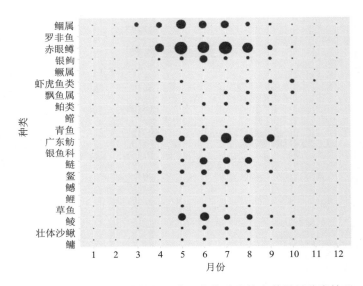

图 4-51　肇庆江段漂流性早期资源优势种类补充数量月分布情况

图中气泡越大表示数量越多

4.3.2　昼夜分布模式

由于早期资源观测位点在产卵场的下游，发育个体受水动力推动漂流过程复杂，早期发育在漂流过程中与流速、浊度、光等因素有关，存在昼夜差异。作者 7 月 1 日 19:00 至 7 月 2 日 23:00 在西江昼夜连续观测早期资源分布状况时发现，各时段仔鱼密度存在明显的差异。各时段皆有一定密度分布的种类主要有海南鲌、鳜属、壮体沙鳅等，平均密度分别为 4 ind./100m³、3.5 ind./100m³、1.3 ind./100m³，四大家鱼的分布较为集中于晚上，其中青鱼的数量最多，平均密度为 1.5 ind./100m³，密度最大值达 12 ind./100m³。

早期发育中，每种鱼都有各自的迁移模式，这种迁移模式与个体发育的特性有关。迁移主要集中在个体发育的早期，因此漂流一般仅发生在出膜后的几周时间里。昼夜采样的结果表明，除少数种类外，大多数种类漂流发生在晚上。Gadomski 等（1998）发现除杜父鱼以外，其他仔稚鱼晚上出现的丰度要明显高于白天，认为这种特殊的昼夜分布特性与它们的生活史模式有关。对于昼夜丰度差异的原因，目前还不甚了解。Muth 等（1984）发现草原型河流仔稚鱼漂流运动没有明显的昼夜变化规律，认为昼夜变化的模式可能主要是由仔稚鱼在垂直分布上的运动变化引起的。Reichard（2002）认为鲤科鱼类的漂流运动是一种主动行为，它是由光照等级启动的，而不是被动的漂流。Pavlov 等（2000）认为仔鱼漂流运动模式受光照、温度和水压梯度的影响。大多研究者认为是这种漂流运动是视觉不定向的被动"随波逐流"或者是仔鱼不能抵抗较大的水流速度所造成。但是也有学者认为这种漂流运动是仔鱼有主动行为的表现，仔鱼具有调节自己在水流中位置的能力，通过这种主动运动可以选择合适的环境，并且这种运动的方式与饵料的采集和避免被捕食者捕食密切相关（Zitek et al.，2004；Reichard，2002）。

　　作者在珠江用圆锥网四次昼夜采集样本，发现仔鱼密度的变化整体表现为晚上密度高，白天密度低，仔鱼密度最大值在 20:00 至 2:00（图 4-52）。昼夜采样的仔鱼密度与环境因子之间的关系见表 4-9。在种类组成上，鳊和餐在全天各个时刻的样品中几乎都出现，而鲴属、飘鱼属、鲌类、草鱼、鲢、鳙、广东鲂、鳡和鳤等仔鱼主要在晚上出现。

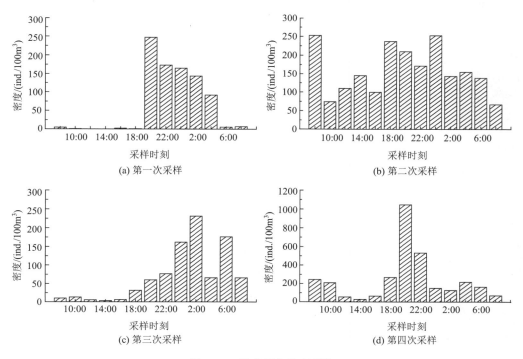

图 4-52　昼夜仔鱼密度变化

表 4-9　昼夜采样的仔鱼密度及平均浊度、水温、流速

时间	浊度	水温/℃	流速/(m/s)	仔鱼密度/(ind./100 m³)
2007-05-30～2007-05-31	45	27.3	0.36	64.7
2007-06-16～2007-06-17	163	25.6	0.59	166.7
2007-06-26～2007-06-27	63	28.8	0.32	69.8
2007-06-29～2007-06-30	119	28.1	0.53	244.0

广东鲂昼夜采样结果显示，总仔鱼丰度表现为晚上高白天低的变化规律。但四个昼夜分布（2007 年 6 月 26～27 日和 6 月 29～30 日）的样品中，广东鲂仔鱼主要出现在 20:00～22:00。

珠江鲮通常可采到两个发育期的仔鱼，即仔鱼孵化出膜至卵黄吸尽、尾椎开始上翘阶段的仔鱼。仔鱼该阶段游泳能力较差，主要是被动地随水漂流。鲮仔鱼密度具有明显的昼夜分布规律。早上与晚上、中午与晚上的密度具有显著性差异，但早上和中午仔鱼密度差异不显著。随着洪水期的到来，径流量增大，浊度增加，仔鱼早上、中午与晚上的密度变化相对减小，浊度的增加导致昼夜变化模式的消失。阴雨天气，白天光线相对较弱，鲮仔鱼昼夜密度变化较小，也说明仔鱼阶段具有避光行为。

对昼夜间的仔鱼密度进行 t-检验分析表明，晚上的仔鱼密度与白天（8:00，14:00）的仔鱼密度有显著性差异（$n = 26$，$p < 0.01$）；仔鱼密度的昼夜变化总体趋势是晚上的密度比白天的大，22:00 时有最高值，然后在 1:00 逐渐下降，18:00 左右达到最低值。11:00 有一个很高的峰值，但峰值持续时间很短。仔鱼的平均密度为 130 ind./100 m³，密度最大值为 370 ind./100 m³。

4.3.3　断面分布模式

处于早期发育阶段的鱼类仔鱼，常处于被动的运动状态。不同地区河流的调查结果在仔鱼种类组成、出现时间以及丰度等方面存在较大的差异，特定种类的漂流运动模式及其丰度还受特定环境的影响。样品采集地点、时间以及采样的水层等也都与仔鱼的种类、丰度相关。Araujo-Lima 等（1998）调查了亚马孙河的仔鱼，结果表明脂鲤目和鲇形目鱼类在表层和底层的丰度相差不大，并且脂鲤目的仔鱼在近岸的丰度要高于河流中央，而鲇形目的仔鱼只有在涨水时近岸的丰度才高于河流中央。也有很多其他研究报道大部分的种类在漂流时近岸的丰度要高于中间。

有研究报道，2001～2002 年宜昌江段的鱼苗为随机分布，并推测该现象的起因与

葛洲坝有关，上游的江水经水轮机及泄洪闸后，原有的流态发生变化，鱼苗的分布被破坏，形成随机分布的格局。自然状态下，江河鱼类早期资源在不同发育阶段的断面空间分布不均匀，采样点在不同离岸距离（谭细畅等，2007）、不同水层得到的结果不同（刘建康等，1955）。图 4-53 显示 2006 年珠江肇庆段采样断面早期资源密度与流速空间分布情况，采样点 1 离岸距离、2～9 采样点间隔皆为 15 m。从图中可以看出靠近两岸的位置仔鱼密度比江段中间位置要高，但采样点靠近岸边一定程度时，仔鱼密度开始下降。

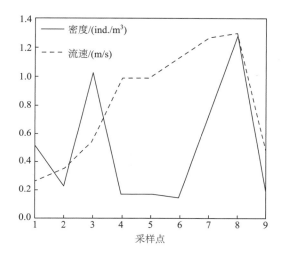

图 4-53　江河横断面早期资源密度与流速空间分布情况

4.4　鱼类早期生长

　　生长是生物体由小到大的发育过程，其物理表现是生物体尺寸增长和质量增加；生理表现则是机体细胞的增殖扩展，组织器官分化、发育和代谢等功能的形成；生物化学表现是机体化学成分，即蛋白质、脂肪、矿物质和水分等的积累；热力学表现是能量输入与输出差，即能量消耗过程。

　　早期生长过程是鱼类生活史的重要阶段，决定种群年际补充强度，影响河流生态系统功能。早期发育能否开口摄食获得外源营养和能量是资源有效补充的关键。宋昭彬（2000）研究四大家鱼仔幼鱼耳石微结构发现鱼类早期生长和存活具有特定机制，耳石上存在年轮和日轮的特征，可反映鱼个体生长和营养状况。学者对许多鱼类都进行了耳石与生长方面的研究，如大麻哈鱼（Marshall et al.，1982）、鳟（Campana，1983）、夏威夷鲷（Essig et al.，1986）、海鲈（Withell et al.，1988）、太平洋鲑（Volk et al.，1990）、大西洋鲑（Wright et al.，1991）、鲭（DeVries et al.，1990）、梭鱼（李城华等，1993）、鳗
鲡（李勃等，1992；李城华等，1995）、草鱼（常剑波等，1994）、鳙（解玉浩等，1995b）、
香鱼（解玉浩等，1995a）、罗非鱼（Taubert et al.，1997）、大银鱼（富丽静等，1997）、
鳡（宋昭彬等，1999）、稀有鮈鲫和铜鱼（欧阳斌，1999）、大西洋鳕（Otterlei et al.，2002）、
松潘裸鲤（宋昭彬等，2004）、草鱼（管兴华，2005）、胭脂鱼（付自东，2006）、太湖新
银鱼（杨青瑞，2007）、鲚属（郭弘艺等，2007）等，也有学者研究早期发育个体的饥饿
耐受能力与生存率（Tzeng et al.，1992；Molony et al.，1998；McCormick et al.，1992；
Molony，1996）。鱼类早期发育阶段环境变化（Neilson et al.，1982；Radtke et al.，1996；
Rice et al.，1985；Moksness，1992）、光周期（Tanaka et al.，1981）、温度（Casas，1998）、
环境污染物（Robillard et al.，1996）以及反映生活史过程特征的洄游（Sector et al.，1995）、
能量代谢（Arrhenius et al.，1996）、世代强度（Crecco et al.，1985；Gleason et al.，1996）、
种群差异（Kalish，1990；Aydin et al.，2004）等都能在耳石中形成印记。耳石一旦形成
便保持不变，即使在极端不良环境下都能记录生长情况，形成的印记不会受理化环境因
素影响，也不会因个体生长丢失，具有永久记录鱼类生活史事件的特性。耳石微结构分
析法是研究鱼类早期生活史的重要方法，通过耳石微结构上的年轮和日轮特征可推算种
群生长和死亡情况，预测种群动态变化。

4.4.1　耳石形态

鱼类耳石位于头部听囊内，是主要由碳酸钙、蛋白质和微量元素构成的功能性沉积
体，具有听觉和平衡功能。耳石通常有三对，即矢耳石、微耳石和星耳石，其中矢耳石
最大。三对耳石形成的时间不一样，矢耳石和微耳石通常在孵化前就形成，星耳石孵化
后才形成。

受发育过程的影响，耳石具有不同形态。矢耳石形状有圆形、椭圆形、菱形和箭
矢形；微耳石的形状有圆形、豆形、长豆形和特殊的楔形；星耳石也有多样的形态。
鱼经历系列的发育阶段中，三对耳石形态逐渐变化直至形成具有成鱼阶段的形态。例
如，鲢和鳙体内有矢耳石、微耳石、星耳石各一对，生长过程中鲢、鳙仔鱼的矢耳石
和微耳石经历不同形态变化过程。矢耳石初期呈圆形，孵化后第 6 天呈椭圆形，耳石
长度增长速度快于耳石宽度，在孵化后第 10～15 天耳石呈狭长的椭圆形，至 17 天耳
石前段形成一个尖端，初步呈现成鱼矢耳石的形态（图 4-54）。鲮初孵出时微耳石呈
圆形，到了弯曲期变成卵圆形，幼鱼期后耳石形状形成了成鱼耳石形状特征（图 4-55）。
鲮孵化后第 7 天出现星耳石，生长过程星耳石形状由卵圆形变成圆形，然后周缘出现

突起，左右边耳石形状出现不对称差异（图 4-56）。耳石形态发育与个体发育紧密相关，大菱鲆（*Scophthalmus rhombus*）孵化时在耳石上形成孵化轮，仔鱼期耳石呈卵圆形，第一附基出现时开始进入变态，最后一个附基形成时，变态结束，进入幼鱼期。

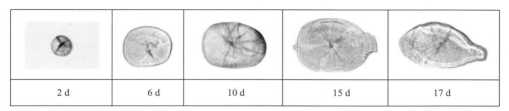

(a) 鲢矢耳石形态

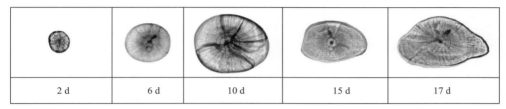

(b) 鳙矢耳石形态

图 4-54　不同发育阶段鲢和鳙矢耳石形态

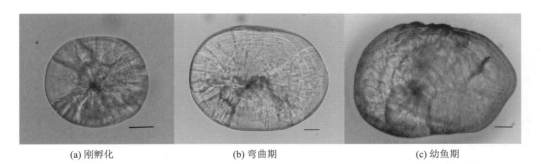

(a) 刚孵化　　　　　　(b) 弯曲期　　　　　　(c) 幼鱼期

图 4-55　鲮微耳石不同发育期形态

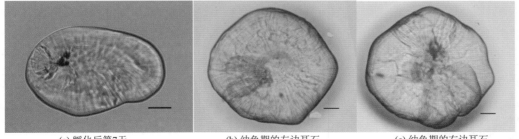

(a) 孵化后第7天　　　(b) 幼鱼期的左边耳石　　　(c) 幼鱼期的右边耳石

图 4-56　鲮星耳石不同发育期形态

图中的标尺分别代表 20 μm，50 μm，50 μm

耳石形态描述为长径与短径（解玉浩等，1995b；管兴华，2005），从耳石尖端到钝圆端的前后轴为长径，通过耳石中心与长径垂直的轴为短径。耳石的生长轴指微耳石中心到耳石边缘的最大距离，分析微耳石长半径日轮的形成，可揭示仔鱼的生长状况。其中微耳石形状规则，轮纹相对清晰，是耳石研究的主要对象。

4.4.2　耳石微结构

1. 日轮

鱼类耳石微结构通常包括日轮和各种标记轮。耳石上的日轮通常明带和暗带交替，明带主要由碳酸钙构成，暗带主要由蛋白质构成，一天形成一轮（Green et al.，2009）。耳石日轮形成时间具有种类特异性（Geffen，1992；Zhang et al.，1992），欧洲鳀（*Engraulis encrasicolus*）、黑鲷（*Acanthopagrus schlegeli*）、安氏新银鱼（*Neosalanx anderssoni*）、大西洋鳕（*Gadus morhua*）（Aldanondo et al.，2008）、蓝罗非鱼（*Oreochromis aureu*）（Karakiri，1989）、大口黑鲈（*Micropterus salmoides*）、草鱼（常剑波等，1994）、鳙（解玉浩，1995b）、香鱼（解玉浩，1995a）和大银鱼（富丽静等，1997）等在孵化后一天开始形成首轮纹，梭鱼则是在孵化后第 3 天形成首轮纹（李城华等，1993），也有在鱼卵黄耗尽初次摄食时形成首轮纹，如日本黑鲈（*Lateolabrax japonicus*）、日本鳀（*Engraulis japonicus*）、大黄鱼（*Larimichthys crocea*）（Islam et al.，2009；刘志远等，2012）、遮目鱼（*Chanos chanos*）（Tzeng et al.，1988）。美洲真鲦在进入上游期后形成首轮纹（Davis，1985），而莫桑比克罗非鱼（*Tilapia mossambica*）则是在离开亲鱼口腔时形成首轮纹（Taubert et al.，1997）。掌握首轮纹的形成时间，才能准确估算仔鱼的日龄。由于耳石轮纹在极端环境下会出现少数与正常轮纹周期性不同的例外轮纹，从耳石轮纹估算日龄必须确证轮纹形成的日周期性和明确首轮纹形成的时间，可在对受精卵抽样同步培养中结合荧光、压力标记方法获得实际日龄，进而修正大样本的发育日龄。耳石的形态发育和微结构特征受到生理和外界环境的影响（Fischer，1999；Arneri et al.，2005；Green et al.，2009）。在鱼类早期发育过程中的重要事件发生时，如在孵化、对外摄食或变态、定居时，由于生理和生态上的剧烈变化，耳石上相应地会形成明显的标记轮，如孵化轮、摄食轮、定居轮等，这些标记轮都是在早期生活史事件发生时形成的，因而标志某个生活史事件的发生时间和持续时间，是早期生活史研究的重要特征（Stevenson et al.，1992；Wilson et al.，1999；Islam et al.，2009）。除此之外，在不同发育阶段鱼类生长速度和所处的生境不同，耳石轮纹清晰度、宽度等也不同，在耳石上可形成形态特征不同的区域（Jr Gartner，1991；Fischer，1999；Tomás et al.，

2000）。耳石微结构分析法可用来明确发育阶段早期生活史发生的事件，不同类型的耳石可作为日龄分析的材料（Victor et al.，1982；常剑波等，1994）。

2. 耳石原基和中心核的形态

大部分耳石具有一个中心核，又称生长中心（core），中心核内部是一个或多个深黑色的生长原基（图 4-57）。根据原基的数目和排列方式的不同，中心核会呈圆形、卵圆形或长圆形。核外有由一条亮带（宽带）和一条暗带（窄带）组成的从耳石中心向边缘同心排列的生长轮，即为日轮。耳石原基的数量不定，不同的鱼类有 1～3 个或更多，甚至同种鱼类不同个体的原基数量不同（Green et al.，2009）。耳石刚出现时形成的原基是耳石生长的最初起始点，随着发育出现的一般称为附基。

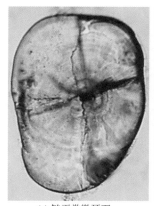 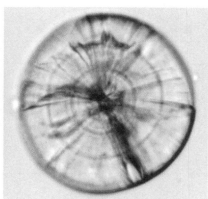 

(a) 鲢正常微耳石   (b) 鲢微耳石，示双原基   (c) 鳙矢耳石，示双中心核

图 4-57 耳石中心核

耳石原基。同一气候区矢耳石和微耳石原基直径不容易受生长环境的影响。同一地区鲢（表 4-10）、鳙（表 4-11）人工繁殖仔鱼和珠江采获的野生仔鱼原基直径大小较为稳定（毕晔，2009）。

表 4-10 鲢仔鱼耳石原基的直径

样本来源	时间	矢耳石			微耳石		
		平均值/μm	标准差	样本数	平均值/μm	标准差	样本数
某育仔鱼场		10.13	1.57	49	9.32	1.83	72
珠江	2008-06-25	11.09	2.71	19	10.28	2.11	41
珠江	2008-07-21	11.47	2.98	18	10.37	2.32	40
珠江	2008-08-09	12.11	3.13	12	10.83	2.68	12

表 4-11　鳙仔鱼耳石原基的直径

样本来源	时间	矢耳石			微耳石		
		平均值/μm	标准差	样本数	平均值/μm	标准差	样本数
某育仔鱼场		10.26	1.30	41	9.32	1.25	62
珠江	2008-06-25	11.49	2.16	29	10.48	1.76	33
珠江	2008-07-21	12.34	2.83	12	10.93	1.58	28
珠江	2008-08-09	12.27	3.05	9	11.45	2.55	21

　　中心核。同一气候区矢耳石和微耳石中心核直径易受生长环境的影响。同一地区鲢（表 4-12）、鳙（表 4-13）人工繁殖仔鱼中心核直径显著小于野生样本，矢耳石中心核显著大于微耳石的中心核直径（毕晔，2009）。

表 4-12　鲢仔鱼耳石中心核直径

样本来源	时间	矢耳石			微耳石		
		平均值/μm	标准差	样本数	平均值/μm	标准差	样本数
某育仔鱼场		19.91	2.34	52	18.99	2.55	69
珠江	2008-06-25	21.32	3.43	19	19.38	2.51	32
珠江	2008-07-21	21.47	1.83	18	20.12	1.39	27
珠江	2008-08-09	22.14	2.16	14	21.43	1.34	12

表 4-13　鳙仔鱼耳石中心核直径

样本来源	时间	矢耳石			微耳石		
		平均值/μm	标准差	样本数	平均值/μm	标准差	样本数
某育仔鱼场		20.06	1.96	70	19.03	2.76	81
珠江	2008-06-25	21.42	1.99	18	19.33	2.38	23
珠江	2008-07-21	21.83	2.80	24	19.79	1.65	29
珠江	2008-08-09	22.75	2.34	17	21.67	1.83	31

3. 耳石制备与分析

　　不同鱼类的耳石大小和形态存在差异，耳石的大小和形态随生长的阶段不同而不断变化。耳石的摘取要依据鱼类耳石和听囊的大小、形态以及其他个体特征而采取不同的方法。较大的耳石（长度大于 300 μm 的耳石）能够在目视下通过开颅法、断头法、眼正中切法或去鳃法找到耳石并进行采摘；较小的耳石（长度小于 300 μm 的耳石）需要经过压片、鱼体漂白、包埋处理后借助显微镜采摘（Secor et al.，1992）。

　　耳石从鱼体中分离后，较小的耳石经过简单的清洗和固定便可用于微结构观察，较大的耳石则需要加工才能用于观察。制备耳石样品主要包括包埋、磨制等工序（李勃等，1992；常剑波等，1994；李城华等，1995）。耳石加工通常是打磨，把耳石用热溶胶固定在载玻片上，使需要的打磨面与玻片平行，然后用不同型号的砂纸进行打磨。打磨过程中要不断在解剖镜下观察，防止磨过耳石中心。磨好一个面后，将耳石翻转，以同样的方法打磨另一面。磨好后，滴上二甲苯透明，待热溶胶软化后，在解剖镜下用解剖针挑去残余的热溶胶，待干燥后用中性树脂封片，并在光学显微镜下观察轮纹。

　　扫描电镜样品需要将耳石打磨至耳石中心并抛光，对打磨面酸蚀、喷金后用扫描电镜观察。

　　鱼类微耳石的中心核随着生长偏向耳石前缘腹面，如果沿着耳石半径读取耳石轮纹，会因靠近中心核的轮纹太窄导致误差太大，因此读取耳石轮纹可沿着另一条线进行，如图 4-58 所示，这条线从耳石中心核开始沿着与耳石半径成 30°左右的直线到达 110～130 μm 左右处，即耳石的轮纹清晰区，然后再沿着与耳石半径平行的直线直至耳石边缘。

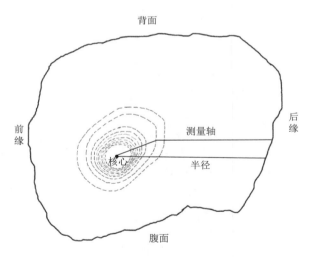

图 4-58　幼鱼轮纹读取方法，沿着测量轴，第一条直线跟耳石半径成 30°左右，第二条直线与耳石半径平行（毕晔，2009）

　　鲮孵化 0～2 d 后耳石中间有一个原基，没出现任何轮纹（图 4-59a）。孵化 3 d 仔鱼耳石边缘出现一条明显的黑轮，黑轮是在前一天形成的，因为黑轮外边有一个明带是孵化当天形成的（图 4-59b），由于仔鱼在孵化后 2 d 开始摄食，因此这条黑轮被称作"摄食轮"。在摄食轮之后出现，未打磨耳石上的轮纹可以分辨到 36～41 轮，即幼鱼阶段的开始（图 4-59d）。随着生长，耳石原基越来越偏向耳石的前腹缘（图 4-59c）。

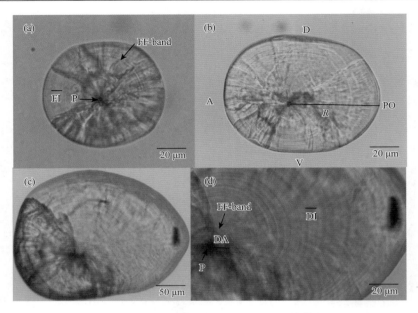

图 4-59　珠江三角洲鲮幼鱼微耳石结构特征

R 为耳石半径；P 为原基；FF-band、DA 为模糊区；DI、FI 为测量日轮宽度；(b) 图中 A、V、PO、D 分别代表前缘、腹面、后缘和背面（毕晔，2009）

4. 影响轮纹的因素

耳石生长轮纹沉积主要受内源因素影响，但鱼类在生活过程中，外界环境因子，如光周期、温度、营养等作用于鱼体产生生理压力，也会对鱼类耳石日轮形成产生影响。这些影响都会在耳石上得到记录。

光周期对鱼类耳石轮纹的影响很早就为人们所关注。Wright 等（1991）和 Mugiya 等（1992）发现大西洋鲑和金鱼（*Carassius auratus*）耳石上钙的沉积受血浆（plasma）中钙含量的调节，而光周期对血浆中钙含量的变化起决定作用，血浆中钙含量增高，耳石生长的速度也加快。Tanaka 等（1981）发现光—暗循环明显影响耳石轮纹的形成。在正常的光周期下，耳石日轮一天形成一圈，而缩短光周期后，轮纹的沉积率会增加，这已在黑鲷（*Mylio macrocephalus*）、平鲽（*Pleuronetes platessa*）、三刺鱼以及莫桑比克罗非鱼等鱼类中得到证实。但持续光照或持续黑暗的条件下，日轮是否会照常形成则存在较大的分歧。Wright 等（1991）认为，持续光照（24L）或持续黑暗（24D）条件下一些鱼类耳石日轮不受光条件的影响；但持续光照或持续黑暗条件下也有鱼类无日轮形成，这是受内源性节律的调节，这种内源性节律的调节也可能受 24 h 内的光—暗改变所诱导，进而调控耳石日轮的形成。

除了温度、食物、光周期外，鱼体生长速度也可以影响耳石日轮的形成。通常慢生长情况下耳石轮纹沉积率降低（Alhossaini et al.，1988；Casas，1998）。但也有研究指出，鱼类耳石轮纹沉积率稳定，即使是在鱼体生长缓慢甚至停止的情况下都有日轮形成（Molony，1996）。Szedlmayer（1998）认为生长率对笛鲷耳石轮纹沉积率的影响表现为一阈值方程（threshold function），当生长率小于 0.3 mm/d 时，轮纹的沉积率降低；当生长率超过此阈值，轮纹便表现为日沉积。这一阈值在犬齿牙鲆的生长率方程中为 0.4 mm/d。

年龄对耳石日轮的形成也有影响，对于一些生活史长（大于两年）的鱼类来说，耳石日轮宽度会随着年龄增长而降低，直至在光学显微镜下无法辨别（Hoedt，1992）。另外，有研究指出鱼类耳石宽度的变化也与鱼类的繁殖行为、水体的盐度等因素有关（Campana，1984；Gutierrez et al.，1986）。

4.4.3　耳石结构与应用

通过耳石上的日轮、日轮宽度和标记轮可以获得很多早期生活史特征，例如孵化日期、日生长率、死亡率、仔鱼期持续时间、变态大小与时间、早期生长特点等。这些早期生活史特征是研究鱼类早期阶段生长发育过程、生长和存活、补充机制等方面的主要途径。耳石生长反映个体早期生长情况，脂眼鲱（*Etrumeus teres*）耳石日轮宽度变化揭示其初次摄食后生长速度一直在增加，到孵化后第二周生长速度达到最快，随后下降（Plaza et al.，2006）。孵化日期分布图可揭示繁殖方式，繁殖期产卵批次。日龄宽度可反映不同种群生产率。Islam 等（2010）发现日本花鲈同一群体弯曲期的日轮宽度大于弯曲前期，弯曲后期的大于弯曲期，幼鱼的大于弯曲后期仔鱼，不同发育阶段仔鱼的日轮宽度说明生长较快的个体才能存活到下一个发育阶段。通过生长率和日轮宽度可探讨评价种群的存活率。

随着研究的不断发展和深入，耳石微结构特征在野生鱼类的年龄鉴定、早期生长、孵化期的推算、早期生活史事件、种群鉴定等研究工作中的应用日益增多，为准确研究鱼类的繁殖与种群生物学特征提供了新途径。

1. 耳石与鱼生长的关系

Maceina 等（1987）发现白刺盖太阳鱼（*Pomoxis annularis*）的耳石半径与鱼体全长之间存在极显著的线性关系。但鱼体在生长过程中，耳石的大小与鱼体体长的相关关系并不是不变的。在仔鱼期二者呈指数关系，进入稚鱼期后慢慢变为线性关系（Bestgen et al.，1998）。稚鱼期耳石大小与鱼体体长呈线性关系是普遍的。一旦耳石大小与鱼体大小的相关关系确定,则可以根据耳石的大小推算相应的鱼体体长。由于耳石生长相对稳定,耳石可用来分析鱼体的生长情况。许多研究证实相似大小或生长时间相同的鱼,生长快的个体要比生长慢的个体的耳石小(Mugiya et al.,1992)。这是由于慢生长个体耳石中矿物质沉积速度要快于蛋白质沉积,所以形成大而重的耳石(Templeman et al.,1956;Radtke et al.,1985)。

同一区域不同鱼的早期资源生长特性不同,有些鱼类不同时期生长速率不同,表现为不同阶段的生长曲线斜率不断变化;也有些鱼类表现为匀速生长,不同阶段的生长曲线斜率较为恒定。在对不同时间采集的珠江野生鲢、鳙耳石大小与鱼体大小关系的分析中,对不同群体、不同发育阶段的鲢和鳙仔鱼的生长状况和营养水平进行了评价。不同时间采集到的鲢仔鱼体长、微耳石直径见表4-14。回归分析表明,鲢仔鱼微耳石直径与体长间呈线性相关,各仔鱼样本的相关分析结果见表4-15和图4-60。

表 4-14　鲢仔鱼体长、微耳石直径

采样时间	直径/mm		体长/mm		样本量
	范围	平均值	范围	平均值	
2008-06-25	0.041～0.083	0.060	6.32～8.26	7.10	86
2008-07-21	0.028～0.085	0.077	5.47～8.35	7.48	120
2008-08-09	0.032～0.092	0.071	6.40～8.33	6.96	83

表 4-15　鲢仔鱼体长和微耳石直径的相关分析

采样日期	样本量	相关系数 r	t 值	p 值	截距	斜率
2008-06-25	86	0.777	11.317	0.0000	4.7435	39.182
2008-07-21	120	0.948	38.592	0.0000	4.1607	46.860
2008-08-09	83	0.798	11.897	0.0000	4.3664	44.303

仔鱼体长-微耳石直径回归方程的斜率从大到小顺序排列为:7月21日样本>8月9日样本>6月25日样本,表明鲢仔鱼的体长生长和耳石生长不一定成正相关。相对于耳石生长而言,7月21日样本的体长生长速度较6月25日和8月9日的样本快。6月25日和8月9日样本体长-微耳石直径回归方程的相关系数小于7月21日样本的相关系数,表明样本中不同个体间的耳石生长和体长生长有较大差别,个体间的营养水平可能不一致,从而引起了一定程度上的生长离散。

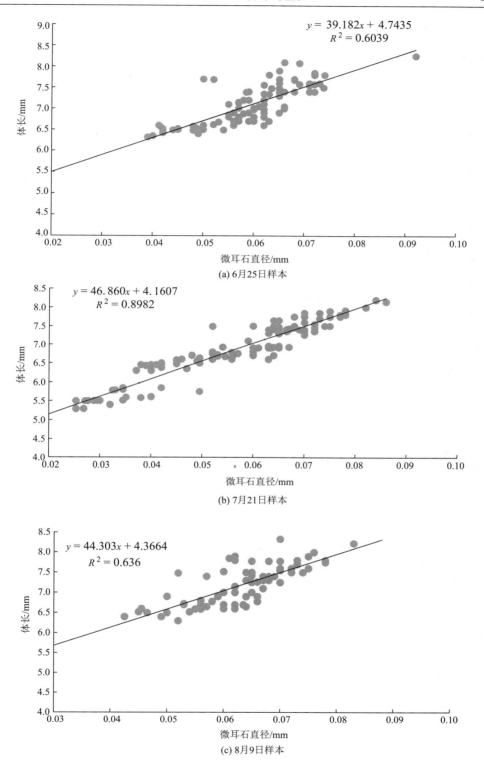

(a) 6月25日样本

(b) 7月21日样本

(c) 8月9日样本

图 4-60　鲢仔鱼体长与微耳石直径的关系

　　同期鳙样本分析表明，6 月 25 日、7 月 21 日和 8 月 9 日采集样本仔鱼的微耳石直径与体长呈显著的线性关系（表 4-16、图 4-61），表 4-17 三次采样样本的体长–微耳石直径回归方程的斜率间无显著差异（t 检验，$p = 0.182$），7 月 21 日、8 月 9 日样本的体长–微耳石直径回归方程的斜率与 6 月 25 日样本的斜率存在显著差异（t 检验，$p = 0.016$）。

表 4-16　鳙仔鱼微耳石直径、体长

采样时间	直径/mm		体长/mm		样本量
	范围	平均值	范围	平均值	
2008-06-25	0.042～0.067	0.057	6.17～8.79	7.50	44
2008-07-21	0.028～0.065	0.045	5.63～9.31	7.57	49
2008-08-09	0.035～0.111	0.074	5.89～9.45	7.98	47

表 4-17　鳙仔鱼体长和微耳石直径的相关分析

采样时间	r	t 值	p	样本量	截距	斜率
2008-06-25	0.379	2.655	0.0110	44	5.4520	35.738
2008-07-21	0.389	2.891	0.0060	49	5.7773	39.655
2008-08-09	0.864	11.490	0	47	5.0402	39.858

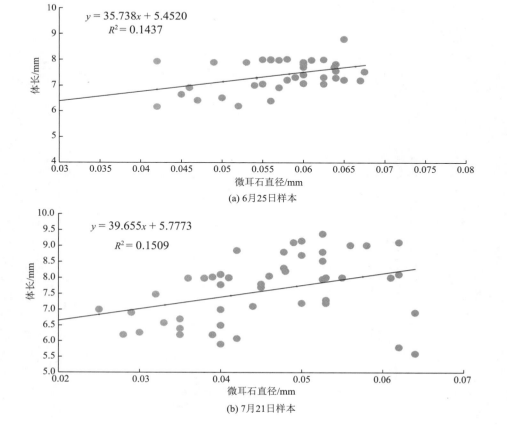

(a) 6月25日样本

(b) 7月21日样本

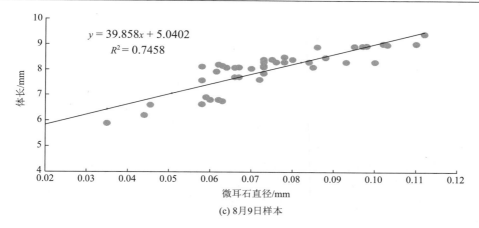

(c) 8月9日样本

图 4-61　鳙仔鱼体长与微耳石直径的关系

鳙仔鱼体长-微耳石直径回归方程的斜率从大到小顺序排列为 8 月 9 日样本＞7 月21 日样本＞6 月 25 日样本，说明相对于耳石生长而言，8 月 9 日样本的体长生长速度最快，7 月 21 日其次，6 月 25 日的样本最慢。6 月 25 日和 7 月 21 日样本体长-微耳石直径回归方程的相关系数小于 8 月 9 日样本的相关系数，这表明不同批次的样本中不同个体间的耳石生长和体长生长有较大差别，个体间的营养水平不一致，或者不同时间江中饵料水平不一致，这些都可能在一定程度上导致生长离散。

2. 日龄结构与仔鱼批次识别

分析同一地点采集的仔鱼日龄发现不同发育日龄的仔鱼在同一时间出现，通过日龄结构分析，可以了解鱼类的繁殖持续时间、种群结构。如 2008 年 6 月 25、7 月 21和 8 月 9 日在珠江肇庆江段进行三次采样，分别获得不同体长的仔鱼样本（表 4-18）。在检测的 133 个鲢仔鱼日龄样本中，最小日龄为 7 d，最大日龄为 17 d；176 个鳙仔鱼中，最小日龄为 8 d，最大日龄为 16 d。通过日轮频率分布分析，可了解不同样本个体繁殖的具体日期、同期产卵鱼的结构与数量，也可掌握同一江段鱼类繁殖的种类组成（图 4-62）。

表 4-18　用于日龄研究的仔鱼的采集地、采集日期和长度

种类	采集时间	样本量	体长/mm	
			范围	平均值
鲢	2008-06-25	31	6.32～8.26	7.10
	2008-07-21	58	5.47～8.35	7.48
	2008-08-09	44	6.40～8.33	6.96
鳙	2008-06-25	41	6.17～8.79	7.50
	2008-07-21	64	5.63～9.31	7.57
	2008-08-09	71	5.89～9.45	7.98

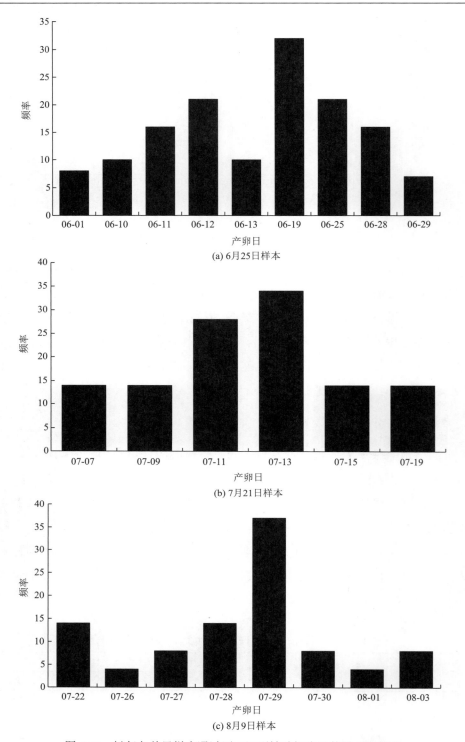

图 4-62　鲢仔鱼单日样本通过耳石识别繁殖批次及数量分布频率

三次采集的鳙样本中也都混杂不同日龄的仔鱼。由图 4-63 可知三次采集的样本中均含 7 个产卵批次，但不同批次仔鱼在不同时间混合度不同。

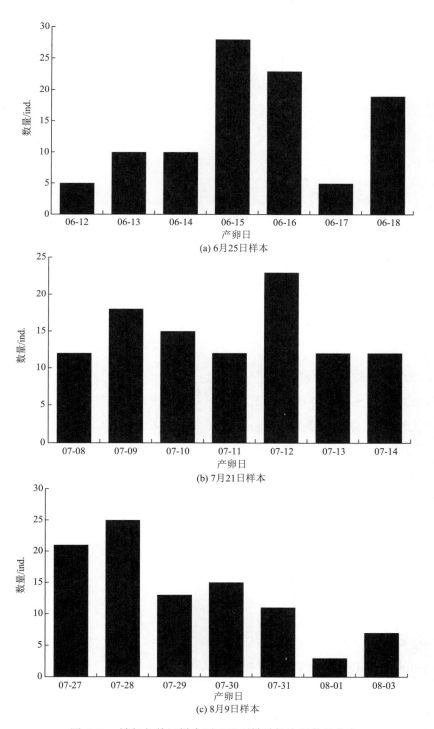

图 4-63　鳙仔鱼单日样本耳石识别繁殖批次及数量分布

漂流性仔鱼的日龄结合测量的江河流速，可测算仔鱼的漂流距离，从而确定鱼类产卵场的位置。

3. 耳石结构与种群识别

由于平均水温、昼夜水温波动和食物条件等生活环境的差异，使得不同种群的同种鱼类所经历的生活史事件也不同，这一不同会导致在耳石透明度、日轮结构、标记轮特征以及元素组成上存在着差异，根据这些特征可以对不同的种群进行鉴别。

Devries 等（2002）利用耳石形态数据鉴定出自不同海域的马鲛（*Scomberomorus cavalla*）样品。Javis 等（1978）首先把傅里叶形态分析法引入鱼类群体识别，对大眼狮鲈（*Stizostedion vitreum vitreum*）的鳞片轮廓进行分析，区分了来自两个群体的个体，准确率达 80%。Finn 等（1997）利用傅里叶方法对红大麻哈鱼（*Oncorhynchus nerka*）人工繁殖幼鱼和野生幼鱼耳石中心的日轮片段的透明度变化特征进行分析，大致区分出不同来源的样品，准确率为 46.5%。张国华（2000）利用微耳石和星耳石的傅里叶谐值对 7 个区域的鲤、3 个区域的鲫、3 个区域的草鱼进行联合判别，准确率分别为 89.94%、97.12%、100%，并认为傅里叶形态分析方法对群体识别的能力要优于传统的形态分析方法。

鱼类在遭遇环境的剧烈变化时会引起耳石轮纹沉积规律的变化，轮纹宽度、明暗度、清晰度等会发生变化并形成标记。温度、食物和光周期等环境因子的突然改变也会在耳石上形成永久性标记（Boehlert et al.，1985；Volk et al.，1984；Bergstedt et al.，1990）。生活环境不同，形成的标记也具有一定的特异性，可据此对不同种群进行鉴定。人工增殖放流仔鱼生活环境不同会在耳石上留下不同的标记，可据此来区分野生群体和放流群体。

另外，各个种群可能具有其独特的耳石中心核，这一特征也可以用来区分不同种群。Rybock 等（1975）研究指出，根据耳石中心核的大小可以区分分布区重叠的洄游性硬头鳟（*Salmo gairdneri*）和定居淡水的虹鳟（*Oncorhynchus mykiss*）。

4. 耳石结构与世代强度研究

探明鱼类早期生活史阶段的死亡率及存活曲线可预测世代强度。耳石日轮分析能够从同一世代的仔鱼区分出年内不同批次的群体（Crecco et al.，1985），这为识别特定时期的仔鱼、种群资源丰度、死亡、存活及世代强度等提供了条件，也使估算鱼类早期死亡率更为精确，可避免依靠鱼体大小来估计死亡率所产生的误差。Crecco 等（1985）利用耳石日轮，推导了美洲西鲱仔稚鱼的日死亡率（daily mortality rates），得到了其在不同年份的存活曲线，同时发现世代强度在稚鱼前期已确定，因此，稚鱼的丰度指数（indices of abundance）可用于定量预测其成鱼的补充量。

耳石生长退算能判定早期生活史阶段是否或何时出现规格性死亡（size-selective mortality）或阶段性死亡（growth-dependent mortality）。Rosenberg 等（1982）通过耳石日轮分析大菱鲆（*Scophthalmus maximus*）仔鱼生长发现生长慢的个体死亡率高的现象。Gleason 等（1996）发现月银汉鱼（*Menidia beryilina*）1 龄以下是阶段性死亡阶段。

此外，鱼类在整个繁殖季节不同时间产生的后代间的存活率差异也可通过耳石显微结构来分析，并通过不同批次对种群补充量的贡献度估算最佳的产卵时间。

4.5　早期资源异速生长

鱼类早期个体发育伴随着形态和生理变化（包括运动器官、摄食器官和感觉器官等），表现为在个体发育过程中身体不同部位异速生长。异速生长方式与栖息地环境有关。施氏鲟（马境等，2007）、西伯利亚鲟（庄平等，2009）、大麻哈鱼（宋洪建等，2013）、鲈鲤（何勇凤等，2013）、赤眼鳟（陈方灿等，2015）、美洲鲥（高小强等，2015）、花鲈（王晓龙等，2019）有不同的异速生长模式，反映不同鱼类的生存策略不同。内源营养期向外源营养期转化的主要特征是开口摄食，开口后各器官进入快速发育时期，从生理、形态上为适应外界多变的环境奠定基础。开口后仔鱼的形态性状的发育是鱼类长期进化结果的外在表现，是早期发育阶段在整个生活史中形态变化最为剧烈、迅速的时期之一。

4.5.1　全长与早期摄食日龄

西江赤眼鳟早期异速生长模式反映个体适应环境的特征。陈方灿等（2015）2014 年 7 月在珠江肇庆段用定置弶网采集赤眼鳟仔鱼，挑选鳔一室期的仔鱼（开口前 1～2 d）于室内玻璃缸（50 cm×30 cm×60 cm）观测生长情况。通过测量体长可以了解个体的变化过程。仔鱼密度 50 ind./缸，持续充氧，水温（28±1.2）℃，每天换水 30%，并及时取出死亡仔鱼及剩余饵料。开口后仔鱼适量投喂煮熟蛋黄，后期投喂卤虫无节幼体，配合人工饲料。实验期间每天从各鱼缸中随机取 5～10 ind.仔稚鱼测量。赤眼鳟仔稚鱼在开口后 3 日龄完成内源营养期向外源营养期的转变，主要特征是卵黄完全吸尽，卵黄囊消失。此时期鱼体主动捕食的器官还未发育完善，捕食效率较低，生长较慢，通常是早期资源发育阶段死亡的高峰期。此时期能获得适口的开口饵料是仔鱼成活及健康生长的关键。外源营养期肠道贯通,各捕食器官发育日臻完善,捕食效率增高,仔鱼生长速度加快。赤眼鳟开口时体长为 4.64 mm,尚可见少许卵黄,此时进入混合营养期。完全外源营养期体长为 4.83 mm,个体发育进入弯曲前期;开口后 10 日龄体长为 7.85 mm;15 日龄体长为 10.32 mm;23 日龄仔鱼形态发育接近成鱼,进入稚鱼期,体长为 15.42 mm。图 4-64 记录赤眼鳟开口至 35 日龄的生长情况,体长与开口后日龄的函数关系为 $y = 4.733e^{0.052x}$ ($R^2 = 0.986$)。赤眼鳟早期生长速度快,开口后 5 日龄全长大于 5 mm,10 日龄约 10 mm,30 日龄全长大于 22 mm;花鲈作为掠食性鱼类开口后 5 日龄全长小于 5 mm,10 日龄小于 6 mm,30 日龄全长小于 12 mm(王晓龙等,2019),前者是杂食性鱼类,后者是掠食性鱼类,食性不同的鱼类早期生长具有较大的差异是否由生存方式所决定(表 4-19),需要更多的支撑数据。鱼类在早期发育阶段,容易遭受外界环境影响,其生存能力与饥饿和捕食者密切相关。仔鱼的生长速度主要与适口饵料有关,也与其进化过程适应环境的生存选择有关。

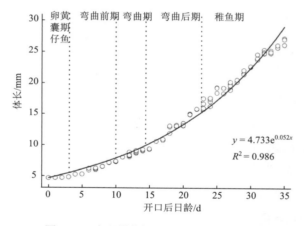

图 4-64　赤眼鳟体长与开口后日龄的关系

4.5.2　功能器官异速生长

鱼类早期发育阶段身体各部分在逐步发育中,此时由于活动能力差,在自然水体中面临的最大危机是被捕食死亡。早期发育阶段获得的能量有限,如何安排有限的能量发育器官,避免被捕食或捕食其他鱼是生存策略的需要。通过观测发育期躯体各部分及器官的异速生长,可了解不同鱼类的早期生存策略。

仔鱼、稚鱼的异速生长研究通常以仔鱼的形态参数对比全长作为分析手段。但由于仔鱼样品小,测量全长容易受尾鳍舒展度的影响,如许多鱼类的尾鳍存在分叉,测量时

表 4-19　几种鱼类的早期发育及生长模式

指标	赤眼鳟 性状生长拐点处日龄/d	赤眼鳟 拐点前生长系数/拐点后生长系数	鲇鲤 性状生长拐点处日龄/d	鲇鲤 拐点前生长系数/拐点后生长系数	西伯利亚鲟 性状生长拐点处日龄/d	西伯利亚鲟 拐点前生长系数/拐点后生长系数	海马 性状生长拐点处日龄/d	海马 拐点前生长系数/拐点后生长系数	条石鲷 性状生长拐点处日龄/d	条石鲷 拐点前生长系数/拐点后生长系数	鮸鱼 性状生长拐点处日龄/d	鮸鱼 拐点前生长系数/拐点后生长系数	加利福尼亚牙鲆 性状生长拐点处日龄/d	加利福尼亚牙鲆 拐点前生长系数/拐点后生长系数	大麻哈鱼 性状生长拐点处日龄/d	大麻哈鱼 拐点前生长系数/拐点后生长系数
头长	—	1.022	22~27	2.21/1.05	22~23	1.71/0.98	—	0.83	38	1.297/0.967	25	1.67/0.74	17~18, 30	1.28/1.89/1.07	—	1.415
腹长	20	0.801/1.072	22~27	1.05/0.83	16~17	1.71/0.98	—	1.00	33	1.023/0.770	—	0.94	24~25	1.83/~2.45	—	0.647
尾长	—	1.029	22~27	0.96/1.32	11~12	1.71/0.98	—	0.08	—	—	—	—	22~23	1.04/1.70	—	1.234
头高	—	1.100	—	—	—	—	—	—	31	1.023/0.770	25	1.74/0.46	17~18	1.04/1.70	—	—
体高	18	1.819/1.130	33~34	0.96/1.32	17~18	1.71/0.98	—	0.94	37	1.562/0.965	26	1.46/0.57	—	—	—	—
吻长	23	1.561/1.002	14~15	1.75/0.99	3~4	1.46/0.87	—	0.86	31	1.562/0.965	—	—	—	—	—	1.436
眼径	16	1.226/0.891	—	—	—	—	25	0.89/0.69	20	1.562/0.965	22	1.07/0.57	22~23	1.04/1.70	—	1.124
眼后头长	19	1.190/0.860	—	—	—	—	25	0.77/1.03	—	—	—	—	—	—	—	1.654
背鳍长	18	2.370/1.097	31~32	1.81/1.57	13~14	1.6/0.94	—	—	—	—	—	—	—	—	—	3.415
腹鳍长	19	3.968/1.173	43~44	1.81/1.57	13~14	1.44/0.93	—	—	—	—	—	—	—	—	12	2.415/4.223
臀鳍长	17	2.907/1.213	38~39	3.22/1.77	21~22	1.25/0.91	—	—	—	—	—	—	—	—	—	3.43
尾鳍长	14	2.310/0.980	32~33	3.31/1.38	—	0.88	—	—	15	1.562/0.965	32	2.05/0.81	—	—	—	2.314
生长参考指标	体长		全长		全长		全长		全长		全长		体长		全长	
开口日龄	—		12		9		5~7		3		3		3		18	
参考文献	陈方灿等 (2015)		何勇凤等 (2013)		庄平等 (2009)		Choo 等 (2006)		何滔等 (2012)		单秀娟等 (2009)		Gisbert 等 (2002)		朱洪建等 (2013)	

注:"—"表示早期发育没有生长拐点或缺少相关的记录。

尾鳍的舒展程度差异会造成较大的误差，对结果造成较大的影响。而体长性状相对稳定，可减少测量误差。因此，生长方程 $y = ax^b$ 中的 x 可用全长或体长。

1. 身体各部的异速生长

头长和尾长的快速生长，可为头部器官和尾鳍、臀鳍生长发育提供基础空间。腹部的生长有利于营养器官发育，为个体快速生长提供能量和物质保障。腹部的发育前期相对于体长生长为慢速生长，内在肠道功能的完善是一个相对缓慢的过程，在开口后 20 日龄后，随着体长生长，肠道贯通、消化系统功能的完善、利用食物的能力加强。前期腹部慢速生长，能有效地减少头部和尾部的距离，使身体更加协调，可以减少早期仔鱼摄食运动的负担，是对运动力学和低能耗生理学适应的表现。

身体纵向的两个参数中，头高在早期发育阶段以快于体长的速度生长，这为头部器官的正异速生长提供了可能。体高在生长拐点（18 日龄）前后均为快速生长，生长拐点前的发育快于生长拐点后，体高的快速生长为鳔、胸腔的生长提供了空间，且与腹部的快速生长同步，共同为胸腔内器官及背部肌肉发育提供空间。

赤眼鳟鱼体从前向后以鳃盖及肛门为界，依次为头长、腹长和尾长，横向测量指标为头高、体高。头长为正异速生长（$b = 1.022$）（图 4-65）。腹长的生长拐点在 20 日龄，对应体长为 13.68 mm（图 4-66）。从开口后 1 日龄到 20 日龄，腹长相对于体长呈负异速生长（$b = 0.801$）；从 20 日龄到 35 日龄，腹长相对于体长呈正异速生长（$b = 1.072$）；尾长在早期发育过程中呈正速生长（$b = 1.029$）（图 4-67）。

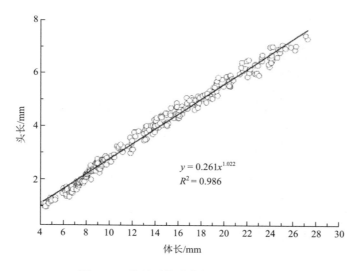

$$y = 0.261x^{1.022}$$
$$R^2 = 0.986$$

图 4-65　头长正异速生长（$b = 1.022$）

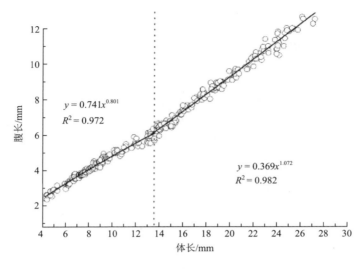

图 4-66　腹长及生长拐点

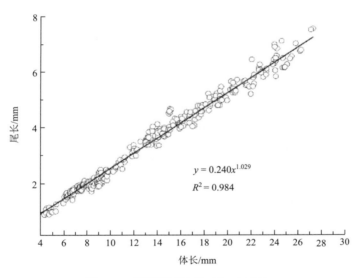

图 4-67　尾长正速生长（$b = 1.029$）

头高在早期发育呈正异速生长（$b = 1.100$）（图 4-68）。体高的生长拐点在 18 日龄，体长为 12.50 mm（图 4-69）。从开口后 1 日龄到 18 日龄，体高相对于体长呈正异速生长（$b = 1.819$）；从 18 日龄到 35 日龄，体高相对于体长也呈正异速生长（$b = 1.130$）。

2. 头部器官的异速生长

眼部生长发育状况直接影响到仔稚鱼躲避敌害和主动捕食的效率。眼径在开口后至 16 日龄为快速生长期，以尽快提高捕食及躲避敌害的能力。开口后 16 日龄后，眼径以较慢的速度生长（$b = 0.891$），为头部其他器官（吻长快速生长拐点为 23 日龄、眼后头长拐点

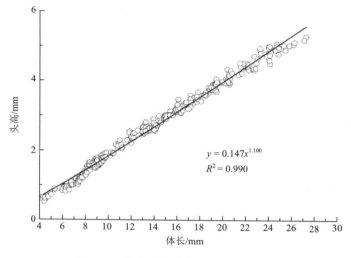

图 4-68　头高正异速生长（$b = 1.100$）

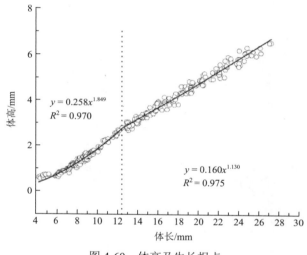

图 4-69　体高及生长拐点

为 19 日龄）的快速生长预留了空间。吻长的快速生长一直持续到开口后 23 日龄，这期间口部的器官不断得到完善，有利于主动捕食，吻长的生长在开口后 23 日龄达到生长拐点，而后进入等速生长，这可能与赤眼鳟的食性有关：赤眼鳟的口裂较小，适口饵料的粒径相对较小，为提高觅食效率，在头部发育的有限空间内，优先发育完善与捕食相关的视觉器官（眼睛），而后发育完善其他与捕食相关的器官（如吻长），结果与鲈鲤（*Percocypris pingi pingi*）、西伯利亚鲟（*Acipenser baeri*）和条石鲷（*Oplegnathus fasciatus*）类似。

随着个体的发育，需氧量增加，呼吸功能也由卵黄囊后端的血管网转变到鳃部，呼吸器官需要加快发育，眼后头长的快速生长为呼吸器官鳃部的生长提供空间。

吻长在早期为正异速生长（$b = 1.561$）（图 4-70），在开口后 23 日龄达到生长拐点，对应体长为 15.91 mm，开口后 23 日龄后吻长以体长等速生长。眼径的生长拐点在 16 日龄，生长拐点对应体长为 11.11 mm（图 4-71），从开口后 1 日龄到 16 日龄，眼径相对于体长呈正异速生长（$b = 1.226$）；从 16 日龄到 35 日龄，眼径相对于体长呈负异速生长（$b = 0.891$）。

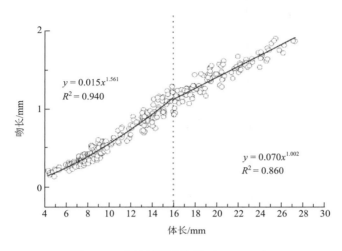

图 4-70　吻长正异速生长（$b = 1.561$）

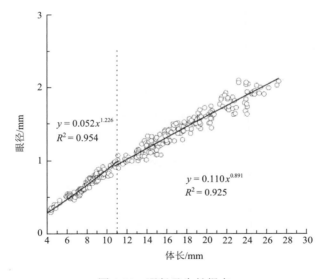

图 4-71　眼径及生长拐点

眼后头长的生长拐点在 19 日龄，体长为 13.48 mm（图 4-72）。从开口 1 日龄到 19 日龄，腹鳍长相对于体长呈正异速生长（$b = 1.190$），从 19 日龄到 35 日龄，眼后头长相对于体长呈负异速生长（$b = 0.860$）。

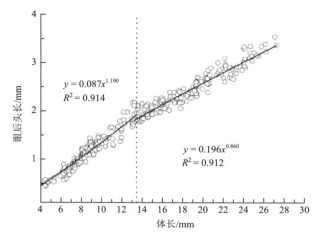

图 4-72　眼后头长及生长拐点

3. 游泳相关的器官的异速生长

赤眼鳟仔鱼在刚开口时的运动器官主要有尾鳍和鳍褶，尾鳍为其主要的运动器官，鳍褶可保持身体平衡作用，仔鱼以间歇式的游动方式运动。开口后 1～2 日龄时，仔鱼主要栖息在水体上层，3～6 日龄时栖息在中上层，6 日龄后主要栖息在中下层。早期仔鱼主动规避敌害的能力较弱，不同时期水层分布不同可能是躲避敌害的能力差异及与进化过程形成的生态适应相关。随着卵黄的吸尽及胸鳍的扩大，仔鱼游泳能力及平衡能力增强，具有较强的主动规避敌害的能力。

尾鳍作为早期鱼类的主要运动器官，优先发育对于鱼类主动捕食及躲避敌害具有重要意义。赤眼鳟仔鱼的尾鳍在开口后至 14 日龄为快速发育期，对比其他部位的性状，其优先达到生长拐点（开口后 14 日龄），为快速运动提供基础，而后尾鳍以较慢的速度生长。背鳍、腹鳍、臀鳍分别在开口后 17 日龄、18 日龄、19 日龄以较身体其他各部分更快的生长速率（背鳍、腹鳍及臀鳍分别为 2.370、3.968、2.907）达到生长拐点，说明发育鳍条是为了提高游泳能力，为增强捕食、躲避敌害能力提供基础保障。随着各鳍条的发育完成、功能的完善，仔鱼的鳍条异速生长期完成，仔鱼已能适应多变的外界环境。

异速生长是不同种类的鱼早期发育过程的生长特征，形态性状分化和发育的时间节点各不相同，不同时期的形态发育是长期进化发育的综合结果，并从形态发育上作出相应的适应，但无论是优先发育哪种性状器官，都是为了快速适应外界多变的环境而进行的生态学适应。

赤眼鳟早期发育过程中，仔鱼的大多数器官均存在异速生长特点，仔鱼开口后最短时间内获得外源物质和能量，器官得于快速发育，从而提升个体早期生存能力，进而适应多变的外界环境。在人工培育过程中，及时保障仔鱼适口饵料，使其有效地获取外源营养而度过危险期是避免早期死亡的关键。

背鳍长的生长拐点在 18 日龄，生长拐点对应体长为 13.08 mm（图 4-73）。从开口后 1 日龄到 18 日龄，背鳍长相对于体长呈正异速生长（$b = 2.370$）；从 18 日龄到 35 日龄，背鳍长相对于体长也呈正异速生长（$b = 1.097$）。

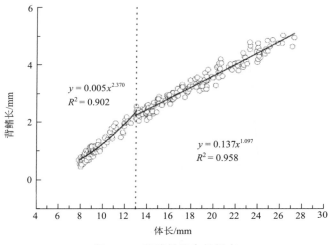

$y = 0.005x^{2.370}$
$R^2 = 0.902$

$y = 0.137x^{1.097}$
$R^2 = 0.958$

图 4-73　背鳍长及生长拐点

腹鳍长的生长拐点在 19 日龄，生长拐点对应体长为 13.48 mm（图 4-74）。从开口后 1 日龄到 19 日龄，腹鳍长相对于体长呈正异速生长（$b = 3.968$）；从 19 日龄到 35 日龄，腹鳍长相对于体长呈正异速生长（$b = 1.173$）。

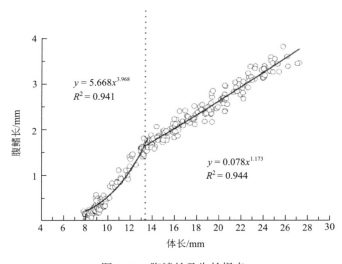

$y = 5.668x^{3.968}$
$R^2 = 0.941$

$y = 0.078x^{1.173}$
$R^2 = 0.944$

图 4-74　腹鳍长及生长拐点

臀鳍长的生长拐点在 17 日龄，生长拐点对应体长为 11.98 mm（图 4-75）。从开口后

1 日龄到 18 日龄，臀鳍长相对于体长呈正异速生长（$b = 2.907$）；从 17 日龄到 35 日龄，臀鳍长相对于体长也呈正异速生长（$b = 1.213$）。

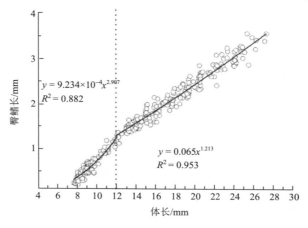

图 4-75　臀鳍长及生长拐点

尾鳍长的生长拐点在 14 日龄，生长拐点对应体长为 9.71 mm（图 4-76）。从开口后 1 日龄到 14 日龄，尾鳍长相对于体长呈正异速生长（$b = 2.316$）；从 14 日龄到 35 日龄，尾鳍长相对于体长呈负异速生长（$b = 0.980$）。

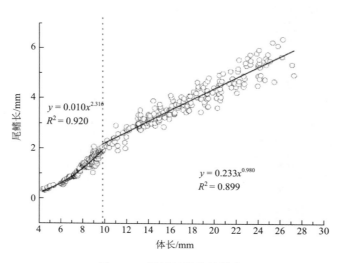

图 4-76　尾鳍长及生长拐点

4.5.3　毒害因子影响

在自然界中，物种的生存条件决定种群的变化，环境条件不好，会直接影响鱼类种群的数量和质量。由于人类活动的影响，水体受到不同程度的污染，对鱼类早期资源生长造成影响。2018 年全国 544 个重要省界断面中，Ⅰ～Ⅲ类、Ⅳ～Ⅴ类和劣Ⅴ类水质断面比例分别为 69.9%、21.1% 和 9.0%，主要污染指标为总磷、化学需氧量、五日生化需氧量和氨氮。全国 10 168 个国家级地下水水质监测点中，Ⅰ类水质监测点占 1.9%，Ⅱ类占 9.0%，Ⅲ类占 2.9%，Ⅳ类占 70.7%，Ⅴ类占 15.5%；超标指标为锰、铁、浊度、总硬度、溶解性总固体、碘化物、氯化物、"三氮"（亚硝酸盐氮、硝酸盐氮和氨氮）和硫酸盐，个别监测点铅、锌、砷、汞、六价铬和镉等重（类）金属超标。2833 处浅层地下水监测井中水质Ⅰ～Ⅲ类占 23.9%，Ⅳ类占 29.2%，Ⅴ类占 46.9%；超标指标为锰、铁、总硬度、溶解性总固体、氨氮、氟化物、铝、碘化物、硫酸盐和硝酸盐氮等。监测的 194 个入海河流断面水质中，无Ⅰ类水质，Ⅱ类占 20.6%，Ⅲ类占 25.3%，Ⅳ类占 26.8%，Ⅴ类占 12.4%，劣Ⅴ类占 14.9%；主要污染指标为化学需氧量、高锰酸盐指数和总磷。江河重要渔业水域主要超标指标为总氮。氨氮可降低鱼类、甲壳类和软体动物的能量代谢活动，损害其器官组织，并可降低动物体内血红蛋白输氧的能力，严重影响水生生物的生长。非离子氨对水生动物的危害有急性和慢性之分，慢性氨气中毒可导致鱼类器官受损、生长速度受阻，随时间推移最终也会导致鱼类死亡；急性氨气中毒导致水生动物表现亢奋、在水中丧失平衡、抽搐，直至死亡。亚硝酸盐是氨氮硝化过程中的中间产物，当水体中的亚硝酸盐含量过高时，亚硝酸盐通过鱼鳃进入血液，血液运输氧气的血红蛋白与亚硝酸盐结合变成不能运输氧的高铁血红蛋白，鱼类就会患褐血病。鱼虾处于高亚硝酸盐环境，会改变内脏器官的皮膜通透性，导致渗透调节失调，呈现与出血病相似的症状，导致鱼类死亡。

广东鲂隶属鲤形目鲤科鲌亚科鲂属，是我国华南地区特有的重要经济鱼类之一。广东鲂属于溯河洄游产卵鱼类，珠江西江干流每年 4～10 月广东鲂上溯洄游至上游产卵场繁育，产卵后亲鱼陆续顺流返回至河口，继续育肥。受精卵孵化成仔鱼后沿江漂流进入下游水域生长、育肥并发育成熟，然后又洄游到产卵场繁殖，开始新一轮的生命循环。

对珠江中下游漂流性仔鱼观测发现，广东鲂仔鱼数量与长成成鱼的广东鲂数量之间存在巨大差异，推测这一现象与不断恶化的水环境有关。李琳等（2013）分析广东鲂仔鱼对不同浓度的亚硝酸盐耐受反应发现广东鲂仔鱼对亚硝酸盐浓度的耐受力小于 0.04 mg/L，当浓度达到 0.56 mg/L 时，24 h 的仔鱼死亡率 35.0%，96 h 死亡率高达 65.0%。随着浓度的增大、时间的延长，广东鲂仔鱼的死亡率逐渐增高（表 4-20）。

表 4-20　广东鲂仔鱼对亚硝酸盐的反应

组号	亚硝酸盐/(mg/L)	死亡率/%			
		24 h	48 h	72 h	96 h
空白	0	0.0	0.0	2.5	2.5
1	0.01	0.0	0.0	0.0	2.5

续表

组号	亚硝酸盐/(mg/L)	死亡率/%			
		24 h	48 h	72 h	96 h
2	0.04	0.0	0.0	0.0	5.0
3	0.07	7.5	7.5	7.5	17.5
4	0.14	0.0	5.0	5.0	15.0
5	0.28	7.5	12.5	15.0	22.5
6	0.42	5.0	5.0	15.0	17.5
7	0.56	35.0	37.5	62.5	65.0

氨氮浓度为 0.15 mg/L 时，96 h 广东鲂仔鱼的死亡率都在 10%以内，当氨氮浓度在 0.25～0.70 mg/L 时，96 h 广东鲂仔鱼的死亡率在 22.5%以内；当氨氮浓度达到 4.20 mg/L 时，72 h 死亡率 50%，96 h 死亡率达到 62.5%（表 4-21），推测当氨氮浓度继续增加，广东鲂仔鱼的死亡率将会继续升高。

表 4-21　广东鲂仔鱼对氨氮的反应

组号	氨氮/(mg/L)	死亡率/%			
		24 h	48 h	72 h	96 h
空白	0	0.0	0.0	0.0	2.5
1	0.15	2.5	5.0	10.0	10.0
2	0.25	5.0	10.0	12.5	12.0
3	0.35	10.0	12.5	12.5	17.5
4	0.70	10.0	17.5	22.5	22.5
5	1.40	20.0	25.5	37.5	37.5
6	2.10	25.0	25.0	40.0	40.5
7	4.20	37.5	37.5	50.0	62.5

江河下游及河口水域大多数水体总氮高于国家地表水质量标准的Ⅲ类水。广东鲂及其他种类的仔鱼在高总氮值背景的水体中，生命受到潜在的毒性危害。

不同的鱼对不同的污染物的反应不同。但是，早期资源处于生命周期最脆弱的阶段，这一阶段避免水体污染是保证早期资源有效补充的关键要素之一。近几十年来，全球水体污染日趋严重，污染物会影响鱼类胚胎发育及生理过程，导致仔稚鱼死亡。此外，UVB 辐射会导致斑马鱼（*Danio rerio*）早期胚胎尾部弯曲、围心腔扩大、脊柱扭曲等多种畸形症状或死亡，并能造成 DNA 损伤；重金属离子 Hg、Cu、Pb 和 Zn 对胚胎有致畸或致仔鱼死亡的影响，Cu、Cd 超标会抑制幼鱼的运动能力。鱼类早期发育阶段对污染最为敏感，因此可利用这一敏感性进行水质状况评估。目前有许多针对鱼类对环境污染物或污染指标物耐受性的研究，如 pH（陈光明等，1984）、$^{-90}$锶（朱蕙等，1986）、重金属离子（Cu、Pb、Zn 和 Cr）（姚纪花等，1997；戈志强等，2004；曾艳艺等，2014；罗其勇等，2015；张玄可等，2015；李健等，2015）方面的研究；也有许多针对农药、化合物毒性方面的研究，如甲胺磷（姚纪花等，1997）、溴氰菊酯（王明学等，2000）、水胺硫磷和三唑磷（孙翰昌，2010）、1-辛基-3 甲基咪唑（李效宇等，2010）、PFOS（夏继刚等，2013）、苯氧威（孙兴泽等，2015）、4-壬基酚（张慧等，2017）、离子液体（南平等，2014）、多环芳烃（孔祥迪等，2016）、石油类（叶剑雄等，2016）等。针对的鱼类种类有鲢（陈光明等，1984；黄应平等，2016）、鲫（朱蕙等，1986）、草鱼（王明学等，2000；孙翰昌，2010；袁喜等，2016）、大银鱼（戈志强等，2004）、斑马鱼（李杨等，2008；夏继刚等，2013；孙兴泽等，2015；张慧等，2017）、广东鲂（李琳等，2013）、中华倒刺鲃（张怡等，2013）、泥鳅（南平等，2014）、南方鲇（罗其勇等，2015；张玄可等，2015）等。

第5章 河流鱼类早期资源量的评价体系及应用

水与人类经济社会的一切活动密切相关，流域人类活动超出环境的承载能力，势必对河流生态系统造成干扰，影响河流生态系统的群落结构。这主要体现在物种数量的组成变化上，也传导在鱼类种类的变化方面。在不受人为干扰的情况下，不同地区河流生物种类的结构不同，这是区域环境容量在生物种类方面的反映。环境容量是生态系统抗干扰的能力反映，也是河流生态系统服务功能的反映。人类活动导致河流生态系统污染物增加，河流生态系统中营养物质超出天然值，使得水质恶化，人类处于水质性缺水。鱼类生物多样性下降、渔业资源衰退，水体食物链体系缺损，物质输送的生物链无法满足河流生态系统的物质输出，河流生态系统服务功能下降。

我国地域辽阔，环境特征多样，由于各地气候环境不同，生物资源禀赋不同，目前基于鱼类生物量的河流生态系统功能评价还没有成熟的指标体系，主要原因是缺少系统反映河流鱼类生物量的基础数据，因此，珠江漂流性鱼类早期资源长期定位观测数据在一定程度上填补了这一空白。

5.1 构建鱼类早期资源量评价体系思路

自然条件下，生物进化受地球物理过程的约束，生物的群落构成和生物量需要遵循能量和物质循环规律。因此，河流鱼类群落构成、生物量由系统中的能量和物质要素决定。水量、营养物质及环境气候条件决定了河流的生物容量。

鱼类资源补充受河流生态系统约束，因而鱼类资源量是反映河流生态系统的功能状况的指标。基于上述原理，作者建立鱼类早期资源断面控制采样方法，首先解决量化评价鱼类资源的问题。通过十余年对鱼类早期资源补充过程的长期定位观测，掌握了珠江鱼类资源量及变化规律，了解了鱼类早期资源发生与径流量的关系，在此基础上试图探讨建立基于单位径流量鱼类早期资源量的河流生态系统功能状态的评价系统。

承载生物的地理环境、气候条件决定区域生物多样性及生物量。建立基于鱼类早期资源量评价河流生态系统功能体系，需要考虑区域生态环境特征。"单位面积承载鱼类种类"和"单位面积水资源量"都与气候环境和鱼类生物相关，体现地区差异。据此，引用"单位面积承载鱼类种类"和"单位面积水资源量"作为建立鱼类生物标准体系中地区生物量差异的平衡系数。

5.1.1　单位径流量鱼类早期资源量

鱼类生长的物质基础来源于陆地，径流将陆源无机营养物带入河流，营养物质的量、组成决定河流鱼的生产量，其中包含流域面积、降雨量与河流承载营养量的关联关系。"单位面积鱼产出量"可反映河流生态环境的特征。

因此，环境特征决定河流（区域）物种多样性及生物量，也决定了自然河流生态系统的生物容量及食物链结构。反之，河流食物链的结构、生物量也能反映河流生态系统的特征和状态。

自然环境中，河流生态系统中生物结构组成处于有序状态，鱼类依循规律生长繁衍，长序列的早期资源量、种类组成也反映了河流生态系统的特征和状态。由于鱼类繁殖对环境变化比较敏感，早期资源量受局部或偶然的环境因子变化影响，早期资源量、种类组成变化可反映即时或偶然的环境变化过程，因此，早期资源量可用于评价河流生态系统功能的变化。

单位径流量鱼类早期资源量(ind./m^3) = 监测早期资源总量(ind.)/监测断面河流年总径流量(m^3)。

1. 珠江单位径流量鱼类早期资源量

珠江水系渔业资源调查编委会（1985）关于珠江干流广西段仔鱼约 120 亿 ind.、柳江石龙江段 1.7 亿 ind.的记录都是采捕生产性使用鱼苗的数量，且主要描述四大家鱼早期资源量，其他鱼类的数据大部分都作为"杂鱼"处理，很难作为鱼类资源或河流生态系统演化研究的数据。2005 年作者在珠江肇庆段建立漂流性鱼类早期资源长期定位观测体系，标志以生态系统观测为目标的江河鱼类早期资源工作开始，并将江河鱼类资源调查评估带入了量化系统建立阶段。对珠江水系漂流性鱼类早期资源量、种类组成、发生规律、世代强度及其变化进行了系统研究，获得了较为系统的鱼类生物量变化数据（表 5-1）。

表 5-1　珠江水系部分江河单位径流量鱼类早期资源量

采样点	代表江段	单位径流量鱼类早期资源量/(ind./m^3)	监测年份
大湾	红水河来宾江段	0.015	2015~2017 年
石龙	柳江柳州至石龙江段	0.023	2015~2017 年
石咀	黔江至桂平江段	0.771	2009~2010 年
封开	桂平至封开江段	0.475	2015~2016 年
高要	桂平至高要江段	1.117	2015~2017 年
江口	贺江	0.019	2015~2016 年

采样点	代表江段	单位径流量鱼类早期资源量/(ind./m^3)	监测年份
下楞	左江	0.00	2012~2013 年
金陵	右江	0.008	2012~2013 年
古竹	东江河源江段	0.049	2012 年
武江	韶关武江	0.158	2014 年
浈江	韶关浈江	0.174	2015 年

2. 青海湖主要入湖河流鱼类早期资源量

目前，除长江、珠江外很少有其他河流鱼类早期资源方面的资料报道。青海湖裸鲤救护中心对入湖河流开展了周年仔鱼资源的观测。2008 年 7 月 1 日到 10 月 7 日仔鱼平均密度为 3.17 ind./m^3，最高达 54 ind./m^3；晚上仔鱼密度（22:00~22:10）与下午仔鱼密度（14:00~14:10）有显著性差异（$df = 98$，$p < 0.05$）；青海湖裸鲤的鱼卵上层平均密度为 0.075 ind./m^3，下层平均密度为 0.175 ind./m^3，两者亦存在显著性差异（$df = 10$，$p < 0.05$）；鱼类早期资源的漂流运动主要集中在晚上；总体上看，仔鱼主要分布在河流上层，有近岸分布的趋势，鱼卵则主要分布在河流下层，接近河流中央位置；仔鱼断面系数为 0.43，鱼卵断面系数为 2.32。2015 年对青海湖主要入湖河流的鱼类早期资源进行观测，布哈河的资源量最大，鱼类早期资源量达 5.658 亿 ind.（张宏等，2009）。表 5-2 列出了青海湖主要入湖河流 2016 年的单位径流量鱼类早期资源量。

表 5-2　青海湖主要入湖河流单位径流量鱼类早期资源量

河流	单位径流量鱼类早期资源量/(ind./m^3)
布哈河	0.7
沙柳河	0.5
泉吉河	0.3
黑马河	0.1

注：数据引自青海省水文水资源勘测局《青海湖自然保护区生态水资源监测评估报告》，2006 年 11 月。

5.1.2　单位面积承载鱼类种类

河流生态系统是指河流内生物群落与河流环境相互作用的统一体，是一个复杂、开放、动态、非平衡和非线性的系统。河流生态系统由生命系统和生命支持系统两大部分组成，两者之间相互影响、相互制约，形成了特殊的时间、空间和营养结构，具备了物种流动、能量流动、物质循环和信息流动等生态系统功能。河流生态系统的生物群落主要包括浮游生物类群、附着生物群、水陆交错带生物群、底栖生物群、鱼类和两栖类动物六大类，组成河流生态系统的食物链。生物群落与非生物相互作用形成稳定的物理和生物容量，其中任何一个环节发生变化，生态系统将陷入震荡混乱状态。

河流生态系统中物质和能量通过自养生物类群逐级传递，最终到达鱼类，其中水循环带入的营养物质量决定系统的基础生物量。长期进化过程中生物与环境相适应，形成固定的群落类型，在生物系统中体现为种类组成。韦尔科姆（1988）描述了鱼类种类与流域面积的关系，其关系可用 $N = fA^b$ [N 为种数，A 为流域面积（km^2）]表示，f 值的范围为 $0.169 \sim 2.760$；b 值的范围为 $0.140 \sim 0.552$。拟合的渐近方程为 $N = 0.297A^{0.477}$。回归方程建立在南美洲、非洲、亚洲、欧洲、北美洲 47 条河流的数值基础上，说明河流鱼类的物种数量与流域面积有关，环境状态决定流域的物种容量。

我国河流众多，国土面积辽阔，鱼类物种分布有差异，区域生物多样性也有差异。单位面积承载鱼类种类 = 流域物种数/流域面积可度量区域生物多样性状况或区域生态系统的活跃度。全国内陆单位面积承载鱼类种类为 0.424 种，其中西北＜华北＜华中＜华南，单位面积承载鱼类种类近似十位数的级差的典型特征，反映了我国西北、华北、华中、华南地区河流生态系统鱼类物种的多样性特征（表 5-3），流域鱼类物种多样性反映了区域河流生态系统的服务功能，或者体现区域生态系统服务功能的活力度。

表 5-3　我国单位面积承载鱼类种类典型分布特征

流域	鱼类种类数/种	流域面积/km²	单位面积承载鱼类种类/(种/km²)
南渡江	85	7 033	0.012 09
珠江	682	453 690	0.001 50
澜沧江	890	811 000	0.001 10
额尔齐斯河	21	57 000	0.000 37
辽河	82	229 000	0.000 36
海河	83	318 200	0.000 26
长江	426	1 800 000	0.000 24
淮河	45	187 000	0.000 24
黄河	127	752 443	0.000 17
塔里木河	16	198 000	0.000 08
伊犁河	12	151 200	0.000 08
黑龙江	124	1 855 000	0.000 07

5.1.3　鱼产出量的单位计量

1. 单位面积鱼产出量

河流中基础营养物质通过径流从陆源带入，经浮游藻类等浮游生物转化成有机物进入水体食物链成为鱼类的营养源。河流的长度、流域面积、水量决定了河流生态系统的性质，也决定了河流的生物量。韦尔科姆（1988）描述了捕捞产量与流域面积的关系：

$$C = 0.03A^{0.97}　（r = 0.91）$$

式中，A 为流域面积（km^2），C 为捕捞产量（t）。

或将捕捞产量与河流长度表示为函数关系：

$$C = 0.0032L^{1.98}　（r = 0.90）$$

或简化为

$$C = L^2/300$$

其中，L 为河流长度（km）。

在估算任何河段 x km 在从源头至 y 距离的捕捞产量依据：

$$C_{yx} = C_{y+x} - C_y,$$

其中 C_y 可由前述捕捞产量函数求出，其中极限值 $x = 1$km 得出的捕捞产量理论方程式为（y km 的鱼产出量）

$$C_y = 0.0064y^{0.95}$$

如果有极大泛洪区的河流（淹没面积超过流域面积 2%），捕捞产量也可用下式测算：

$$C = 0.44A^{0.90}$$

韦尔科姆（1988）认为通过上述公式可以测算出河流可输出的鱼产量，说明不同属性的河流具有其特定的基础生产力，这是环境演化过程中，生物与之适应的结果。有这样的基础，可以测算不同流域单位面积鱼产出量：

单位面积鱼产出量(g/m^2) = 流域河流捕捞产量(g)/流域面积(m^2)

依据韦尔科姆（1988）提供的捕捞数据及流域面积，可以测算出一些国外河流依据流域面积计算的单位面积鱼产出量（表 5-4）。

表 5-4　一些国外河流依据流域面积计算的单位面积鱼产出量

河流	测算捕捞产量/t	流域面积/万 km^2	单位面积鱼产出量/(g/m^2)
尼罗河	40 840	325.0	0.01
扎伊尔河	82 000	401.0	0.02

河流	测算捕捞产量/t	流域面积/万 km²	单位面积鱼产出量/(g/m²)
乌班吉河	4 670	77.3	0.01
开赛河	7 750	90.0	0.01
尼日尔河	30 000	209.0	0.01
赞比西河	21 000	135.0	0.02
塞内加尔河	16 000	44.0	0.04
邦达马河	3 408	9.7	0.04
科莫埃河	2 142	7.4	0.03

以我国 2016 年的淡水捕捞产量为依据，用各省（区、市）行政区面积可大致计算出流域的单位面积鱼产出量（表 5-5）。测算长江流域淡水单位面积鱼产出量，可以提取出表中列的数据，大致知道上、中、下游的单位面积鱼产出量，例如长江四川区域为 0.0409 g/m²、湖北为 0.3435 g/m²、安徽为 0.7421 g/m²。将长江流域涉及区域的单位面积鱼产出量加和平均，大致可测算出长江流域单位面积产出 0.32 g 鱼产品。

不同河流生态系统，鱼类的产出量有差异，产出鱼量与河流的生产力有关，决定河流生态系统的生产力要素是水体的营养盐，因此，河流的鱼类产出量有一定的容量范围。

表 5-5　2016 年我国不同区域江河淡水鱼产出情况[*]

省（区、市）	单位面积鱼产出量/(g/m²)
江苏	1.037 7
安徽	0.742 1
江西	0.553 7
天津	0.364 7
湖北	0.343 5
浙江	0.338 0
山东	0.253 2
福建	0.245 8
广东	0.229 2
海南	0.227 0
广西	0.205 8
河北	0.183 7
湖南	0.171 7
河南	0.141 9
上海	0.128 7
辽宁	0.124 2

省（区、市）	单位面积鱼产出量/(g/m²)
重庆	0.083 1
北京	0.067 0
云南	0.058 6
四川	0.040 9
黑龙江	0.038 7
吉林	0.035 0
贵州	0.026 8
陕西	0.011 8
内蒙古	0.008 3
新疆	0.002 8
山西	0.002 4
宁夏	0.002 1
西藏	0.000 2

*按江河鱼类占内陆水域水产捕捞产量的44.52%测算。

2. 单位径流量鱼产出量

江河鱼类的生物量输出也可用单位径流量表示。通过统计江河捕捞产量，结合径流量数据可测算出单位径流量鱼产出量的数据：

单位径流量鱼产出量(g/m³) = 流域河流捕捞产量(g)/河流径流量(m³)

依据韦尔科姆（1988）的捕捞数据及各河流的径流量数据，可测算出一些国外河流单位径流量鱼产出量的数据（表 5-6）。单位径流量鱼产出量为 $0.02 \sim 0.67$ g/m³，平均值约 0.20 g/m³，不同河流的生产力水平变化巨大，这与河流能量循环的禀赋差异有关。随着人类活动的干扰，河流环境发生了巨大变化，生物尚未与变化的环境形成适应的系统格局，河流生态系统的能量输入/输出体系尚不稳定，因此，导致目前统计的河流生产力数据可能是不稳定的，表中内容仅作为理论分析的参考数据。

表 5-6　一些国外河流依据径流量计算鱼产出量

河流	单位径流量鱼产出量/(g/m³)	流域面积/万 km²
尼罗河	0.56	325
扎伊尔河	0.06	40
乌班吉河	0.03	77.3
开赛河	0.02	90
尼日尔河	0.15	209
贝努埃河	0.25	—

河流	单位径流量鱼产出量/(g/m³)	流域面积/万 km²
赞比西河	0.09	135
塞内加尔河	0.67	44
黑沃尔特河	0.04	—
邦达马河	0.15	9.7
科莫埃河	0.16	7.4

我国主要的江河有长江、黄河、黑龙江、松花江、鸭绿江、辽河、海河、淮河、汉江、珠江、怒江、澜沧江、雅鲁藏布江、塔里木河和大运河等。初步统计，全国江河年径流量约为 27 000 亿 m³。根据国家统计数据，2016 年淡水捕捞量为 231.8 万 t，河流约占 44.52%，去除其中的螺类（17.24%）、蚬（2.86%）、虾（4.48%），合计鱼类 77.8 万 t。依据 2016 年统计数据测算出我国河流单位径流量鱼产出量约 0.29 g/m³。

5.1.4　单位面积水资源量

水是自然界的重要组成物质，是环境中最活跃的要素。水资源与其他固体资源的本质区别在于其具有流动性，它是在水循环中形成的一种动态资源，具有循环性。水资源在自然界中具有一定的时间和空间分布。时空分布的不均匀是水资源的又一特性。我国水资源在区域上分布不均匀，总的说来是东南多，西北少；沿海多，内陆少；山区多，平原少。水是生命之源，水量分布充沛区域生物生长茂盛，水资源缺乏地区生态系统脆弱。因此，单位面积水资源量可用来度量河流生态系统的活跃度。

$$单位面积水资源量(m^3/km^2) = 河流多年平均径流量(m^3)/流域面积(km^2)$$

5.2　河流鱼类早期资源量评价体系建立

5.2.1　珠江肇庆段鱼类早期资源量变化评价

1. 珠江肇庆段鱼类早期资源量变化范围

珠江是我国华南最大的河流，作者选取 2006～2019 年珠江干流西江肇庆段监测点的鱼类早期资源数据，测算了单位径流量鱼类早期资源量，如表 5-7 所示，单位径流量鱼类早期资源量为 0.9～3.6 ind./m³。不同年份单位径流量鱼类早期资源量的差异反映河流生态系统功能状况的差异。

表 5-7　珠江肇庆段单位径流量鱼类早期资源量变化

年份	早期资源量/亿 ind.	径流总量/亿 m³	单位径流量鱼类早期资源量/(ind./m³)
2006	2247	1923	1.2
2007	5636	1557	3.6
2008	5226	2246	2.3
2009	3119	1639	1.9
2010	2674	1715	1.6
2011	1623	1234	1.3
2012	4651	1832	2.5
2013	5536	1613	3.4
2014	5455	1961	2.8
2015	5374	2007	2.7
2016	2926	2339	1.3
2017	2232	2452	0.9
2018	1665	1801	0.9
2019	3482	2289	1.5
多年平均值	3703	1900	2.0

2. 基于鱼类早期资源量评价河流生态系统功能

鱼类生物量多，说明河流生态系统为鱼类繁殖提供的功能状态良好；鱼类生物量少，说明河流生态环境对鱼的生存不友好。本书用鱼类早期资源量对珠江肇庆段河流生态系统功能进行评价，鱼类早期资源量数据基于 10 余年野外观测。珠江桂平—珠江三角洲河网区—珠江口江段包含珠江最大的鱼类产卵场（东塔产卵场），是大江大河中一个典型的产卵场驱动影响的河流生态系统单元，通过鱼类早期补充群体的变化，可了解和掌握该生态系统单元受环境胁迫的变化。从河流连通性角度观测，观测初期该单元属自然状态，随后经历梧州长洲水利枢纽（大约在珠江桂平—珠江三角洲河网区—珠江口的中部）工程建设过程及运行的胁迫（2007 年运行），经历大藤峡水利枢纽（在珠江桂平—珠江三角洲河网区—珠江口的上游端部，在东塔产卵场上游约 6 km）工程建设过程的胁迫（2019 年截流）。其中也经历了航道、港口、码头建设，河道取砂及重大污染事故，也经历了城乡经济社会发展带来的污染胁迫。该单元有捕捞渔民，每年有大致固定的捕捞水产品输出，2011 年实施了每年 2 个月的禁渔期制度，2017 年每年的禁渔期制度调整为 4 个月。由于有 10 多年长序列的定位观测鱼类早期资源数据，掌握了早期资源世代强度约两个周期变化过程，因此，制定评价指标时考虑了自然环境变化的影响因素，也考虑了东塔产卵场未被大藤峡水利枢纽运行所影响（但受到了工程期的影响）。

10 余年的数据中，多年单位径流量鱼类早期资源量最低值为 0.9 ind./m³，最高值为 3.6 ind./m³，以 0.9 ind./m³ 为基数，以级差方式划分单位径流量鱼类早期资源量为四个等级，从高至低量值分别赋予"优、良、中、差"（表 5-8），作为研究单元江段河流生态系统功能状态的指标。

表 5-8　基于珠江肇庆段鱼类早期资源量的河流生态系统功能评价

单位径流量鱼类早期资源量/(ind./m³)	河流生态系统功能状态
≥2.7	优
1.8～<2.7	良
0.9～<1.8	中
<0.9	差

5.2.2　基于鱼类早期资源量的河流生态系统功能评价体系的建立

河流中，由于鱼类生物的泳动特性，很难获得准确量化数据，迄今国内外尚未建立适用于鱼类生物量评价江河鱼类资源、河流生态系统功能的体系。作者在珠江肇庆段建立了漂流性鱼类早期资源观测体系，通过长序列观测与数据分析，解决了江河部分鱼类资源定量评估问题，建立了基于鱼类早期资源的河流生态系统功能评价体系。但是要拓展该体系在更大范围的河流水系中的应用，需要解决河流生态系统区域性环境差异问题。

1. 单位面积承载鱼类种类校正示例

鱼类物种多样性分布与区域环境特性有关，在气候环境恶劣的区域，生物种类少；在气候环境舒适的区域生物多样性高、物种数量多。生物多样性的量值表征区域生态环境状态或质量。考虑上述原因，对待评价的河流在引用基于珠江肇庆段鱼类早期资源量的河流生态系统功能评价体系时，首先要比较待评估河流所处流域与珠江流域（或特定肇庆区域）单位面积承载鱼类种类量值，并以珠江流域（或特定肇庆区域）单位面积承载鱼类种类为标准获得的倍率结果为系数。不同流域的河流通过此方式与珠江进行比较，获得单位面积承载鱼类种类值的倍率作为系数，校正表 5-8 珠江的鱼类早期资源量"优、良、中、差"对应数值的积值作为新建立的待评估河流的评价标准体系。具体是对待评价的河流，通过查找资料获得承载河流区域（流域）的鱼类物种和面积，计算出待评价河流单位面积承载鱼类种类量值，以相应的珠江单位面积承载鱼类种类量值为参照标准进行规化校正，计算得到系数，通过系数与基于珠江肇庆段鱼类早期资源量的河流生态系统功能评价体系中的四级早期资源量的乘积，获得校正后的早期资源量分级评价量值标准。表 5-9 示例中，由于线性河流区域跨度大，各地生态环境特征差异大，仅从流域单位面积承载鱼类种类平均值很难反映局部区域鱼类生物多样性特征，建议尽可能获得准确的鱼类物种和流域面积数据用于系数的测算。

表 5-9　基于单位面积承载鱼类种类校正的河流生态系统功能评价体系

水系	单位面积承载淡水鱼类种类（种/km²）	校正系数 x	不同河流生态系统功能状态下的单位径流量鱼类早期资源量/(ind./m³)			
			优	良	中	差
珠江	0.001 50	1	≥2.7	1.8～<2.7	0.9～<1.8	<0.9
澜沧江	0.001 10	0.733	≥1.98	1.32～<1.98	0.66～<1.32	<0.66
额尔齐斯河	0.000 37	0.247	≥0.67	0.44～<0.67	0.22～<0.44	<0.22
辽河	0.000 36	0.240	≥0.65	0.43～<0.65	0.22～<0.43	<0.22
海河	0.000 26	0.173	≥0.47	0.31～<0.47	0.16～<0.31	<0.16
长江	0.000 24	0.160	≥0.43	0.29～<0.43	0.14～<0.29	<0.14
淮河	0.000 24	0.160	≥0.43	0.29～<0.43	0.14～<0.29	<0.14
黄河	0.000 17	0.113	≥0.31	0.20～<0.31	0.10～<0.20	<0.10
塔里木河	0.000 08	0.053	≥0.14	0.10～<0.14	0.05～<0.10	<0.05
伊犁河	0.000 08	0.053	≥0.14	0.10～<0.14	0.05～<0.10	<0.05
黑龙江	0.000 07	0.047	≥0.13	0.08～<0.13	0.04～<0.08	<0.04

2. 单位面积承载水量校正示例

单位面积水资源承载量与环境有关，河流的水量也与鱼类生物量有关。同求单位面积承载鱼类种类校正系数方法一样，引用单位面积承载水量值作为系数，对基于珠江肇庆段早期资源量的河流生态系统功能评价体系中的早期资源标准体系值进行校正（表 5-10）。建议使用基于单位面积承载水量校正的河流生态系统功能评价体系时，尽可能将单位面积承载水量校正系数与具体评价河流区域的水量承载数联系，减少误差。

表 5-10　基于单位面积承载水量校正的河流生态系统功能评价体系

水系	单位面积承载水量/(m³/km²)	校正系数 y	不同河流生态系统功能状态单位径流量鱼类早期资源量/(ind./m³)			
			优	良	中	差
珠江	0.727	1	≥2.7	1.8～<2.7	0.9～<1.8	<0.9
澜沧江	0.085	0.117	≥0.32	0.21～<0.32	0.11～<0.21	<0.11
额尔齐斯河	0.195	0.268	≥0.72	0.48～<0.72	0.24～<0.48	<0.24
辽河	0.033	0.045	≥0.12	0.08～<0.12	0.04～<0.08	<0.04
海河	0.086	0.118	≥0.32	0.21～<0.32	0.11～<0.21	<0.11
长江	0.533	0.733	≥1.98	1.32～<1.98	0.66～<1.32	<0.66
淮河	0.332	0.457	≥1.23	0.82～<1.23	0.41～<0.82	<0.41
黄河	0.108	0.149	≥0.40	0.27～<0.40	0.13～<0.27	<0.13

续表

水系	单位面积承载水量/(m³/km²)	校正系数 y	不同河流生态系统功能状态单位径流量鱼类早期资源量/(ind./m³)			
			优	良	中	差
塔里木河	0.039	0.054	≥0.14	0.10～<0.14	0.05～<0.10	<0.05
伊犁河	0.151	0.208	≥0.56	0.37～<0.56	0.19～<0.37	<0.19
黑龙江	0.137	0.188	≥0.51	0.34～<0.51	0.17～<0.34	<0.17

3. 单位面积鱼产量校正示例

单位面积鱼产量反映河流生产力和河流生态系统状况。同样引用单位面积鱼产量值作为系数，也可对基于珠江肇庆段早期资源量的河流生态系统功能评价体系中的早期资源标准体系值进行校正（表 5-11）。由于鱼类的泳动性及各地鱼类捕捞生产水平不同，捕捞数据不一定能准确反映河流鱼类资源量，建议使用基于单位面积鱼产量校正的河流生态系统功能评价体系时，考虑上述可能导致误差的因素。

表 5-11　基于单位面积鱼产量校正的河流生态系统功能评价体系

水系	单位面积鱼产量/(g/m²)	校正系数 z	不同河流生态系统功能状态下的单位径流量鱼类早期资源量/(ind./m³)			
			优	良	中	差
珠江	0.243 8	1	≥2.7	1.8～<2.7	0.9～<1.8	<0.9
澜沧江	0.029 4	0.121	≥0.33	0.22～<0.33	0.11～<0.22	<0.11
额尔齐斯河	0.002 9	0.012	≥0.03	0.02～<0.03	0.01～<0.02	<0.01
辽河	0.087 5	0.359	≥0.97	0.65～<0.97	0.32～<0.65	<0.32
海河	0.143 1	0.587	≥1.58	1.06～<1.58	0.53～<1.06	<0.53
长江	0.315 5	1.294	≥3.49	2.33～<3.49	1.16～<2.33	<1.16
淮河	0.640 6	2.628	≥7.09	4.73～<7.09	2.36～<4.73	<2.36
黄河	0.065 7	0.269	≥0.73	0.49～<0.73	0.24～<0.49	<0.24
塔里木河	0.002 9	0.012	≥0.03	0.02～<0.03	0.01～<0.02	<0.01
伊犁河	0.002 9	0.012	≥0.03	0.02～<0.03	0.01～<0.02	<0.01
黑龙江	0.003 8	0.016	≥0.04	0.03～<0.04	0.01～<0.03	<0.01

4. 基于鱼类种类、水量、鱼产量综合系数校正效果

前面讨论三种系数的校正方法，读者可以考虑使用更多反映区域特征的数据，与珠江的数据进行比较，推求适合评价河流生态系统功能的校正系数，通过基于珠江肇庆段鱼类早期资源量的河流生态系统功能评价体系，建立适合某一河流的鱼类早期资源量评价体系。表 5-12 示例了通过上述三种系数加和平均获得综合系数校正的结果。综合系数校正可减少系统中的偶然误差。

表 5-12　基于鱼类种类、水量、鱼产量综合系数校正的河流生态系统功能评价体系

水系	综合校正系数*	不同河流生态系统功能状态下的单位径流量早期资源量/（ind./m³）			
		优	良	中	差
珠江	1	≥2.7	1.8～<2.7	≥1.8	<0.9
澜沧江	0.324	≥0.87	0.58～<0.87	0.29～<0.58	<0.29
额尔齐斯河	0.176	≥0.47	0.32～<0.47	0.16～<0.32	<0.16
辽河	0.215	≥0.58	0.39～<0.58	0.19～<0.39	<0.19
海河	0.293	≥0.79	0.53～<0.79	0.26～<0.53	<0.26
长江	0.729	≥1.97	1.31～<1.97	0.66～<1.31	<0.66
淮河	1.081	≥2.92	1.95～<2.92	0.97～<1.95	<0.97
黄河	0.177	≥0.48	0.34～<0.48	0.16～<0.34	<0.16
塔里木河	0.040	≥0.11	0.07～<0.11	0.04～<0.07	<0.04
伊犁河	0.091	≥0.25	0.16～<0.25	0.08～<0.16	<0.08
黑龙江	0.084	≥0.23	0.15～<0.23	0.08～<0.15	<0.08

*流域生物量差异平衡系数（x、y、z 平均值）。

5.2.3　基于鱼类早期资源量的河流生态系统功能评价体系应用示例

用基于鱼类种类、水量、鱼产量综合系数校正的河流生态系统功能评价体系对一些河流状况进行评价。文献报导 1977 年长江汉江漂流性仔鱼量为 1745.9 亿 ind.（唐会元等，1996），单位径流量仔鱼量约 3.1 ind./m³；近年作者也对珠江水系进行了多年的仔鱼观测。表 5-13 对不同河流不同时期的生态系统功能状况进行评价。由于受梯级开发或其他人类活动的影响，大部分河流生态系统功能处于不佳状态。

表 5-13　部分江河生态系统功能状况评价

水系	代表江段	单位径流量鱼类早期资源量/(ind./m³)	河流生态系统功能状态	评价时间
	红水河来宾江段	0.015	差	2015～2017 年
	柳江柳州至石龙江段	0.023	差	2015～2017 年
	黔江至桂平江段	0.771	差	2009～2010 年
	桂平至封开江段	0.475	差	2015～2016 年
	桂平至高要江段	1.117	中	2015～2017 年
珠江	贺江	0.019	差	2015～2016 年
	左江	0.00	差	2012～2013 年
	右江	0.008	差	2012～2013 年
	东江河源江段	0.049	差	2012 年
	韶关武江	0.158	差	2014 年*
	韶关浈江	0.174	差	2015 年*

续表

水系	代表江段	单位径流量鱼类早期资源量/(ind./m³)	河流生态系统功能状态	评价时间
	汉江	3.100	优	1977 年（唐会元等，1996）
	汉江上游	0.010	差	1993 年（唐会元等，1996）
	汉江中游	0.770	中	2004 年（李修峰等，2006a）
	岷江下游干流	0.470	差	2016~2017 年（吕浩等，2019）
	赤水河	1.170	中	2007 年 4~10 月（吴金明等，2010）
长江	长江上游江津江段	0.020	差	2010~2012 年（段辛斌等，2015）
	三峡上游支流库尾珞璜断面	0.002	差	2007 年~2008 年（王红丽等，2015）
	三峡上游支流库尾洛碛断面	0.010	差	2011 年~2012 年（王红丽等，2015）
	三峡库区丰都江段	0.050	差	2014 年 4~7 月（王红丽等，2015）
	宜昌	0.160	差	2000~2006 年（段辛斌等，2008）
	在长江中游监利江段	0.170	差	2003 年~2006 年（段辛斌等，2015）
青海湖入湖河流	布哈河	0.510	优	2008 年 7 月 1 日至 10 月 7 日（张宏等，2009）

*引自华南师范大学赵俊教授监测数据。

表 5-13 是按河流的平均值进行示范性评价的结果。大江大河涉及范围广，各地环境、气候、生态特征差别大，比如长江横跨多个省区，上游及支流处于不同气候带，显然按统一的生物量平均值评估不同纬度地区的河流生态系统功能不合理。本节介绍的方法考虑了区域差异，依据区域河流的生态环境特征，通过单位面积承载鱼类种类、单位面积承载水量、单位面积鱼产量等方法对珠江的评价系统进行校正，这样将会获得更为客观、对不同地域河流更普适的评价方法。

5.2.4　河流生态系统的其他评价体系

1. 水质量评价体系

河流生态系统的组成包括生物和非生物环境两大部分。非生物环境由能源、气候、基质和介质、物质代谢原料等因素组成。物质代谢原料包括参加物质循环的碳、氮、磷、二氧化碳、水等。河流演化需要漫长的历史，自然状态中无机物质浓度处于稳定状态，这种稳定状态值是评价生态系统水质状态的天然指标值。由于人类活动产生污染物对水质的干扰，水质发生了变化，无机物的浓度超出了天然值范围，对水生态系统的水质进行等级划分，不同等级的水质服务对象不同，形成了水质评价体系。美国地质调查局 1991 年提出了国家水质评价计划，针对水体无机物、有机物、农药和放射性物质等 200 多种水体物质进行评价。我国依据《"十三五"国家地表水环境质量监测网设置方案》建立了国家地表水环境质量监测网，地表水水质评价依据《地表水环境质量标准》（GB 3838—2002）和《地表水环境质量评价办法（试行）》进行，评价指标为 pH、溶解氧、高锰酸盐指数、化学需氧量、五日生化需氧量、氨氮、总磷、铜、锌、氟化物、硒、砷、汞、镉、铬（六价）、铅、氰化物、挥发酚、石油类、阴离子表面活性剂和硫化物共 21 项，水质共分五类（表 5-14）。

表 5-14　《地表水环境质量标准》基本项目标准限值

序号	项目	I 类	II 类	III 类	IV 类	V 类
1	水温/℃	人为造成的环境水温变化应限制在：周平均最大温升≤1 周平均最大温降≤2				
2	pH	6～9				
3	溶解氧/(mg/L)	饱和率 90%（或≥7.5）	≥6	≥5	≥3	≥2
4	高锰酸盐指数/(mg/L)	≤2	≤4	≤6	≤10	≤15
5	化学需氧量(COD)/(mg/L)	≤15	≤15	≤20	≤30	≤40
6	五日生化需氧量(BOD_5)/(mg/L)	≤3	≤3	≤4	≤6	≤10
7	氨氮(NH_3-N)/(mg/L)	≤0.15	≤0.5	≤1.0	≤1.5	≤2.0
8	总磷(以 P 计)	≤0.02（湖）、≤0.01（库）	≤0.1（湖）、≤0.025（库）	≤0.2（湖）、≤0.05（库）	≤0.3（湖）、≤0.1（库）	≤0.4（湖）、≤0.2（库）
9	总氮(湖、库，以 N 计)/(mg/L)	≤0.2	≤0.5	≤1.0	≤1.5	≤2.0
10	铜/(mg/L)	≤0.01	≤1.0	≤1.0	≤1.0	≤1.0
11	锌/(mg/L)	≤0.05	≤1.0	≤1.0	≤2.0	≤2.0
12	氟化物(以 F^- 计)/(mg/L)	≤1.0	≤1.0	≤1.0	≤1.5	≤1.5
13	硒/(mg/L)	≤0.01	≤0.01	≤0.01	≤0.02	≤0.02
14	砷/(mg/L)	≤0.05	≤0.05	≤0.05	≤0.1	≤0.1
15	汞/(mg/L)	≤0.00005	≤0.00005	≤0.000 1	≤0.001	≤0.001
16	镉/(mg/L)	≤0.001	≤0.005	≤0.005	≤0.005	≤0.01
17	铬(六价)/(mg/L)	≤0.01	≤0.05	≤0.05	≤0.05	≤0.1
18	铅/(mg/L)	≤0.01	≤0.01	≤0.05	≤0.05	≤0.1
19	氰化物/(mg/L)	≤0.005	≤0.05	≤0.2	≤0.2	≤0.2
20	挥发酚/(mg/L)	≤0.002	≤0.002	≤0.005	≤0.01	≤0.1
21	石油类/(mg/L)	≤0.05	≤0.05	≤0.05	≤0.5	≤1.0
22	阴离子表面活性剂/(mg/L)	≤0.2	≤0.2	≤0.2	≤0.3	≤0.3
23	硫化物/(mg/L)	≤0.05	≤0.1	≤0.2	≤0.5	≤1.0
24	粪大肠菌群/(个/L)	≤200	≤2000	≤10000	≤20000	≤40000

　　除水温、总氮、粪大肠菌群外的 21 项指标标准限值，评价水质类别，按照单因子方

法取水质类别最高者作为断面水质类别。Ⅰ类、Ⅱ类水质可用于饮用水源一级保护区、珍稀水生生物栖息地、鱼虾类产卵场、仔稚幼鱼的索饵场等；Ⅲ类水质可用于饮用水源二级保护区、鱼虾类越冬场、洄游通道、水产养殖区、游泳区；Ⅳ类水质可用于一般工业用水和人体非直接接触的娱乐用水；Ⅴ类水质可用于农业用水及一般景观用水；劣Ⅴ类水质除调节局部气候外，几乎无使用功能。最大限度地保存水的天然属性是人类可持续发展的需要。

2. 生物多样性

1）区域生物多样性

地球生物圈逐渐成为以人类为主体的生态系统，我国生态系统划分为森林 212 类、竹林 36 类、灌丛 113 类、草甸 77 类、草原 55 类、荒漠 52 类、自然湿地 30 类；有红树林、珊瑚礁、海草床、海岛、海湾、河口和上升流等多种类型的海洋生态系统；有农田、人工林、人工湿地、人工草地和城市等人工生态系统；河流生态系统归入自然湿地类。流域指由分水线所包围的河流集水区范围，包括山区、丘陵和河口平原，河流贯穿流域。我国主要分为七大流域，分别为松花江流域、辽河流域、黄河流域、海河流域、长江流域、淮河流域、珠江流域。由于生命活动离不开水资源，人类社会活动基本以流域为单元，河流水资源调配是区域经济活力的杠杆，河流生态系统的良好状态是保障区域经济社会活动正常运行的基础。

2011 年我国制定了《区域生物多样性评价标准》（HJ 623—2011），标准涵盖了淡水生态系统及系统中的动植物种类。评价指标包括野生维管束植物丰富度、野生高等动物丰富度、生态系统类型多样性、物种特有性、受威胁物种的丰富度和外来物种入侵度六个指标（表 5-15）。

物种特有性 =（被评价区域内中国特有的野生高等动物种数/635 + 被评价区域内中国特有的野生维管束植物种数/3662）/2。

受威胁物种的丰富度 =（受威胁的野生高等动物种数/635 + 受威胁的野生维管束植物种数/3662）/2。

生物多样性指数（BI）= 归一化后的野生高等动物丰富度×0.2 + 归一化后的野生维管束植物丰富度×0.2 + 归一化后的生态系统类型多样性×0.2 + 归一化后的物种特有性×0.2 + 归一化后的受威胁物种丰富度×0.1 +（100–归一化后的外来物种入侵度）×0.1。归一化后的评价指标 = 归一化前的评价指标×归一化系数。其中归一化系数 = 100/A 最大值。A 最大值为被计算指标归一化处理前的最大值。各指标的 A 最大值见表 5-15。生态系统类型多样性 A 最大值为 124。

表 5-15　相关评价指标的最大值与权重

指标	A 最大值	权重
野生维管束植物丰富度	3662	0.2
野生高等动物丰富度	635	0.2
生态系统类型多样性	124	0.2
物种特有性	0.3340	0.2
受威胁物种的丰富度	0.1572	0.1
外来物种入侵度	0.1441	0.1

注：引自《区域生物多样性评价标准》（HJ 623—2011）。

根据生物多样性指数（BI），将生物多样性状况分为四级，即高、中、一般和低（表 5-16）。

表 5-16　生物多样性状况的分级标准

生物多样性等级	生物多样性指数	生物多样性状况
高	BI≥60	物种高度丰富，特有属、种繁多，生态系统丰富多样
中	30≤BI<60	物种较丰富，特有属、种较多，生态系统类型较多，局部地区生物多样性高度丰富
一般	20≤BI<30	物种较少，特有属、种不多，局部地区生物多样性较丰富，但生物多样性总体水平一般
低	BI<20	物种贫乏，生态系统类型单一、脆弱，生物多样性极低

注：引自《区域生物多样性评价标准》（HJ 623—2011）。

生态环境状况指数大于或等于 75 为优，植被覆盖度高，生物多样性丰富，生态系统稳定；55～75 为良，植被覆盖度较高，生物多样性较丰富，适合人类生活；35～55 为一般，植被覆盖度中等，生物多样性一般水平，较适合人类生活，但存在不适合人类生活的制约性因子；20～35 为较差，植被覆盖较差，严重干旱少雨，物种较少，存在明显限制人类生活的因素；小于 20 为差，条件较恶劣，人类生活受限。

《区域生物多样性评价标准》（HJ 623—2011）是我国生态系统管理的标准体系，每年国家环境保护主管部门都会对全国的生态系统进行评价，并以公报的形式颁布评价结果，1989～2016 年我国每年都会发布《中国环境状况公报》，2017 年后改为每年发布《中国生态环境状况公报》，有效地管理全国各类生态系统。

2）生物完整性指数

河流生态系统中生物群落是与环境相互适应形成的统一体，生物群落的变化反映河流生态系统的状态。基于这一原理，国内外积极发展不同生物类型的河流生物多样性评价体系。1989 年，美国提出的快速生物监测方案（rapid bioassessment protocols，RBPs）包括了对河流着生藻、大型底栖无脊椎动物的生物监测评价体系。1992 年，英国制定

了河流栖息地状态的评价系统，包括生境的自然性、多样性和稀有性指标。Smipson
（2000）提出将大型底栖无脊椎动物类群作为指标评价河流生态。Hawkins（2006）建
立了监测体系推动了评价体系的应用。齐雨藻等（1998）用藻类作为指标评价河流水
质污染状况。Ferreira 等（2005）分析了水生维管束植物作为河流生态系统状态的评价
作用。由于河流受不同类型的人类活动的影响，生态系统受拦河闸坝、航道疏浚、水
域占用、水污染、过度捕捞等因素的影响，吴晓春等（2015）提出鱼类关键种变化的
河流生态系统评价方法。

　　Karr（1981）提出生物完整性评价体系（index of biotic integrity，IBI），认为一个良
好的水域生态环境，必然存在一个完善的生物群落结构。河流生态系统中生物种类的缺
失是环境受损害的表现，因而可用生物完整性指数评价水环境质量。在体系建立中以鱼
类为研究对象，评价指标可称为鱼类生物完整性指数，评价过程需要对干扰和非干扰进
行比对。将比照点的物种（个体、种群、群落）数量、结构数据进行对比分析，分两种
赋分类型。一种是观测指标随干扰增大而下降的类型，其大于参考点数值 25%分位数值
赋 5 分值，对小于参考点数值 25%分位数值和大于所有点位最小数值的点位按 2 等分差
分别赋值 3 分和 1 分。另一种类型是观测指标随干扰增大而上升的类型，其小于参考点
数值 75%分位数赋 5 分值，对大于参考点数值 75%分位数值但小于所有点位最大数值的
点位按 2 等分差分别赋值 3 分和 1 分。将各指标分值加和作为 IBI 指数值，用于判断河
流生态系统的状态。

　　生物完整性评价体系是国际流行的河流生态系统评价体系。随着人类活动的加剧，
不受干扰的河流越来越少，若河流生态系统评价建立在参照系比对的基础上，将影响该
评价体系的应用。

第6章 河流生态系统的鱼类生物量管理

6.1 河流生态系统面临的问题

河流是地球水循环的重要路径，对全球的物质、能量的传递与输送起着重要的作用。流水不断地改变着地表形态，形成不同的流水地貌，如冲沟、深切的峡谷、冲积扇、冲积平原和三角洲河口等。在河流密度大的地区，广阔的水面对该地区的气候具有一定的调节作用。河流流域内的气候，特别是气温和降水的变化，对河流的流量、水位变化、冰情等影响很大。人类的诞生给河流带来巨大的影响，河流的源汇特征将陆源人类活动的影响带入水体，人类也在开发利用河流。

河流是鱼类等水生生物的天然养育场所，也是渔业的种质资源基因库。天然河流具有丰富的渔业资源，古人从河流中捕鱼获得食物，鱼是人类赖以生存的食物之一。鱼类作为河流生态系统食物链的高端生物类群，其繁衍生长过程将水体的矿物元素转换为人类可利用的蛋白质，其对水体物质的转化过程，既是渔业功能的过程，也是河流生态系统自净的过程。

河流的生态功能主要是指对环境的支撑能力，它反映在河流对水循环、物质的输送、纳污能力和净化水体的能力上。人类活动所产生的许多废弃物，通过水动力输入海洋或湖泊等纳水体；河流生态系统生物链的存在，使河流对环境具有一定的修复能力。如果人类对河流开发利用超出其他生命体的耐受范围，地球生命系统将失去平衡，河流功能将会下降。河流生态系统功能下降会反映在鱼类生物量下降上，因此，鱼类生物量的变化能够反映河流生态系统功能的状态。

6.1.1 鱼类群落趋同性

梯级开发使河流生态系统呈串联湖泊状态，水文情势发生变化导致产漂流性卵鱼类的产卵场功能丧失、鱼类群落构成趋于一致化。对珠江水系干流、支流周年漂流性仔鱼种类进行聚类分析发现（图6-1），来自珠江重要河流（江段）柳江石龙、浔江石咀、左江下楞、右江金陵、东江古竹、北江韶关和红水河大湾的鱼类聚成一类；来自珠江干流西江封川和西江高要江段的鱼类聚为另一类。

封川、高要、石咀、大湾同属西江干流的四个江段没有聚为一类，提示珠江干流上游的石咀、大湾江段与支流生境趋同。珠江干流上游、支流梯级开发密度高，产漂流性卵鱼类产卵场受破坏大，适应静水鱼类成为这些水域的主体。东江、北江和西江上游及支流，地理、水系隔离较远，历史记录鱼类群落组成差异较大，但仔鱼种类数据聚为一支说明生物类群趋于类同。这些站位均位于河流梯级开发较严重或受水利梯级开发影响较大的水域。

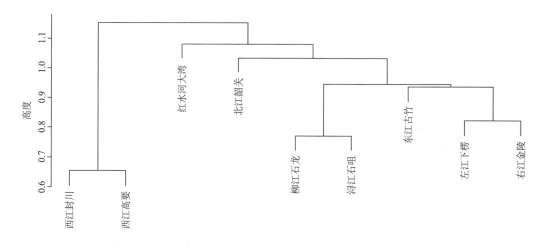

图 6-1　珠江水系主要河流鱼类群落聚类图（Ward 聚类）

鱼类物种构成发生变化，影响生态系统食物链。生物多样性变化导致食物链生物组成结构变化进而产生功能改变。漂流性早期资源的构成趋同性说明各河流食物链系统功能趋同，在这样的体系中，不同河流鱼类生物量的多寡说明不同河流生态系统功能的强弱。相同的食物链构成，生物总量少，则生态系统功能弱；生物总量高，生态系统功能强。生态系统中能量输出受阻，表现为水功能质量下降。河流的自然属性是河流生态系统服务功能的基础，鱼类群落构成也是完整食物链功能的鱼类群落构成，服务于人类的河流生态系统需要鱼类，人类需要维护河流的自然属性以便为鱼类提供多样性的栖息地。

6.1.2　富营养化

河流中的无机盐通过自养生物利用而进入食物链循环，高一级的生物类群摄食低一级生物，通过食物链级联效应实现物质转化和输送。鱼类生物量是水生生态系统稳定、水质安全保障的重要生物基础。

　　氮是内陆水体富营养化的主要物质之一。20 世纪 80 年代珠江可比资料中，总氮含量西江 1.218 mg/L；2016 年 9 月，西江水体总氮均值为 1.888 mg/L。经过几十年的变化，总氮增加了 55%。以该水域静态水体积 $5.162×10^9 m^3$ 计，研究水域总氮年增加了 3458.5 t。2016 年 9 月水体总氮含量变化范围为 0.6360～2.3345 mg/L，最大值出现在石龙采样点，最小值出现在武宣采样点（图 6-2）。珠江流域水体总氮含量普遍偏高，高于地表水 II 类水质标准值（0.5 mg/L，渔业资源保护区和鱼类产卵场水体总氮含量限定值），并且大部分时期高于渔业水质标准值（1.0 mg/L）。营养物质的不断累积，是西江水生生态系统富营养化的原因之一，未来西江水质量安全保障需要解决水生生态系统中营养物质移除的问题。

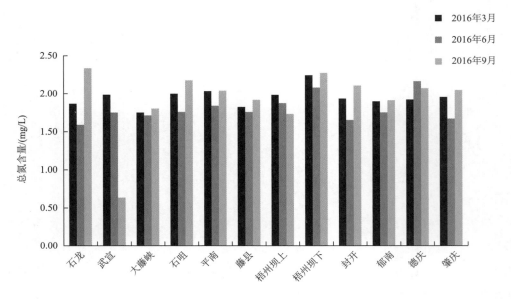

图 6-2　西江中上游各采样点水体总氮含量

6.1.3　初级生产力过剩

　　藻类是初级生产者，是转化水体无机盐进入食物链的关键环节。根据 20 世纪 80 年代的可比资料，藻类质量浓度红水河为 0.7603 mg/L，黔江为 0.8166 mg/L，浔江为 0.4987 mg/L，西江为 0.6639 mg/L，平均为 0.6849 mg/L。2016 年红水河为 1.3511 mg/L，浔江为 0.6351 mg/L，西江为 0.9931 mg/L。按研究水域静态水体积 $5.162×10^9 m^3$ 计，研究水域藻即时质量 5126 t，较 20 世纪 80 年代可比记录多 1591 t。多年变化，江河初级生产力增加，与水质富营养化结果相吻合。

6.1.4　鱼类生物量不足

鱼类早期资源生物量评价中，发现我国大部分河流都表现为生态系统生物量不足。珠江干流桂平至珠江口江段长度约 500 km，2006 年之前河流无阻隔，2007 年长洲水利枢纽建成运行，2020 年大藤峡水利枢纽试运行。依据表 6-1 对珠江桂平—珠江三角洲河网生态系统功能进行评价，2006～2019 年该河流生态单元生态系统 21.4% 的年度功能状况属优良状态、57.2% 为中等状态、21.4% 为差状态。其中 2006 年、2017 年、2018 年河流生态系统功能处于差的状态可能与长洲水利枢纽、大藤峡水利枢纽工程对河流生态系统剧烈扰动有关，单位径流量鱼类早期资源量处于一般状态即体现了鱼类补充群体的不足。河流生态系统鱼类生物量不足，将无法利用初级生产力，且水体富营养物无法通过生物链输出，河流生态系统处于不佳或恶性循环的状态。

表 6-1　珠江桂平—珠江三角洲河网区水域生态系统功能状态评价

年份	赋予河流生态功能状态			
	优	良	中	差
2006				√
2007	√			
2008			√	
2009			√	
2010			√	
2011			√	
2012			√	
2013		√		
2014			√	
2015		√		
2016			√	
2017				√
2018				√
2019			√	
多年平均值			√	

6.2　鱼类早期资源生态信息库支撑系统构建

6.2.1　体系

1. 观测体系

江河漂流性鱼类早期资源观测属于河流生态系统研究范畴，获取长期野外定位观测数据，可服务于地理科学、大气科学、地质学、生物科学、水利科学、环境科学、自然保护、水产科学、社会与管理科学等。

河流是淡水生态系统的组成，鱼类从系统中消费非生物的物质和能量，鱼类早期资源发生、发展过程参与生态系统的物质和能量循环。鱼类早期资源发生与季节、水文环境、温度等因素直接相关，鱼类早期资源发生、发展及变化反映水循环、能量循环过程变化。河流源汇过程中将陆源无机物带入海洋或湖泊参与物质循环过程，鱼类早期资源生长过程通过摄食利用水体营养物质，参与了物质循环过程。因此，鱼类早期资源观测是观测地球大生态系统的组成。

美国由国家计划组织在沿海进行了长期性的仔鱼补充群体变化观测，阿拉斯加渔业科学研究中心加利福尼亚海洋渔业合作调查组织（California Cooperative Oceanic Fisheries Investigations，CalCOFI）建立了数据库，可通过网络系统查询鱼卵、仔鱼信息。掌握鱼类早期资源的漂流规律是获得鱼类资源数据的基本保障。掌握鱼类早期资源基础数据可以了解早期生命动态的信息，鱼类早期资源研究需要长期的数据积累，记录信息包括产卵和幼体生产的模式和过程，通过对数据、信息分析研究可评估和预测产卵繁殖群体及世代强度，也有助于了解河流生态环境状态，评估外来干扰因素对河流生态系统的影响。

对生态系统的观测，需要建立定位观测点并进行长期观测。鱼类的习性不同，有定居性鱼类、洄游性鱼类，对栖息地的依赖有产卵场、索饵场、越冬场和洄游通道，其生活习性体现为季节性变化。迄今，对鱼类的监测靠撒网采捕，江河鱼类资源量化评估还没有统一的标准。由于鱼类游动的特性，加上在水体中不易观测到，开展科学观测较为困难。漂流性早期资源是鱼类早期发育阶段，尚不具备主动游泳能力，在河流水动力的推动下，随水流向下游漂流，在这个时期选择合适位点可以建立定位观测体系。

鱼卵、仔鱼处于鱼类早期生活史阶段，是鱼类种群补充的基础。我国于20世纪60年代即开始通过鱼类早期资源调查来评价拦河水利枢纽建设对江河鱼类资源量的影响，该方法在长江、珠江等水系得到广泛应用。鱼卵、仔鱼处于"随波逐流"状态，采样基本不受网具的选择性、鱼类的游动性等因素的影响，在定量研究鱼类资源方面具有独特的优势。

江河上、中、下游栖息地环境特性不同，鱼类群落结构构成不同，与之相对应的鱼类补充群体也不同，观测河流鱼类需要设置不同断面的观测点。根据鱼卵、仔鱼在水动力带动下的漂流发育特性，鱼类早期资源研究工作者普遍认为，漂流性卵的发育需要300～500 km（平均 350 km）的漂流距离范围（具体与水温和流速有关），这是该类型鱼类完成生活史所必需的条件，否则鱼卵无法顺利孵化出膜，影响资源补充。将鱼类完成其生活史所必需的最小河流长度称为漂流性发育生态单元（简称生态单元）。每个生态单元，即 350 km 的河段范围需设置一个固定采样点，超出 350 km 的河段需要增加固定采样点。采样点的合理设置，能覆盖整个江段内产卵场。

定置网是观测漂流性鱼卵、仔鱼的重要工具，观测对象包括漂流性卵和微黏性卵、仔鱼等鱼类的早期补充群体。鱼类早期资源的出现与江河的流量过程密切相关，也与观测点与产卵场的距离有关。涨水、退水、平水等水文条件都有可能出现鱼卵、仔鱼。有时，一天高峰的早期资源量可能高于平时一个月的总和，尽可能提高连续观测的频率是获得客观数据的基本手段，建议观测频度在日阶元水平下，昼夜采样。目前观测漂流性鱼卵、仔鱼建立了《河流漂流性鱼卵、仔鱼采样技术规范》（SC/T 9407—2012）、《河流漂流性鱼卵仔鱼资源评估方法》（SC/T 9427—2016），为建立漂流性仔鱼观测系统提供了技术标准。

2. 目标数据

在种类识别基础上，通过大量样品可解析出江河鱼类漂流性早期资源种群结构、补充过程及资源量等方面的信息。早期资源发生过程并不一定符合某种线性规律，有的鱼类繁殖时间跨度数月，有的集中在几天完成；有的鱼类在洪水期繁殖，有的鱼不发生洪水也能繁殖；有的鱼在秋冬季节繁殖，有的鱼在春夏季节繁殖。因此，只有进行长期连续观测，才能获得群落结构逐日、逐月、逐年数据及年度变化趋势信息；标准化定位观测能够获得资源量逐日、逐月、逐年及年度变化趋势数据。

鱼类早期发育阶段，生命体脆弱，对环境变化异常敏感，因此，鱼类受精卵的发育及早期资源补充状态可反映江河水环境质量状态。胚胎和仔鱼阶段是生命体脆弱的阶段，污染物质进入水体，水体环境因子轻微变化都将在脆弱的生命体中得到响应。针对鱼类早期发育阶段应激系统（酶或蛋白质）的 RNA 表达谱进行时间序列的分析，能够还原河流生态系统的瞬间变化。

3. 标本馆与信息库

开展漂流性鱼类早期资源观测，首要任务是样本的采集与保存。鱼类早期资源的发生过程刻录了气候变化、水文周期变化、物质和能量循环等方面的信息，同时也刻录了人类社会活动过程对河流影响的信息，这些信息反映在早期资源发生的时间变化、资源丰度变化、种类组成、世代强度等方面。鱼类早期资源标本具有重要的科学内涵，是重要的科学数据库。

2015 年 5 月 17 日，江河漂流性鱼类早期资源长期定位观测点在珠江肇庆段建立，随后开展了日阶元水平的江河鱼卵、仔鱼观测。珠江水系漂流性鱼类早期资源定位观测点从 1 个逐步发展至 12 个，每天进行两次采样，样本号为实物鱼卵、仔鱼标本，标本信息包含每天是否有鱼类繁殖、有多少种鱼类繁殖、具体繁殖的种类、补充群体的数量。样本号以形态分析和 DNA（RNA）分析需要进行采集、备份、保存。每年入库 4000 余份样本，含 60 余种漂流性鱼类早期资源的种群、数量变化连续信息，随着 DNA 条形码技术的介入，可观测的种类数仍在增加。基本背景是，观测的种类占珠江捕捞量的 70% 左右，即通过对漂流性鱼类早期资源的观测，可掌握江河鱼类近 70% 的资源量信息。这样的数据可反映观测河流生态系统的功能状态。鱼类的繁殖与水文、气候因素密切相关，与人类对河流干扰（梯级开发、航道开发、引水、防洪、水污染、捕捞等）活动有关，漂流性鱼类早期资源发生情况的变化是对环境变化的响应结果。漂流性鱼类早期资源每年连续观测数据信息元可达到数千万条，集成为信息库。"珠江漂流性鱼卵、仔鱼生态信息库"迄今有 50 000 余份逐日仔鱼标本（截至 2019 年）（图 6-3），可配合国家基础数据信息共享平台开发成为研究生态系统的工作平台，服务于全球。

图 6-3　珠江漂流性鱼卵、仔鱼生态信息库

6.2.2　数据信息形式

1. 逐日数据

用标准的采样方法逐日采样观测漂流性仔鱼，每日分上午和下午采集样品。记录每一天通过采样断面的鱼卵、仔鱼数量和种类，如表 6-2 所示。

表 6-2　漂流性鱼卵、仔鱼样本号记录格式

日期	采样时间			流量	观测位点
	上午	下午	采捕时间		
××××-××-××					
××××-××-××					
××××-××-××					
××××-××-××					
××××-××-××					
××××-××-××					
⋮					

群体是指一定数量的个体通过一定的关系而结合起来的集合体。个体与群体处于不可分割的相互依存、相互联系中。每个个体都以个体而存在，同时又以群体中的成员而存在。群体是由个体组成的，没有个体，就没有群体；而个体又不能脱离群体而存在，它要受到群体的制约。从个体与群体的关系中体现长时间序列观测可以了解群体的全貌。通过每天观测获得不同种类个体出现的数据数据。在逐日数据累积过程中，逐步掌握生态系统鱼类群体结构和演化数据。

2. 种类与补充过程

仔鱼样品分别以形态鉴别样和 DNA 分析样保存。种类鉴别以镜检识别为主，DNA 分子识别为辅。通常鲌亚科和虾虎鱼科仔鱼需要进行 DNA 分子鉴定。数据表内容见表 6-3。大江大河样品通常可覆盖 300～500 km，观测种类大多是区域内优势种，反映了观测江段（江河）生态系统中鱼类的主体结构与组成。受梯级水坝的影响，观测点样本号覆盖的范围也可能是上游邻近 1～2 个梯级（卵 + 少量仔鱼）或本梯级（仅见卵）。仔鱼补充过程反映早期资源各种类繁殖周期、各种类的资源量、仔鱼出现的起止时间、峰值出现情况等。针对梯级河流，当持续监测的早期资源仅为受精卵时，掌握早期资源组成结构，需要辅助采样点区域的成鱼捕捞调查数据，或采用 DNA 分子技术手段进行种类识别，实现对监测数据的了解。

表 6-3　漂流性仔鱼种类

日期	种 1	种 2	种 3	种 4	……
××××-××-××					
××××-××-××					
××××-××-××					
××××-××-××					
××××-××-××					
××××-××-××					
⋮					

鱼类早期资源标本包含受精卵及发育成为幼体的生命个体，及其在短时间内经历完成形态改变过程的样本。通过鱼类早期资源发生的信息，可以了解不同鱼类繁殖过程及对环境变化的反应。

3. 种类组成与空间分布

结合对水系不同河流、上下游位点的鱼类早期资源观测，可以获得河流水系漂流性鱼类早期资源组成及空间分布情况（表 6-4）。大型河流处在不同区域，生态类型多样、鱼类组成不同，需要进行多站位观测获得系统空间分早期资源数据。

表 6-4　漂流性鱼类早期资源组成与空间分布　　　　　　　（单位：%）

种类	位点 1	位点 2	位点 3	……
1				
2				
3				
⋮				

种类组成是形成群落结构的基础。群落中种类组成，是一个群落的重要特征，也反映了栖息地的生态特征。群落构成反映河流复合生态状况及其稳定性；在不同的结构层次上，有不同的生态条件，如水资源、水质、温度、食物和种类等。群落中的每个种群

都选择生活在群落中的具有适宜生态条件的结构层次上，构成群落的空间结构。群落的结构有水平结构和垂直结构之分。群落的结构越复杂，对生态系统中的资源的利用就越充分。群落的结构越复杂，群落内部的生态位就越多样，群落内部各种生物之间的竞争就相对不那么激烈，群落的结构也就相对稳定一些。

6.3　基于食物链鱼类生物量的河流生态系统管理

随着经济社会的发展，河流生态系统不断受到人类的干扰，水体功能质量下降导致水质性缺水成为社会的普遍现象。鱼类作为水体生态系统食物链的高端生物，是河流生态系统自净体系的关键生物，鱼类早期资源的种类、丰度决定水体自净系统的功能和质量。因此鱼类早期资源种类、丰度既是河流生态系统功能状况的指示生物，又是水体自净系统功能的关键生物，鱼类从单纯的渔业经济对象发展至河流生态管理的对象。鱼类早期资源发生需要产卵场，鱼类早期资源的种类、丰度与产卵场的类型、面积、水文情势等环境密切相关。河流生态系统管理可理解为鱼类早期资源管理或产卵场管理。

在环境污染压力不断增大的背景下，人类需要的河流生态系统功能保障成为社会关注的目标。鱼类在河流生态系统水质功能保障上起着"清道夫"的角色，其生长过程不断转移输运水体的矿物元素，净化水质。未来鱼类资源保障可能会成为河流生态系统水功能保障的抓手。因此，鱼类产卵场的管理应该从渔业部门管理的模式中，扩大至全社会来管理。建立河流生态系统需要鱼的观念。管理渔业资源需要从物种管理过渡至生态系统的生物量需求管理，从水生态系统食物链物质输送、生物输出入手，建立以生态系统功能质量保护为目标，以鱼类物种结构、数量（资源量）保障为导向的鱼类资源综合保护措施。从河流管理向鱼类产卵场管理发展，通过产卵场功能管理，按江河水质保障需要操控江河鱼类繁殖，满足河流生态系统的鱼类生物量需求。研究鱼类繁殖功能流量过程、鱼类繁殖相关的水动力功能体系和产卵场功能单体技术系统，通过产卵场修复技术的应用，可实现以鱼类定量繁殖为目标的河流生态系统管理。

6.3.1　鱼类对河流物质的输出贡献

人类对河流资源的利用，除饮用水外，最早期是通过捕鱼获得食物。随着农耕时代的到来，通过引水灌溉发展种养殖业。社会分工及人类需求越来越多样化，产生了商贸并伴随水运发展。工业化时代，由于人口和人类需求增加，促进了生产力的快速发展，对自然资源的利用加大、甚至采取掠夺方式，改变了河流的自然属性。进入现代化发展时期，人们发现河流自然属性的改变，影响了人类对河流的原始需求，饮用水源遭到破坏，影响人类的生存发展，河流自然资源需要进入养护、修复和保护阶段。

河流中 N 物质通过自养生物吸收而进入食物链循环，N 通道大致是 N—浮游植物性生物—水生低等动物—鱼类。鱼类摄食低等生物或腐殖质，生长过程将水体的 N 等营养物质转移至体内。如果鱼类 N 的生物输送链受阻，进入生物体的 N 通过腐败重回水体。鱼体中的结构成分蛋白质大致占 17.44%，其中含氮量为 2.79%（表 6-5）。在生物与河流环境相适应的过程中，水体生物有一个容量值。由于缺乏对河流生态系统生物容量的早期调查数据，缺乏天然容量的生物组成及量化数据。但通过片断化的数值和比较分析，大体可以推测水体的生物量值。通过现行的水质标准，结合不同江河径流量数据，可测算出不同水质条件下江河水体中营养物质的本底数据。我国自然水域大部分处于富营养状态。富营养物影响河流生态系统功能和水质，但无机物营养元素是生物生长的必需物质。在确定以鱼类生物量量化评估河流生态系统功能状态的背景下，通过调整鱼类生物量、种类组成解决富营养化问题，是一条符合科学的路径。

表 6-5　鱼体蛋白质含量和 N 含量（每 100 g 可食部分）

鱼类	蛋白质含量/%	N 含量（16%）	每克氮对应的鱼质量/g
草鱼	16.6	2.656	37.7
鲮	18.4	2.944	34.0
泥鳅	17.9	2.864	34.9
银鱼	17.2	2.752	36.3
鲫	17.1	2.736	36.5
平均	17.4	2.790	35.9

注：数据引自《中国食物成分表》（杨月欣等，2009）。

通过实测水体某种富营养物量（如总氮 TN），减去水质管理目标值（如Ⅱ类水 TN 值 0.5 mg/L），多余的差值是保持水质管理目标需要去除的污染物。水体大部分物质随径流进入海洋，假定总径流量除以年度 365 天数值，作为河槽保持水量数值。富余物测算以河槽保持水量计算。例如，长江多年平均径流量约 9600 亿 m^3，全年以 365 天计，则平均每天河槽保持水量 26.30 亿 m^3；珠江多年平均径流量约 3300 亿 m^3，平均每天河槽保持水量 9.04 亿 m^3。按我国地表水标准的总氮限量值测算长江和珠江不同类水的总氮容载量（表 6-6）。依据捕捞记录，长江 20 世纪 80 年代捕捞产量约 50 万 t，珠江同期捕捞 17 万 t 鱼。

按鱼体中的结构成分蛋白质含量为 17.4%，其中含氮量为 2.790%计算（杨月欣等，2009），长江该期捕捞输出总氮量约 2433 t、珠江约 827 t。分摊至每天的输出量，长江为

6.67 t、珠江为 2.27 t，分别约占 II 类 TN 的 0.5%。目前江河中鱼类生物量不足，更多的营养物无法通过鱼类生长过程来转化。在水体富营养化不断增加的压力下，增加鱼类生物量是生态治理水体富营养化的可行性方案。

表 6-6　重要江河总氮容载量测算

流域	参数	水质标准*				
		I 类	II 类	III 类	IV 类	V 类
长江	总氮(年流量 9600 亿 m³)/t	192 000	480 000	960 000	1 440 000	1 920 000
	总氮(日河槽保持水量 26 亿 m³)/t	526	1 315	2 630	3 945	5 260
	静态测算鱼容量/t	18 831	47 077	94 154	141 231	188 308
珠江	总氮(年流量 3300 亿 m³)/t	66 000	165 000	330 000	495 000	660 000
	总氮(日河槽保持水量 9 亿 m³)/t	181	452	904	1 356	1 808
	静态测算鱼容量/t	6 473	16 184	32 367	48 551	64 734

*为地表水环境质量标准（GB 3838—2002）。

6.3.2　鱼类需求测算

据《2019 中国生态环境状况公报》显示，长江、黄河、珠江、松花江、淮河、海河、辽河七大流域不少水体水质仍处于劣 V 类状况，表 6-7 列出了 2019 年主要江河水质类型比例。按各河流总径流量数值，依据表中水质的百分比分担数据，测算出不同水质类型的水量，根据水质类型与标准指标值，可以测算出水体中某一营养物质的基础量。

表 6-7　2019 年主要江河水质状况

江河	比例/%					
	I 类	II 类	III 类	IV 类	V 类	劣 V 类
长江干流	6.8	91.5	1.7	0.0	0.0	0.0
黄河干流	6.5	77.4	16.1	0.0	0.0	0.0
珠江干流	0.0	80.0	4.0	16.0	0.0	0.0
松花江干流	0.0	0.0	88.2	11.8	0.0	0.0
淮河干流	0.0	90.0	10.0	0.0	0.0	0.0
海河干流	0.0	50.0	0.0	0.0	50.0	0.0
辽河干流	0.0	14.3	0.0	57.1	21.4	7.1

注：水质数据来自《2019 中国生态环境状况公报》。

以 TN 为例展示测算不同河流的水质因子的具体值。2019 年主要江河不同水质类型的 TN 量如表 6-8 所示。依据表中 TN 量，长江实现 50%的 III 类水质转化为 II 类水质，需要增加鱼 473 280 t。依据 2019 年一些河流的 TN 数据，测算需要的鱼类生物量如表 6-9 所示。理论上可通过增加鱼类生物量来解决水体富营养化的问题。

表 6-8　2019 年主要江河不同水质类型 TN 量

江河	径流量亿 m³	全年水质 N 分担/t					
		I 类	II 类	III 类	IV 类	V 类	劣 V 类*
长江	9 600	13 056	439 200	16 320	0	0	0
黄河	810.8	1 054	31 378	13 054	0	0	0
珠江	3 300	0	132 000	13 200	79 200	0	0
松花江	762	0	33 604	8 992	0	0	0
淮河	350	0	15 750	3 500	0	0	0
海河	228	0	5 700	0	0	22 800	0
辽河	95	0	679	0	8 137	4 066	1 349

*按 2.0 mg/L 测算。

表 6-9　2019 年主要江河 50%III 类水转化成为 II 类水需要的鱼类生物量

江河	估算 50%III 类水成为 II 类水需要转化的 TN/t	测算需要增加的鱼量/t（按 N：鱼为 1：58）
长江	8 160	473 280
黄河	6 527	378 566
珠江	6 600	382 800
松花江	4 496	260 768
淮河	1 750	101 500

6.4　增加鱼类资源的方法

增加鱼类资源不仅是渔业发展的需要，也是生态系统管理的需要。增加鱼类的方法有许多种，首先，需要从保护角度出发，减少鱼类的捕捞，目前已设有禁渔期、禁渔区和保护区等，国外也盛行捕捞种类或捕捞规格控制。然后是针对鱼类栖息地、栖息环境保护，涉及污染控制、"三场一通道"（鱼产卵场、育肥场、越冬场和洄游通道）实施保护，对已经遭受破坏的栖息地和栖息环境进行修复，包括鱼类通道、产卵场、鱼类繁殖条件（水文、水动力）修复，水环境质量恢复等。在上述方法难以奏效的情况下，需要用增殖放流的人工干预手段增加渔业资源，针对江河生态系统需要的鱼类、食物链系统缺失的鱼类通过繁殖群体的补充，解决江河渔业资源和生态系统管理中出现的问题。下面简要介绍目前我国常用的一些渔业资源养护方法。

6.4.1　禁渔

禁渔期制度是渔业资源管理的一种方法。鱼类繁殖期实施禁渔期制度，使得更多的成熟亲鱼在繁殖期免于被捕捞，通过繁殖补充群体数量。关于禁渔对鱼类资源恢复的作用，可通过对渔获物群落结构、鱼类生物多样性分析获得。严小梅等（1996）运用灰色系统理论分析认为，太湖银鱼资源量与水位和捕捞强度之间密切相关。程家骅（2011）研究发现，伏季休渔可有效提高幼鱼补充群体的资源量。但在通常捕捞压力的背景下，获得捕捞压力对鱼类资源影响程度的数据是依据捕捞鱼类的个体及成熟亲鱼的年龄和个体大小的，高的捕捞压力必然导致繁殖群体多度的减小，禁渔与休渔前后通过改变捕捞压力从而影响繁殖群体多度等。禁渔期制度的实施，为观测去捕捞压力下的资源恢复状态提供了新窗口，通过观测鱼类早期资源量的变化，可量化评估禁渔期的效果。

在珠江鱼类早期资源的观测中，观测的生态单元，经历了 2007 年长洲水利枢纽截流的过程，也经历了 2011 年珠江首次实施禁渔期制度的过程，2016 珠江禁渔期制度调整为 4 个月。2006～2012 年珠江广东鲂仔鱼资源量及其在仔鱼早期补充群体的组成比较（图 6-4）表明：2006～2007 年广东鲂仔鱼约占仔鱼补充群体的 29%，之后逐渐下降至 2008～2010 年的 11%～13%；实施禁渔期制度之后，2011 年回升至 20%，2012 年增加至 22%。但由于 2011 年全年珠江径流量处于较低的水平，全年仔鱼总量与往年相比变化不大，广东鲂仔鱼总量仅比 2010 年增加 4%；而 2012 年广东鲂仔鱼总量有明显增加，仅次于 2007 年，是其他各年广东鲂仔鱼总量的 1.6～3.2 倍。

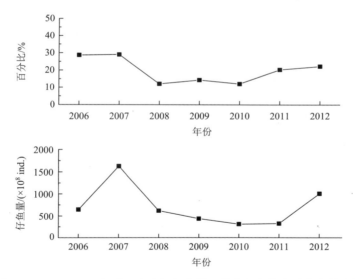

图 6-4　2006～2012 年珠江广东鲂仔鱼量及其占仔鱼补充群体中的比例

当然，江河实施禁渔期制度，需要解决以捕捞为生计的渔民生活保障问题。通过污水厂建设及运营解决水体的富营养化或用鱼类等水生生物转化水体的富营养化物质，可找到合理的解决方案。全面禁渔后，待鱼类资源恢复到一定的水平需要考虑从河流生态系统合理输出鱼产品。采用控制捕捞或配额捕捞的方式将河流生态系统中被鱼"固化"的营养物质输出系统外，使河流生态系统处于合理的状态。

6.4.2　产卵场功能保障

鱼类产卵场包括物理环境和水动力环境。河流物理环境包括河流的弯曲度、深潭浅滩、砂砾、水草植被等特定的河流地形，也涉及水文情势和水动力条件等。鱼类产卵场还包含生物要素，尤其是繁殖亲体。涉及环境破坏引起的产卵场功能丧失需要人工手段辅助恢复或保障。

1. 草型产卵场

人工鱼巢是利用天然或人工材料制作而成的，为产黏草性卵鱼类繁殖提供产卵孵化的设施，即通过人工投放鱼类繁殖所需的鱼卵附着介质，帮助鱼类顺利完成产卵繁殖，是一种资源恢复技术，也属于产卵场修复的范畴（图 6-5～图 6-10）。不同鱼类人工鱼巢的类型不同，谢常青等（2017）用固定半浮式人工鱼巢增殖鱼类，王军红等（2018）和杨雪军等（2020）研究了不同鱼类对人工鱼巢介质的喜好，潘澎等（2016）对珠江人工鱼巢的效果进行了评价，因地制宜取材可获得低投入、高产出的人工鱼巢效果。

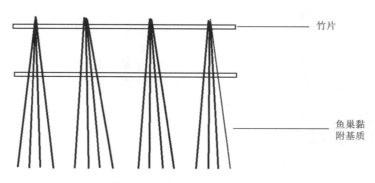

竹片

鱼巢黏附基质

图 6-5　竹片夹固定植物材料

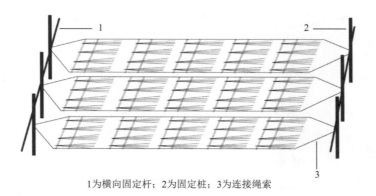

1为横向固定杆；2为固定桩；3为连接绳索

图 6-6　人工鱼巢示意图

图 6-7　编制芦苇材料人工鱼巢

图 6-8　投放人工鱼巢

图 6-9　河道中固定人工鱼巢

图 6-10　投放好的人工鱼巢

2. 砾石型产卵场

产黏沉性卵鱼类大多数分布在河流的中上游，水流湍急，砂砾石滩丰富。产卵黏附于沙砾、石滩的鱼类，产卵场既需要水动力条件，又需要黏附卵的介质。流速可将砂石床冲刷干净，使卵能黏附，此外，还需要考虑水深因素。

砾石是附卵的介质。目前的资料显示，鱼类产卵需要的砾石大小在 0.99～78.73 cm，不同鱼的产卵场对砾石大小有不同的要求。倪静洁（2013）对金沙江及其支流典型产黏沉性卵鱼类产卵场及河漫滩底质粒径大小进行调查分类，发现位于巩乃斯河中游的新疆裸重唇鱼产卵场底质为直径 5～30 cm 的砾石；斑重唇鱼的产卵场位于巩乃斯河上游河源支流，底质为直径 15～80 cm 的卵石；李培伦等（2019）认为黑龙江呼玛河大麻哈鱼产卵场多以 3～8 cm 的卵石为主，粒径超过 10 cm 的较少。修复砾石型产卵场需要了解不同鱼类产卵依赖砾石大小的资料。

3. 人工鱼礁

　　鱼类产卵场功能修复除通过繁殖流量保障调度外，也可在特殊的江段上通过人工鱼礁工程手段，增加鱼类繁殖需要的产卵场功能单体来实现。人工鱼礁是通过工程技术增加产卵场功能的单体，为鱼类创造繁殖需要的水动力条件而实现修复产卵场功能的一种技术手段。它以创造鱼类繁殖的环境条件为目标，以营造适合鱼类孵育的水动力条件为手段，结合现代渔业资源学、水产学、生态学、水利学、建筑学、材料学、信息与计算科学等领域技术，在江河湖海中科学选点设置人工构筑物，为鱼类创造繁殖生境和场所，实现产卵场功能修复或再造鱼类产卵场，如图 6-11 是珠江肇庆段广东鲂产卵场受航道扩能工程影响后，通过工程技术手段增加人工礁体作为产卵场功能的单体的产卵场修复示范，图示在江河中投放的礁体。

图 6-11　人工礁体在产卵场江段的分布

6.4.3　繁殖功能流量与生态调度

　　水文周期变化、河流物理环境改变是引起河流水动力变化的条件因素。这些变化包括自然水文变化和人工干预影响。非极端的自然水文节律及周期性水文、气候变化体现在鱼类产卵场功能规律性变化，具体体现在鱼类资源量出现大小年或在时间序列上鱼类资源量呈波浪式变化，鱼类资源量规律性变化是适应自然变化的现象。超出规律性变化大多是人为干预的结果，如建设拦河水坝、航道整治清礁破坏产卵场或突发环境事故等。江河受人为影响改变地形导致产卵场水动力条件变化，影响产卵场的功能，具体体现在鱼类补充群体数量发生异常变化。鱼类繁殖需要特殊的水文情势，在繁殖功能流量下产产卵场功能保障首先需要考虑保障繁殖功能流量。江河地形物理变化会导致水……因子值的变化，这种量值变化可能是增大，也可能减少，因此受损河流适合鱼类繁殖……流量数值可能会发生变化。

大江大河影响鱼类产卵场的因素很多，诸如拦河坝、航道、防洪、采砂、桥梁等工程，但是，涉及产卵场修复的工程极少，四大家鱼产卵场因葛洲坝工程建设而受关注（周春生等，1980；许蕴玕等，1981；长江四大家鱼产卵场调查队，1982；珠江水系渔业资源调查编委会，1985；余志堂，1982；刘邵平等，1997）。认识四大家鱼产卵场早期从河流形态描述开始，如弯曲类型、河床深潭浅滩分布等，进而描述产卵场的流量及水文情势、水动力条件（钟麟等，1965；余志堂等，1983；曾祥胜，1990），目前关注产卵场栖息地（谭民强……主要因素。目前，在受损河流中通过栖息地水动力模型分析流量过程下的水功能变化，优化并设法扩大产卵场功能成为研究的热点。在掌握江河地形数据以及流量监测资料的条件下，结合鱼类对栖息环境要求进行数值模拟分析，模拟适宜鱼类产卵、栖息的最佳水文条件。李建等（2011）、郭文献等（2011）依据青鱼、草鱼、鲢和鳙繁殖的流量过程文献资料，应用物理栖息地模型，分析长江中游宜昌至枝江河段、中游夷陵长江大桥至虎牙滩江段四大家鱼产卵场江段产卵场的功能状态，认为产卵场江段 7500～15500 m³/s 流量是产卵场功能较佳状态的流量范围，最适宜流量为 10 000 m³/s。长江保障四大家鱼繁殖期流量在 7500～15500 m³/s，是保障四大家鱼产卵场功能最大化的关键。

河流生态系统中，流量是河流一切活动的基础，水动力、水体生物的生命过程都与流量过程相关，河流流量自然成为水生生态系统保障的首要目标，在河流高度开发的状况下，生态流量调控调度备受关注（曾祥胜，1990；长江水利委员会，1997）。江河鱼类繁殖的功能流量数据是涉及鱼类资源相关模型分析的基础，作者根据珠江鱼类早期资源连续定位观测的数据，在表 6-10 列示了 2006～2011 年一些种类仔鱼出现的流量范围，其中最佳流量（珠江）是多年监测出现仔鱼最多的流量，表中也列示了长江水系鱼类的一些资料数据。

表 6-10　几种鱼类产卵场功能流量

序号	种类	功能流量/(m³/s)	最佳流量/(m³/s)	备注
1	四大家鱼	5300～16900	10 000	长江
2	青鱼	3520～25300	13 100	珠江
3	草鱼	3120～26200	18 500	珠江
4	鲢	3220～26800	18 500	珠江
5	鳙	1900～26800	18 500	珠江

续表

序号	种类	功能流量(m³/s)	最佳流量(m³/s)	
6	广东鲂	1170~35300	13 100	
7	赤眼鳟	1170~35300	16 850	珠江
8	鳜	3340~27500	24 500	珠江
9	鳊	1170~26800	17 800	珠江
10	鲴	2390~35300	35 300	珠江
11	鲻	2680~25500	19 200	珠江
12	鳜属	1170~35300	10 800	珠江
13	银鲴	1170~27500	7 600	珠江
14	银飘鱼	1170~27500	4 620	珠江
15	鳖	11700~35300	35 300	珠江

6.4.4　增殖放流

增殖放流是渔业资源恢复的有效方法，也是渔业生态修复的重要手段，被社会各界普遍接受。

增殖种类应该是国家保护的水产种质资源、珍稀濒危物种、地方特色的经济种类以及有重要水生态修复功能的种类。必须满足如下条件：用于增殖放流的亲体、苗种等水生生物应当是本地种，能大批量人工育苗；品质优良（属优质经济种类）或珍稀濒危物种；适应放流水域生态环境且长势良好；需要根据水域生态环境容量和饵料生物数量，确定合理的增殖种群和数量，禁止使用外来种、杂交种、转基因种以及其他不符合生态要求的水生生物物种进行增殖放流。

参 考 文 献

柏海霞，彭期冬，李翀，等，2014. 长江四大家鱼产卵场地形及其自然繁殖水动力条件研究综述[J]. 中国水利水电科学研究院学报，12（3）：249-257.

毕晔，2009. 珠江水系鲢、鳙仔鱼耳石微结构特征与生长的初步研究[D]. 大连：大连海洋大学.

毕晔，谭细畅，李跃飞，等，2008. 鲮的胚后发育[J]. 广东海洋大学学报，28（6）：94-96.

蔡林钢，牛建功，刘春池，等，2017. 新疆伊犁河不同河段鱼类的物种多样性和优势种[J]. 水生生物学报，41（4）：819-826.

蔡林钢，牛建功，张北平，等，2011. 伊犁裂腹鱼胚胎及早期仔鱼发育的观察[J]. 淡水渔业，41（5）：74-79.

蔡瑞钰，赵健蓉，黄静，等，2018. 云南盘鮈仔稚鱼发育的初步观察[J]. 南方水产科学，14（3）：120-125.

蔡文仙，张建军，王守文，2013. 黄河流域鱼类图志[M]. 咸阳：西北农林科技大学出版社.

蔡焰值，何长仁，蔡烨强，2004. 瓦氏黄颡鱼胚胎发育及幼苗发育的观察[J]. 北京水产，（4）：18-20.

曹文宣，常剑波，乔晔，等，2007. 长江鱼类早期资源[M]. 北京：中国水利水电出版社.

常剑波，邓中粦，孙建贻，等，1994. 草鱼仔幼鱼耳石日轮及日龄研究[C]//中国动物学会，中国科学院动物研究所，北京大学生命科学学院，等. 1934—1994 中国动物学会成立 60 周年纪念陈桢教授诞辰 100 周年论文集. 北京：中国科学技术出版社：323-329.

长江水利委员会，1997. 三峡工程综合利用与水库调度研究[M]. 武汉：湖北科学技术出版社.

长江水系渔业资源调查协作组，1990. 长江水系渔业资源[M]. 北京：海洋出版社.

长江四大家鱼产卵场调查队，1982. 葛洲坝水利枢纽工程截流后长江四大家鱼产卵场调查[J]. 水产学报，6（4）：287-305.

陈椿寿，1930. 广东西江鱼苗第一次调查报告[J]. 广东建设公报，5（4-5）：78-109.

陈椿寿，1941. 中国鱼苗志[J]. 全国农林试验研究报告辑要，（1）：30-31.

陈椿寿，林书颜，1935. 中国鱼苗志[J]. 浙江省水产试验场水产汇报，（4）：45-46.

陈冬明，焦平，杨调燕，等，2014. 温度骤变对稀有鮈鲫胚胎及仔鱼畸死率的影响[J]. 淡水渔业，44（4）：96-100.

陈方灿，李新辉，李捷，等，2015. 珠江肇庆江段赤眼鳟开口后仔、稚鱼的异速生长分析[J]. 广东农业科学，42（3）：103-109.

陈凤梅，胡家会，王曰文，等，2013. 温度对玫瑰无须鲃胚胎发育的影响[J]. 淡水渔业，43（1）：24-27.

陈福艳，梁万文，冯鹏霏，等，2011. 丁鱥鱼胚胎及仔鱼发育的观察[J]. 南方农业学报，42（3）：315-319.

陈光明，庄振朋，明道来，等，1984. pH 值对白鲢胚胎及仔鱼发育影响的观察[J]. 华中农学院学报，（1）：77-82.

陈俊，郜启文，华泽祥，等，2017. 滇池高背鲫人工繁殖与胚胎发育观察研究[J]. 现代农业科技，（12）：259-260，263.

陈礼强，吴青，郑曙明，等，2008. 细鳞裂腹鱼胚胎和卵黄囊仔鱼的发育[J]. 中国水产科学（6）：927-934.

陈理，梁永康，1952. 鱼苗的生产方法[J]. 科学大众（中学版），（10）：307-310.

陈猛猛，骆剑，陈国华，等，2015. 波纹唇鱼（*Cheilinus undulatus*）的胚胎发育及初孵仔鱼的形态观察[J]. 渔业科学进展，36（5）：38-44.

陈谋琅，1935. 长江鱼苗概况[J]. 水产月刊，（9）：24-30.

陈生熬，宋勇，牛玉娟，等，2015. 叶尔羌高原鳅胚胎发育与胚后发育观察[J]. 中国水产科学，22（4）：

597-607.

陈同白，1930. 广东建设厅水产试验场成立经过及进行计划[J]. 新建设半月刊，（9）：205-217.

陈同白，1932. 广东之鱼苗问题[J]. 广东建设月刊，（2）：49-52.

陈同白，1933. 渔业统计的解释[J]. 广东建设月刊，（6）：632-633.

陈同白，1937. 浙江水产意见书：订轻而易举改良办法四项呈省鉴核[J]. 水产月刊，（4）：104-105.

陈熙春，2013. 半刺厚唇鱼胚胎与胚后发育观察[J]. 福建水产，（3）：181-186.

陈修松，陈娇，邓思红，等，2015. 西昌高原鳅人工繁殖研究和仔鱼形态初步观察[J]. 水产科技情报，
　　42（5）：243-245，250.

陈永乐，刘毅辉，朱新平，等，2005. 尖塘鳢的全人工繁殖及其胚胎发育[J]. 水产学报，（6）：769-775.

陈友明，蔡永祥，陈校辉，等，2012.粗唇鮠胚胎发育的观察[J]. 农业科学与技术（英文版），（2）：421-423.

陈玉琳，1996. 白鲫胚胎发育的研究[J]. 淡水渔业，（5）：14-17.

陈玉龙，郭延蜀，2007. 粘皮鲻虾虎鱼胚胎及仔鱼的发育[J]. 动物学杂志，（2）：124-128.

陈渊戈，张宇，钟俊生，等，2011.长江口南支和杭州湾北岸碎波带水域仔稚鱼群聚的比较[J].上海海洋
　　大学学报，（5）：688-696.

程家骅，2011. 伏季休渔的理论与实践[M]. 上海：上海科学技术出版社.

程先友，李胜忠，马壮，等，2016. 凹目白鲢胚胎发育的研究[J]. 现代农业科技，（16）：232-233，238.

崔宽宽，李贺密，苗建春，等，2012. 乌苏里鮠胚胎发育观察[J]. 河北渔业，（2）：32-36，44.

戴来了，1958. 鲢鳙鱼池塘人工繁殖法的介绍[J]. 生物学教学，（4）：27-29.

邓龙君，甘维熊，曾如奎，等，2016. 雅砻江鲈鲤的人工繁殖、胚胎及卵黄囊仔鱼发育[J]. 水产科学，
　　35（4）：393-397.

邓思红，陈修松，谭中林，等，2014. 黄河裸裂尻鱼胚胎发育和双头鱼形态初步观察[J]. 水生态学杂志，
　　35（4）：97-100.

丁海，李荣庆，1999. 梭鲈胚胎发育及仔鱼前期发育的初步观察[J]. 淡水渔业，（1）：7-10.

董崇智，夏重志，姜作发，等，1996a. 黑龙江上游漠河江段的鱼类组成特征[J]. 黑龙江水产，（4）：19-22.

董崇智，夏重志，姜作发，等，1997. 黑龙江乌苏里白鲑生殖群体生态学特征及资源保护[J]. 水产学杂
　　志，10（1）：14-21.

董崇智，赵春刚，金贞礼，等，1996b. 绥芬河鱼类区系初步研究[J]. 中国水产科学，（4）：125-130.

董学飒，孟庆磊，安丽，等，2017. 黄河翘嘴鲌胚胎发育观察[J]. 长江大学学报（自科版），14（6）：
　　36-39.

董艳珍，邓思红，肖文渊，2018. 花斑裸鲤的胚胎发育观察[J]. 江苏农业科学，46（6）：142-144.

杜佳，徐革锋，韩英，等，2010. 尖吻细鳞鲑胚胎及仔、稚、幼鱼发育的研究[J]. 大连海洋大学学报，
　　25（5）：379-385.

杜劲松，海萨，苏德学，等，2004. 白斑狗鱼胚胎和仔鱼发育的研究[J]. 水生生物学报，（6）：629-634.

段国庆，江河，胡王，等，2013. 黄鳝仔鱼饥饿试验与不可逆点的确定[J]. 南方农业学报，44（6）：
　　1036-1040.

段辛斌，陈大庆，李志华，等，2008. 三峡水库蓄水后长江中游产漂流性卵鱼类产卵场现状[J]. 中国水
　　产科学，15（4）：523-532.

段辛斌，田辉伍，高天珩，等，2015. 金沙江一期工程蓄水前长江上游产漂流性卵鱼类产卵场现状[J]. 长
　　江流域资源与环境，24（8）：1358-1365.

方展强，陈国柱，马广智，2006. 唐鱼的胚后发育[J]. 中国水产科学，（6）：869-877.

冯广朋，庄平，章龙珍，等，2009. 长江口纹缟虾虎鱼胚胎发育及早期仔鱼生长与盐度的关系[J]. 水生
　　生物学报，33（2）：170-176.

符鹏，李艳，安日古，等，2017. 白乌鳢胚胎及胚后发育[J]. 黑龙江畜牧兽医，（23）：65-68，293.

付自东，2006. 胭脂鱼仔、稚鱼耳石微结构及标记研究[D]. 成都：四川大学.

富丽静，解玉浩，李勃，等，1997. 大银鱼耳石日轮与生长的研究[J]. 中国水产科学，4（2）：21-27.

甘维熊，邓龙君，曾如奎，等，2015. 短须裂腹鱼人工繁殖和早期仔鱼的培育[J]. 江苏农业科学，43（9）：259-260.

甘维熊，王红梅，邓龙君，等，2016. 雅砻江短须裂腹鱼胚胎和卵黄囊仔鱼的形态发育[J]. 动物学杂志，51（2）：253-260.

高少波，唐会元，陈胜，等，2015. 金沙江一期工程对保护区圆口铜鱼早期资源补充的影响[J]. 水生态学杂志，36（2）：6-10.

高天珩，田辉伍，王涵，等，2015. 长江上游江津断面铜鱼鱼卵时空分布特征及影响因子分析[J]. 水产学报，39（8）：1099-1106.

高祥云，刘哲，李勤慎，等，2014. 秦岭细鳞鲑胚胎及仔稚鱼发育研究[J]. 甘肃农业大学学报，49（5）：43-50，57.

高小强，洪磊，刘志峰，等，2015. 美洲鲥仔稚鱼异速生长模式研究[J]. 水生生物学报，39（3）：638-644.

高晓田，肖国华，陈力，等，2012. 江鳕胚胎发育的观察[J]. 水产学杂志，25（1）：14-18.

高振义，1965. 不同浓度的氯化钠溶液对白鲢胚胎及仔鱼发育的影响[J]. 水产学报，（3）：69-76.

戈志强，秦伟，朱玉芳，2004. 重金属离子 Pb^{2+}、Cu^{2+} 和 Cd^{2+} 对大银鱼胚胎发育和仔鱼存活的影响[J]. 内陆水产，（11）：35-36.

龚世园，张训蒲，宋智修，等，1996. 近太湖新银鱼胚胎发育与温度的关系研究[J]. 华中农业大学学报，（2）：163-167.

龚小玲，崔忠凯，吴敏芝，等，2013. 塔里木裂腹鱼胚胎和仔鱼的发育与生长[J]. 上海海洋大学学报，22（6）：827-834.

顾若波，闻海波，徐钢春，等，2006. 花鱖胚胎发育及卵黄囊仔鱼形态的初步观察[J]. 浙江海洋学院学报（自然科学版），（4）：373-378.

顾若波，徐钢春，闻海波，等，2008. 似刺鳊鮈的胚胎及胚后发育[J]. 中国水产科学，（3）：414-424.

顾志敏，朱俊杰，贾永义，等，2008. 太湖翘嘴红鲌胚胎发育及胚后发育观察[J]. 中国水产科学，（2）：204-214.

管敏，肖衍，胡美宏，等，2015. 长鳍吻鮈（*Rhinogobio ventralis*）胚胎发育和仔鱼发育[J]. 渔业科学进展，36（4）：57-64.

管兴华，2005. 利用耳石日轮技术研究长江中游草鱼幼鱼的孵化期及生长[D]. 武汉：中国科学院水生生物研究所.

广东省科学技术协会，广东省科学技术委员会，1998. 20 世纪广东科学技术全纪录[M]. 广州：广东经济出版社：2367.

广东省水产标准化技术委员会，2015. 江河人工鱼巢实施规范：DB44/T 1737—2015[S]. 广州：广东省质量技术监督局.

郭贵良，杨建光，闫先春，等，2014. 东北六须鲶胚胎发育过程的观察[J]. 齐鲁渔业，31（11）：4-8.

郭国忠，高雷，段辛斌，等，2017. 长江中游洪湖段仔鱼昼夜变化特征的初步研究[J]. 淡水渔业，47（1）：49-55.

郭弘艺，唐文乔，魏凯，等，2007. 中国鲚属鱼类的矢耳石形态特征[J]. 动物学杂志，42（1）：39-47.

郭明德，1960. 湖北的鱼苗[J]. 中国水产，（13）：21-22.

郭文献，王鸿翔，徐建新，等，2011. 三峡水库对下游重要鱼类产卵期生态水文情势影响研究[J]. 水力发电学报，30（3）：22-26，38.

郭文学，张永泉，佟广香，等，2015. 黑龙江流域绥芬河水系野生洛氏鱥胚胎发育[J]. 生态学杂志，34（9）：2530-2536.

郭永灿，1982. 水温对鲢鱼、草鱼胚胎发育的影响[J]. 淡水渔业，（3）：35-40.

郭永军，陈成勋，李占军，等，2004. 水温和盐度对鲤鱼（*Cyprinus carpio* L.）胚胎和前期仔鱼发育的影响[J]. 天津农学院学报，（3）：5-9.

郭长江，赵文，石振广，等，2016. 达氏鳇养殖群体的胚胎发育研究[J]. 大连海洋大学学报，31（6）：589-597.

国家环境保护总局，国家质量监督检验检疫总局，2002. 地表水环境质量标准：GB3838—2002[S]. 北京：环境科学出版社.

海萨，苏德学，杜劲松，等，2004. 丁鱥的胚胎发育[J]. 水利渔业，24（2）：4-6.

韩枫，温海深，张美昭，等，2016. 人工繁育花鲈早期发育形态特征与仔鱼培育技术研究[J]. 海洋湖沼通报，（5）：85-92.

韩名竹，白利平，史扬白，等，1988. 黄鳝胚胎发育的初步研究[J]. 淡水渔业，（4）：7-9.

韩晓磊，梁廷明，薛凯，等，2016. 河川沙塘鳢胚后发育及仔鱼饥饿试验研究[J]. 江苏农业科学，44（10）：314-317.

韩耀全，何安尤，蓝家湖，等，2018. 乌原鲤的胚胎发育特征[J]. 水产科学，37（3）：368-373.

韩英，张澜澜，赵吉伟，等，2009. 黑龙江茴鱼胚胎的发育及仔、稚、幼鱼的生长[J]. 淡水渔业，39（4）：17-21.

豪富华，陈毅峰，蔡斌，2006. 西藏亚东鲑的胚胎发育[J]. 水产学报，（3）：289-296.

何斌，陈先均，温涛，等，2014. 中华沙鳅的胚胎发育[J]. 西南农业学报，（3）：1332-1336.

何丽斌，林琪，黄瑞芳，等，2010. 纹稿虾虎鱼胚胎、早期仔鱼发育与盐度的关系[J]. 福建水产，（3）：9，10-14.

何学福，邓其祥，1979. 嘉陵江主要经济鱼类越冬场、产卵场、幼鱼索饵场调查及保护利用[J]. 西南师范大学学报（自然科学版），（2）：27-41.

何学福，宋昭彬，谢恩义，1996. 蛇鮈的产卵习性及胚胎发育[J]. 西南师范大学学报（自然科学版），（3）：276-281.

何勇凤，吴兴兵，朱永久，等，2013. 鲈鲤仔鱼的异速生长模式[J]. 动物学杂志，48（1）：8-15.

贺吉胜，何学福，严太明，1999. 涪江下游唇鱼骨胚胎发育研究[J]. 西南师范大学学报（自然科学版），（2）：93-99.

贺文辉，2016. 黑龙江茴鱼部分胚后发育指标观察[J]. 黑龙江水产，（4）：47-48.

胡廷尖，刘士力，练青平，等，2012. 泥鳅早期形态发育的研究[J]. 中国农学通报，28（17）：132-138.

胡先成，周忠良，赵云龙，等，2007. 盐度对河川沙塘鳢（*Odontobutis potamophila*）胚胎、仔鱼发育过程中能量收支的影响[J]. 海洋与湖沼，（6）：569-575.

胡兴坤，高雷，杨浩，等，2017. 长江中游黄石江段三种不同类型河道中仔鱼空间分布研究[J]. 淡水渔业，47（6）：65-73.

胡亚丽，华元渝，1995. 暗纹东方鲀胚胎发育的观察[J]. 南京师大学报（自然科学版），（4）：139-144.

胡振禧，黄洪贵，吴妹英，等，2014. 福建地区斑鳢胚胎与仔鱼早期发育的研究[J]. 上海海洋大学学报，23（2）：193-199.

华泽祥，陈俊，石永伦，等，2014. 滇池金线鲃胚胎发育的观察[J]. 南方农业学报，45（9）：1689-1693.

华泽祥，陈俊，石永伦，等，2017. 云南光唇鱼的人工繁殖和胚胎发育观察[J]. 水产科技情报，44（2）：69-72.

黄德祥，1986. 中华鲟胚后发育的初步观察[J]. 水产科技，（1）：40-49.

黄洪贵，2009a. 水温对黑脊倒刺鲃胚胎发育的影响及胚后发育观察[J]. 水生态学杂志，30（4）：84-88.

黄洪贵，胡振禧，黄种持，等，2009b. 温度对中华倒刺鲃胚胎与仔鱼发育的影响[J]. 淡水渔业，39（5）：28-31.

黄洪贵，胡振禧，黄种持，等，2010. 温度对匙吻鲟胚胎与仔鱼发育的影响[J]. 广东海洋大学学报，30（1）：39-43.

黄洪贵，胡振禧，林学文，等，2009c. 匙吻鲟胚胎与胚后发育的观察[J]. 福建农业学报，24（6）：556-561.

黄金善，郭家祥，刘奕，等，2009. 梭鲈胚胎及仔鱼发育观察[J]. 东北农业大学学报，40（2）：65-69.

黄权，张东鸣，周景祥，等，1999. 鸭绿江花羔红点鲑的绝对繁殖力和胚胎发育时间[J]. 吉林农业大学学报，（S1）：68-69.

黄少涛，季纯善，林华英，1983. 鲤鱼在胚胎、仔鱼、稚鱼期的耗氧水平的研究[J]. 厦门水产学院学报，（1）：56-62.

黄应平，Prashant Mandal，靖锦杰，等，2016. 镉暴露对鲢幼鱼游泳行为影响的研究[J]. 淡水渔业，46（6）：33-38.

黄玉玲，彭敏，何安尤，等，2005. 翘嘴红鲌胚胎发育研究[J]. 广西科学院学报，21（3）：148-150.

季晓芬，汪登强，段辛斌，等，2016. 快速鉴定四大家鱼早期资源种类的 PCR 方法[J]. 淡水渔业，46（5）：3-7.

贾敬德，1981. 研究葛洲坝水利枢纽对水产资源的影响国家水产总局组织长江家鱼产卵场调查[J]. 水产科技情报，（3）：M030.

贾瑞锦，王鲁，赵从明，等，2012. 条纹锯鲷胚胎发育及卵黄囊仔鱼形态变化的观察[J]. 渔业科学进展，33（4）：11-17.

姜海峰，耿龙武，佟广香，等，2016. 池养镜泊湖蒙古鲌的人工繁殖及胚胎发育和胚后发育观察[J]. 水产科学，35（2）：130-135.

姜建湖，张德明，竺俊全，等，2012. 光唇鱼（*Acrossocheilus fasciatus*）胚胎及仔、稚鱼的发育[J]. 海洋与湖沼，43（2）：280-287.

姜伟，2009. 长江上游珍稀特有鱼类国家级自然保护区干流江段鱼类早期资源研究[D]. 武汉：中国科学院水生生物研究所.

蒋玫，沈新强，陈莲芳，2006a. 长江口及邻近水域春季鱼卵仔鱼分布与环境因子的关系[J]. 海洋环境科学，（2）：37-39，44.

蒋玫，沈新强，王云龙，等，2006b. 长江口及其邻近水域鱼卵、仔鱼的种项组成与分布特征[J]. 海洋学报（中文版），（2）：171-174.

蒋雪莲，张宇，钟俊生，等，2015. 长江口沿岸碎波带刀鲚仔稚鱼摄食习性与浮游动物分布的相关性研究[J]. 长江流域资源与环境，24（9）：1507-1513.

蒋一珪，陈佩薰，1960. 梁子湖鲤鱼的生物学[J].水生生物学报，（1）：43-56.

焦宗垚，陈赛，陈昆慈，等，2007. 珠江斑鳠的早期胚胎发育观察[J]. 广东海洋大学学报，（3）：20-23.

金丹璐，张清科，王友发，等，2017. 鲤科经济鱼类马口鱼（*Opsariichthys bidens*）胚胎发育及仔稚鱼形态与生长观察研究[J]. 海洋与湖沼，48（4）：838-847.

可仪，可静，可风，2011. 易伯鲁文集[M]. 北京：科学出版社.

孔祥迪，刘莉，李炎璐，等，2016. 3 种多环芳烃对条纹锯鲷胚胎发育及早期仔鱼的毒性效应[J]. 中国水产科学，23（1）：241-249.

寇景莲，陈力，王青妹，等，2014. 硬头鳟人工繁育和胚胎发育初探[J]. 河北渔业，（11）：54-57.

匡天旭，2018. 珠江鲌亚科仔鱼分子鉴定与群落分析[D]. 上海：上海海洋大学.

赖见生，杜军，何兴恒，等，2013. 鲈鲤胚胎发育特征观察[J]. 西昌学院学报（自然科学版），27（4）：9-11，25.

赖见生，杜军，赵刚，等，2014. 鲈鲤胚胎及胚后发育[J]. 西南农业学报，（3）：1326-1331.

雷春云，马建颜，薛晨江，2017. 脂孟加拉国鲮胚胎与仔鱼发育观察试验[J]. 现代农业科技，（5）：217-218，223.

雷欢，陈锋，黄道明，2017. 水温对鱼类的生态效应及水库温变对鱼类的影响[J]. 环境影响评价，39（4）：36-39，44.

雷欢，谢文星，黄道明，等，2018. 丹江口水库上游梯级开发后产漂流性卵鱼类早期资源及其演变[J]. 湖泊科学，30（5）：1319-1331.

冷云，徐伟毅，刘跃天，等，2006. 小裂腹鱼胚胎发育的观察[J]. 水利渔业，（1）：32-33.

黎明政，段中华，姜伟，等，2011. 长江干流不同江段鱼卵及仔鱼漂流特征昼夜变化的初步分析[J]. 长江流域资源与环境，（8）：957-962.

黎明政，姜伟，高欣，等，2010. 长江武穴江段鱼类早期资源现状[J]. 水生生物学报，34（6）：1211-1217.

李安东，钟俊生，罗一鸣，等，2015. 长江口南支水域刀鲚仔稚鱼数量变动的研究[J]. 上海海洋大学学报，24（5）：745-753.

李斌，张胜鹰，龙敏，2007. 白斑狗鱼人工繁殖技术[J]. 渔业致富指南，（22）：48-49.

李勃，解玉浩，刘义新，1992. 鳗鲡幼鱼耳石日轮的研究[J]. 动物学研究，13（3）：201-207，299.

李彩娟，许郑超，张振早，等，2016. 赤眼鳟仔鱼饥饿试验和不可逆点研究[J]. 扬州大学学报（农业与生命科学版），37（3）：65-70.

李策，2019. 西江仔鱼种类识别及优势种资源现状研究[D]. 上海：上海海洋大学.

李昌文，2015. 基于改进 Tennant 法和敏感生态需求的河流生态需水关键技术研究[D]. 武汉：华中科技大学.

李城华，沙学绅，1995. 日本鳗鲡早期阶段耳石日生长轮形成的周期[J]. 海洋与湖沼，26（4）：408-413.

李城华，沙学绅，尤锋，等，1993. 梭鱼仔鱼耳石日轮形成及自然种群日龄的鉴定[J]. 海洋与湖沼，24（4）：345-349，447.

李翀，彭静，廖文根，2006. 长江中游四大家鱼发江生态水文因子分析及生态水文目标确定[J]. 中国水利水电科学研究院学报，4（3）：170-176.

李国刚，冯晨光，汤永涛，等，2017. 新疆内陆河土著鱼类资源调查[J]. 甘肃农业大学学报，52（3）：22-27.

李恒颂，邬国民，范阳，等，2000. 银鲈胚胎和仔鱼的发育[J]. 中国水产科学，7（2）：5-9.

李虹娇，韩英，2017. 乌苏里白鲑生物学特征调查报告[J]. 黑龙江水产，（1）：17-20.

李慧梅，张丹，施品华，1987. 中华乌塘鳢胚胎及仔、稚鱼发育的初步研究[J]. 海洋学报（中文版），9（4）：480-488，531-535.

李建，夏自强，2011. 基于物理栖息地模拟的长江中游生态流量研究[J]. 水利学报，42（6）：678-684.

李建，夏自强，王元坤，等，2010. 长江中游四大家鱼产卵场河段形态与水流特性研究[J]. 四川大学学报（工程科学版），42（4）：63-70.

李建军，杨笑波，魏社林，等，2008. 裸项栉鰕虎鱼的全人工繁殖及其胚胎发育[J]. 中国实验动物学报，（2）：74-75，111-116.

李建生，凌建忠，胡芬，2018. 长江口近岸水域小黄鱼仔稚鱼时空分布和生长特征[J]. 海洋渔业，40（4）：404-412.

李健，罗其勇，2015. 金属暴露对鱼类胚胎发育毒性影响研究进展[J]. 科学咨询（科技·管理），（8）：48-49.

李军，张海明，1993. 团头鲂胚胎及仔稚鱼发育观察[J]. 水产科技情报，（4）：158-163.

李军林，王志坚，张耀光，1998. 白甲鱼（♀）与瓣结鱼（♂）杂交种的胚胎和胚后发育[J]. 西南师范大学学报（自然科学版），23（4）：449-453.

李琳，2014. 珠江三种鲌亚科鱼类的微卫星特征及广东鲂遗传多样性分析[D]. 上海：上海海洋大学.

李琳，李新辉，杨计平，等，2013. 氮和磷营养盐对广东鲂仔鱼的毒性研究[J]. 安徽农业科学，41（23）：9628-9630.

李培伦，刘伟，王继隆，等，2019. 大麻哈鱼繁殖特征及呼玛河原始产卵场生境功能验证[J]. 水产学杂志，32（6）：11-17.

李强，姚明予，陈先均，等，2012. 白甲鱼（*Onychostoma sima*）早期阶段生长与发育的研究[J]. 西南农业学报，（4）：1483-1488.

李世健，陈大庆，刘绍平，等，2011. 长江中游监利江段鱼卵及仔稚鱼时空分布[J]. 淡水渔业，41（2）：

9，18-24.

李树国，金天明，石玉华，2000. 内蒙古鱼类资源调查[J]. 哲里木畜牧学院学报，10（3）：24-28.

李思忠，1991. 鳡亚科鱼类地理分布的研究[J]. 动物学杂志，（4）：40-44.

李思忠，2015. 黄河鱼类志：黄河鱼类专著及鱼类学文选[M]. 基隆：水产出版社.

李文静，王剑伟，谭德清，等，2005. 厚颌鲂胚后发育观察[J]. 水产学报，（6）：729-736.

李想，李维京，赵振国，2005. 我国松花江流域和辽河流域降水的长期变化规律和未来趋势分析[J]. 应用气象学报，16（5）：593-599.

李效宇，皇培培，王春雨，2010. 早期胚胎发育期暴露 1-辛基-3-甲基咪唑离子液体后对金鱼仔鱼的氧化损伤[J]. 生态毒理学报，5（1）：100-104.

李新辉，陈方灿，梁沛文，2018. 珠江水系鱼类原色图集（广东段）[M]. 北京：科学出版社.

李新辉，李捷，李跃飞，2020a. 海南岛淡水及河口鱼类原色图鉴[M]. 北京：科学出版社.

李新辉，李跃飞，武智，2020b. 珠江肇庆段漂流性鱼卵、仔鱼监测日志（2009）[M]. 北京：科学出版社.

李新辉，李跃飞，杨计平，2020c. 珠江肇庆段漂流性鱼卵、仔鱼监测日志（2007）[M]. 北京：科学出版社.

李新辉，李跃飞，张迎秋，2020d. 珠江肇庆段漂流性鱼卵、仔鱼监测日志（2006）[M]. 北京：科学出版社.

李新辉，李跃飞，张迎秋，2020e. 珠江肇庆段漂流性鱼卵、仔鱼监测日志（2010）[M]. 北京：科学出版社.

李新辉，李跃飞，朱书礼，2020f. 珠江肇庆段漂流性鱼卵、仔鱼监测日志（2008）[M]. 北京：科学出版社.

李修峰，黄道明，谢文星，等，2006a. 汉江中游产漂流性卵鱼类产卵场的现状[J]. 大连水产学院学报，21（2）：105-111.

李修峰，黄道明，谢文星，等，2006b. 汉江中游江段四大家鱼产卵场现状的初步研究[J]. 动物学杂志，（2）：76-80.

李艳华，危起伟，王成友，等，2013. 达氏鳇胚后发育的形态观察[J]. 中国水产科学，20（3）：585-591.

李燕，刘智俊，2018. 似刺鳊鮈胚胎发育的形态观察[J]. 水产科技情报，45（2）：90-94.

李杨，王为民，2008. 白消安在斑马鱼早期胚胎和幼鱼发育过程中的毒理和致畸作用[J]. 生态科学，27（5）：368-375.

李勇，张耀光，谢碧文，等，2006. 白甲鱼胚胎和胚后发育的初步观察[J]. 西南师范大学学报（自然科学版），31（5）：142-147.

李跃飞，李新辉，谭细畅，等，2011. 珠江中下游鲮早期资源分布规律[J]. 中国水产科学，18（1）：171-177.

李跃飞，李新辉，谭细畅，等，2012. 珠江中下游鳡鱼苗的发生及其与水文环境的关系[J]. 水产学报，36（4）：615-622.

李跃飞，李新辉，谭细畅，等，2013. 珠江中下游鲴亚科鱼苗发生规律与年际变化[J]. 中国水产科学，20（4）：816-823.

李跃飞，李新辉，杨计平，等，2014. 珠江禁渔对广东鲂资源补充群体的影响分析[J]. 水产学报，38（4）：503-509.

李跃飞，李新辉，杨计平，等，2015. 珠江干流长洲水利枢纽蓄水后珠江鳡鱼（Elopichthys bambusa）早期资源现状[J]. 湖泊科学，27（5）：917-924.

李忠利，严太明，2009. 贝氏高原鳅胚胎和仔鱼的形态发育[J]. 水生生物学报，33（4）：636-642.

连庆安，黄陈翠，王涛，等，2016. 安康地区翘嘴鲌胚胎及胚后发育的观察[J]. 安康学院学报，28（6）：100-103.

练青平，宓国强，姚子亮，等，2013. 瓯江光唇鱼胚胎发育初步研究[J]. 水产科学，32（2）：80-84.

梁祥，钟文武，冷云，等，2018. 秀丽高原鳅胚胎发育观察[J]. 水产科学，37（1）：79-84.

梁银铨，胡小建，黄道明，等，1999. 长薄鳅胚胎发育的观察[J]. 水生生物学报，23（6）：631-635.

梁秩燊，易伯鲁，余志堂，1984. 长江干流和汉江的鳡鱼繁殖习性及其胚胎发育[J]. 水生生物学集刊，（4）：389-403.

梁秩燊，易伯鲁，余志堂，2019. 江河鱼类早期发育图志[M]. 广州：广东科技出版社.

梁秩燊，周春生，黄鹤年，1981. 长江中游通江湖泊：五湖的鱼类组成及其季节变化[J]. 海洋与湖泊，12（5）：468-478.

廖志洪，王春，林小涛，等，2004. 云斑尖塘鳢胚胎和早期仔鱼的发育[J]. 动物学杂志，39（6）：18-22.

林楠，程家骅，姜亚洲，等，2016. 长江口两种仔稚鱼网具的采集效率比较[J]. 水产学报，40（2）：198-206.

林楠，沈长春，钟俊生，2010. 九龙江口仔稚鱼多样性及其漂流模式的探讨[J]. 海洋渔业，32（1）：66-72.

林书颜，1933. 西江鱼苗调查报告书[J]. 广东建设月刊（渔业专号），1（6）：9-35.

林书颜，1935. 鲩鲤之产卵习性及人工受精法[J]. 水产月刊，（9）：14-23.

林贞贤，杨广成，2015. 不同开口饵料对泰山螭霖鱼仔鱼摄食力、存活和生长的影响[J]. 泰山学院学报，37（3）：84-88.

麟昌，1937. 鱼苗与鱼秧[J]. 国货月刊，（11）：69-95.

凌去非，李思发，乔德亮，2003. 丁鱥胚胎发育和卵黄囊仔鱼摄食研究[J]. 水产学报，27（1）：43-48.

刘丹阳，司力娜，张晓光，等，2012. 兴凯湖翘嘴鲌胚胎和仔鱼发育的研究[J]. 东北农业大学学报，43（3）：110-116.

刘飞，黎良，刘焕章，等，2014. 赤水河赤水市江段鱼卵漂流密度的昼夜变化特征[J]. 淡水渔业，44（6）：87-92.

刘飞，张富斌，王雪，等，2019. 赤水河产漂流性卵鱼类的繁殖活动及其与环境因子之间的关系[J]. 水生生物学报，43（S1）：77-83.

刘洪柏，宋苏祥，孙大江，等，2000. 施氏鲟的胚胎及胚后发育研究[J]. 中国水产科学，7（3）：5-10.

刘焕章，陈宜瑜，1994. 鳅类系统发育的研究及若干种类的有效性探讨（英文）[J]. 动物学研究，（15）：1-12.

刘家照，罗志腾，谢刚，等，1982. 露斯塔野鲮人工生殖和胚胎发育[J]. 淡水渔业，（3）：6-8.

刘建康，王祖熊，1955. 江中家鱼苗垂直分布的初步观察[J]. 水生生物学集刊，（2）：71-79.

刘筠，陈淑群，王义铣，等，1966. 草鱼卵子受精的细胞学研究[J]. 湖南师范大学自然科学学报，（5）：73-84.

刘磊，林楠，钟俊生，等，2008. 长江口沿岸碎波带三种暖水性鱼类仔鱼的出现[J]. 海洋渔业，30（1）：62-66.

刘明典，高雷，田辉伍，等，2018. 长江中游宜昌江段鱼类早期资源现状[J]. 中国水产科学，25（1）：147-158.

刘铭，胡先成，韩强，等，2008. 河川沙塘鳢胚胎、仔鱼发育过程中蛋白酶活性的变化[J]. 淡水渔业，38（5）：39-41.

刘全圣，何绪刚，邓闵，等，2017. 黄颡鱼仔稚鱼对缝隙和水层的栖息选择行为[J]. 华中农业大学学报，36（1）：98-102.

刘邵平，邱顺林，陈大庆，等，1997. 长江水系四大家鱼种质资源的保护和合理利用[J]. 长江流域资源与环境，6（2）：127-131.

刘文生，林焯坤，彭锐民，1995. 加州鲈鱼胚胎及幼鱼发育的研究[J]. 华南农业大学学报，16（2）：5-11.

刘希良，宾石玉，王开卓，等，2013. 翘嘴鳜的人工繁殖与胚胎发育观察[J]. 广西师范大学学报（自然科学版），31（2）：100-106.

刘小帅，王红梅，甘维熊，等，2017. 雅砻江长丝裂腹鱼胚胎形态发育及仔鱼生长研究[J]. 安徽农业科学，45（31）：118-121.

刘晓霞，周天舒，唐文乔，2016. 长江近口段沿岸 4 种珍稀、重要鱼类的资源动态[J]. 长江流域资源与环境，25（4）：552-559.

刘雪飞，林俊强，彭期冬，等，2018. 应用 PTV 粒子追踪测速技术的鱼卵运动试验研究[J]. 水利学报，49（4）：501-511.

刘阳，朱挺兵，吴兴兵，等，2015. 短须裂腹鱼胚胎及早期仔鱼发育观察[J]. 水产科学，34（11）：683-689.

刘毅辉，陈永乐，朱新平，等，2012. 翘嘴鳜、斑鳜及其杂交后代的胚胎和胚后发育比较[J]. 大连海洋大学学报，27（1）：6-11.

刘银华，张雅芝，钟幼平，等，2015. 云纹石斑鱼仔稚鱼的摄食习性与生长特性[J]. 应用海洋学学报，34（3）：388-396.

刘友亮，崔希群，陈敬存，1987. 鳜鱼早期发育的生态形态学特征[J]. 水利渔业，（4）：41-45.

刘志远，李圣法，徐献明，等，2012. 大黄鱼仔稚鱼不同发育阶段矢耳石形态发育和微结构特征[J]. 中国水产科学，19（5）：863－871.

柳凌，张洁明，郭峰，等，2010. 人工条件下日本鳗鲡胚胎及早期仔鱼发育的生物学特征[J].水产学报，34（12）：1800-1811.

陆九韶，夏重志，董崇智，2004. 我国内陆冷水水域及其资源利用调查研究 Ⅰ——黑龙江省冷水水域分布及其资源现状调查[J]. 水产学杂志，17（2）：1-10.

陆奎贤，1990. 珠江水系渔业资源[M]. 广州：广东科技出版社.

路志鸣，李孝珠，2009. 泥鳅的人工繁殖及胚胎发育[J]. 黄山学院学报，11（3）：62-65.

罗建仁，邬国民，陈焜慈，等，1994. 斑点胡子鲶的胚胎和仔鱼发育观察[J]. 动物学杂志，29（5）：16-20.

罗其勇，闫玉莲，李健，等，2015. 水体中铅暴露对南方鲇 Silurus meridionalis 胚胎发育和仔鱼存活的影响[J]. 西南师范大学学报（自然科学版），40（5）：67-74.

罗仙池，徐田祥，吴振兴，等，1992. 鳜鱼的胚胎、仔稚鱼发育观察[J]. 水产科技情报，19（6）：165-168.

骆小年，李军，刘刚，等，2011. 鸭绿江水系唇胚胎发育、仔鱼饥饿及其不可逆点[J]. 中国水产科学，18（6）：1278-1285.

吕浩，田辉伍，申绍祎，等，2019. 岷江下游产漂流性卵鱼类早期资源现状[J]. 长江流域资源与环境，28（3）：586-593.

马桂玉，李坚明，梁军能，2011. 三角鲤胚后发育研究[J]. 广东海洋大学学报，31（4）：37-42.

马境，章龙珍，庄平，等，2007. 施氏鲟仔鱼发育及异速生长模型[J]. 应用生态学报，18（12）：2875-2882.

毛成责，陈渊戈，钟俊生，等，2018. 长江口南支邻近水域碎波带仔稚鱼群落结构的差异及关联[J]. 长江流域资源与环境，27（1）：125-134.

孟庆磊，朱永安，王玉新，等，2010. 大鳞副泥鳅胚胎发育观察[J]. 齐鲁渔业，27（11）：8-10.

宓国强，练青平，汪亚平，等，2014. 美洲鲥的胚胎发育研究[J]. 江西农业大学学报，36（6）：1343-1348，1356.

莫根永，胡庚东，周彦锋，2009. 暗纹东方鲀胚胎发育的观察[J]. 淡水渔业，39（6）：22-27.

莫介化，李本旺，张邦杰，等，2006. 线纹尖塘鳢胚胎和前期仔鱼发育的初步研究[J]. 南方水产，2（4）：31-36.

牟振波，徐革锋，刘洋，等，2014. 洛氏鱥（Phoxinus lagowsrii）胚胎及仔鱼发育研究[J]. 东北农业大学学报，45（7）：98-103.

木亮亮，徐慈浩，许爱娱，等，2015a. 云斑尖塘鳢转饵期仔鱼生长和存活率的研究[J]. 淡水渔业，45（4）：70-75.

木亮亮，徐慈浩，许爱娱，等，2015b. 温度对云斑尖塘鳢胚胎发育的影响及其胚后发育的形态学观察[J]. 广东农业科学，（14）：94-99，193.

木云雷，刘悦，王鉴，等，1999. 水温和光照对牙鲆亲鱼性腺成熟和产卵的影响[J]. 大连水产学院学报，14（2）：62-65.

南平，王琼琼，亓蒙，等，2014. 离子液体[C$_8$mim]CI 对泥鳅胚胎和仔鱼的毒性[J]. 生态毒理学报，9（2）：268-272.

尼科尔斯基，1960. 黑龙江流域鱼类[M]. 北京：科学出版社.

倪静洁，2013. 阿海水电站人工模拟鱼类产卵场的设计与实施[J]. 云南水力发电，29（4）：8-11，63.

欧阳斌，1999. 稀有鮈鲫和铜鱼耳石显微结构的研究[D]. 武汉：华中农业大学.

潘炯华，郑文彪，1982. 胡子鲶的胚胎和幼鱼发育的研究[J]. 水生生物学集刊，7（4）：437-444.

潘澎，李跃飞，李新辉，2016. 西江人工鱼巢增殖鲤鱼效果评估[J]. 淡水渔业，46（6）：45-49.

彭期冬，廖文根，李翀，等，2012. 三峡工程蓄水以来对长江中游四大家鱼自然繁殖影响研究[J]. 四川大学学报（工程科学版），44（S2）：228-232.

蒲德永，王志坚，张耀光，等，2006. 大眼鳜胚胎发育的观察[J]. 西南农业大学学报（自然科学版），28（4）：651-655.

戚文华，郭延蜀，李雪芝，等，2008. 子陵栉鰕虎鱼繁殖特性、胚胎及仔鱼的发育[J]. 动物学杂志，43（5）：13-24.

齐雨藻，黄伟健，骆育敏，等，1998. 用硅藻群集指数（DAIpo）和河流污染指数（RPId）评价珠江广州河段的水质状况[J]. 热带亚热带植物学报，6（4）：329-335.

齐遵利，张秀文，韩叙，等，2010. 温度对白斑狗鱼胚胎发育的影响[J]. 淡水渔业，40（4）：76-79.

乔德亮，付立霞，2009. 斑点叉尾鮰胚胎及卵黄囊期仔鱼发育研究[J]. 水生态学杂志，2（1）：58-63.

乔德亮，李思发，凌去非，等，2005. 白斑狗鱼胚胎和卵黄囊期仔鱼的发育[J]. 上海水产大学学报，14（1）：12-18.

乔德亮，凌去非，殷建国，等，2006. 河鲈胚胎及卵黄囊期仔鱼发育[J]. 生物学杂志，23（1）：34-38.

乔志刚，石灵，常国亮，等，2007. 鲇胚胎及其仔鱼发育的连续观察[J]. 水产科学，26（8）：431-435.

秦烜，陈君，向芳，2014. 汉江中下游梯级开发对产漂流性卵鱼类繁殖的影响[J]. 环境科学与技术，37（S2）：501-506.

秦雪，张崇良，肖欢欢，等，2017. 黄河口水域春、夏季鱼卵、仔稚鱼种类组成和数量分布[J]. 中国海洋大学学报（自然科学版），47（7）：46-55.

秦志清，2015a. 饥饿对半刺厚唇鱼（Acrossocheilus hemispinus）仔鱼早期发育的主要影响[J]. 集美大学学报（自然科学版），20（4）：241-248.

秦志清，刘亚君，樊海平，等，2015b. 延迟投饵对半刺厚唇鱼仔鱼摄食、生长与存活的影响[J]. 福建水产，37（5）：392-398.

邱楚雯，王韩信，陈迪虎，等，2014. 台湾泥鳅人工繁殖及早期发育的研究[J]. 水产科技情报，41（6）：284-289.

邱顺林，刘绍平，黄木桂，等，2002. 长江中游江段四大家鱼资源调查[J]. 水生生物学报，26（6）：716-718.

曲焕韬，刘勇，胡美洪，等，2017. 饥饿对圆口铜鱼 Coreius guichenoti 仔鱼早期发育的影响[J]. 水产学杂志，30（6）：24-29.

全国水产标准化技术委员会渔业资源分技术委员会，2012. 河流漂流性鱼卵、仔鱼采样技术规范：SC/T 9407—2012[S]. 北京：中国农业出版社.

全国水产标准化技术委员会渔业资源分技术委员会，2016. 河流漂流性鱼卵和仔鱼资源评估方法：SC/T 9427—2016[S]. 北京：中国农业出版社.

全国水产标准化技术委员会渔业资源分技术委员会，2019. 淡水渔业资源调查规范 河流：SC/T 9429—2019[S]. 北京：中国农业出版社.

任波，任慕莲，郭焱，等，2007. 扁吻鱼胚胎及仔鱼发育的形态学观察[J]. 大连水产学院学报，22（6）：397-402.

任丽珍，程利民，韩晓磊，等，2011. 长江鳡胚胎及仔鱼发育研究[J]. 大连海洋大学学报，26（3）：215-222.

任慕莲，1994. 黑龙江的鳜鱼[J]. 水产学杂志，（2）：17-26.

任慕莲，1998. 伊犁河鱼类[J]. 水产学杂志，（1）：7-17.

任慕莲，郭焱，张人铭，等，2002. 我国额尔齐斯河的鱼类及鱼类区系组成[J]. 干旱区研究，19（2）：62-66.

邵建春，刘春雷，秦芳，等，2016. 汉江地区翘嘴鲌胚胎及仔鱼发育观察[J]. 华中农业大学学报，35（6）：111-116.

单宗棠，1910. 纪事 本省农务 保护鱼苗[J]. 湖北农会报，（3）.

申安华，李光华，赵树海，等，2013. 光唇裂腹鱼胚胎发育与仔鱼早期发育的研究[J]. 水生态学杂志，34（6）：76-80.

申安华，王海龙，符世伟，等，2014. 后背鲈鲤胚胎发育研究[J]. 现代农业科技，（11）：284-285，288.

申玉春，黄木珍，苏秋生，2008. 苏氏圆腹（鱼芒）胚胎发育的初步观察[J]. 广东海洋大学学报，28（4）：41-44.

申志新，王国杰，唐文家，等，2009. 黄河裸裂尻鱼人工孵化及胚胎发育观察[J]. 青海农牧业，（3）：37-38.

沈忱，2015. 长江上游鱼类保护区生态环境需水研究[D]. 北京：清华大学.

施德亮，危起伟，孙庆亮，等，2012. 秦岭细鳞鲑早期发育观察[J]. 中国水产科学，19（4）：557-567.

施炜纲，徐东坡，刘凯，等，2011. 大银鱼的胚胎发育及仔鱼习性[J]. 大连海洋大学学报，26（5）：391-396.

施永海，张根玉，刘建忠，等，2010. 菊黄东方鲀仔稚鱼的生长、发育及行为生态[J]. 水产学报，34（10）：1509-1517.

施永海，张根玉，张海明，等，2015. 刀鲚的全人工繁殖及胚胎发育[J]. 上海海洋大学学报，24（1）：36-43.

石小涛，王博，王雪，等，2013. 胭脂鱼早期发育过程中集群行为的形成[J]. 水产学报，37（5）：705-710.

帅方敏，李智泉，刘国文，等，2015. 珠江口日本鳗鲡种苗资源状况研究[J]. 南方水产科学，11（2）：85-89.

硕青，1959. 西江蓙网在长江的应用[J]. 中国水产，（9）：23.

四川省长江水产资源调查组，1975. 四川省若干种经济鱼类的产卵期、产卵场及幼鱼索饵场调查简报[J]. 淡水渔业，（8）：13-15.

宋超，刘媛媛，吕杨，等，2015. 长江口有明银鱼仔鱼的分布及其与环境因子的关系[J]. 海洋渔业，37（4）：318-324.

宋洪建，刘伟，王继隆，等，2013. 大麻哈鱼卵黄囊期仔鱼异速生长及其生态学意义[J]. 水生生物学报，37（2）：329-335.

宋炜，宋佳坤，2012. 西伯利亚鲟仔稚鱼胚后发育的形态学和组织学观察[J]. 中国水产科学，19（5）：790-798.

宋昭彬，2000. 四大家鱼仔幼鱼耳石微机构的特征及其应用研究[D]. 武汉：中国科学院水生生物研究所.

宋昭彬，曹文宣，1999. 鳡鱼仔稚鱼耳石的标记和其日轮的确证[J]. 水生生物学报，23（6）：677-682.

宋昭彬，付自东，谢天明，2004. 松潘裸鲤野生仔鱼耳石生长轮研究[C]//四川省动物学会，四川省动物学会第八次代表大会暨第九次学术年会论文集：11.

宋振鑫，陈超，翟介明，等，2012. 云纹石斑鱼胚胎发育及仔、稚、幼鱼形态观察[J]. 渔业科学进展，33（3）：26-34.

苏良栋，1980. 中华鲟（Acipenser sinesis Gray）胚胎发育的简要记述[J]. 西南师范学院学报（自然科学版），（2）：31-33.

苏敏，林丹军，尤永隆，2002，黑脊倒刺鲃胚胎发育的观察[J]. 福建师范大学学报（自然科学版），18（2）：80-84.

睢鑫，路志鸣，申玉玲，等，2007. 塔岗水库池沼公鱼胚胎发育的研究[J]. 水利渔业，27（4）：79-81.

孙大明，田慧峰，张欢，等，2010.长江上游水温监测及水温和气温关系研究[J].建筑节能，（12）：74-77.

孙翰昌，2010. 水胺硫磷和三唑磷对草鱼胚胎和初孵仔鱼的毒性效应[J]. 江苏农业科学，（3）：302-304.

孙经迈，1942. 中国之仔鱼（续完）[J]. 中国新农业，（1）：27-31.

孙兴泽，王成菊，李学锋，等，2015. 苯氧威对斑马鱼不同发育阶段急性毒性及胚胎卵黄囊仔鱼阶段慢性毒性作用[J]. 农药学学报，17（3）：279-284.

谭民强，梁学功，2007. 水利水电建设中鱼类保护的有效措施：适宜生境的人工再造[J]. 环境保护，（24）：73-74.

谭细畅，李新辉，林建志，等，2009a. 珠江肇庆江段鲤早期发育形态及其补充群体状况[J]. 大连水产学院学报，24（2）：125-129.

谭细畅，李新辉，罗建仁，等，2009b. 基于水声学探测的两个广东鲂产卵场繁殖生态差异性分析[J]. 生态学报，29（4）：1756-1762.

谭细畅，李新辉，陶江平，等，2007. 西江肇庆江段鱼类早期资源时空分布特征研究[J]. 淡水渔业，37（4）：37-40.

谭细畅，李跃飞，赖子尼，等，2010. 西江肇庆段鱼苗群落结构组成及其周年变化研究[J]. 水生态学杂志，31（5）：27-31.

谭细畅，李跃飞，李新辉，等，2012. 梯级水坝胁迫下东江鱼类产卵场现状分析[J]. 湖泊科学，24（3）：443-449.

谭细畅，李跃飞，庞世勋，等，2008. 广东鲂的胚后发育[J]. 动物学杂志，43（2）：111-115.

谭细畅，李跃飞，王超，等，2009c. 珠江肇庆江段赤眼鳟早期发育形态及其补充群体状况[J]. 华中农业大学学报，28（5）：609-613.

唐安华，何学福，1982. 云南光唇鱼 Acrossocheilus yunanensis（Regan）的胚胎和胚后发育的初步观察[J]. 西南师范学院学报（自然科学版），（1）：91-99.

唐会元，杨志，高少波，等，2012. 金沙江中游圆口铜鱼早期资源现状[J]. 四川动物，31（3）：416-421，425.

唐会元，余志堂，梁秩乐，等，1996. 丹江口水库漂流性鱼卵的下沉速度与损失率初探[J]. 水利渔业，（4）：25-27.

唐丽君，2014a. 鲢鱼早期发育的最适水温[J]. 农家顾问，（2）：30.

唐丽君，张筱帆，张堂林，等，2014b. 水温对鲢早期发育的影响[J]. 华中农业大学学报，33（1）：92-96.

唐晟凯，秦钦，王明华，等，2011. 斑点叉尾鮰胚胎及卵黄囊期仔鱼发育的观察[J]. 水产养殖，32（1）：1-4.

唐锡良，陈大庆，王珂，等，2010. 长江上游江津江段鱼类早期资源时空分布特征研究[J]. 淡水渔业，40（5）：27-31.

田辉伍，王涵，高天珩，等，2017. 长江上游宜昌鳡鲍早期资源特征及影响因子分析[J]. 淡水渔业，47（2）：71-78.

童永，沈建忠，2008. 盘丽鱼胚胎发育的研究[J]. 安徽农业科学，36（7）：2633-2635.

屠明裕，1984. 麦穗鱼的繁殖与胚胎：仔鱼期的发育[J]. 水产科技，（1）：1-13.

万成炎，林永泰，黄道明，1999. 鲂胚后发育[J]. 湖泊科学，11（4）：357-362.

万远，占阳，欧阳珊，等，2013. 胭脂鱼胚胎及仔鱼早期发育观察[J]. 南昌大学学报（理科版），37（1）：78-82.

汪登强，高雷，段辛斌，等，2019. 汉江下游鱼类早期资源及梯级联合生态调度对鱼类繁殖影响的初步分析[J]. 长江流域资源与环境，28（8）：1909-1917.

汪帆，杨瑞斌，樊启学，2017. 东方高原鳅的胚胎与胚后发育观察[J]. 华中农业大学学报，36（6）：89-98.

王宝森，姚艳红，王志坚，2008. 短体副鳅的胚胎发育观察[J]. 淡水渔业，38（2）：70-73.

王昌燮，1959. 长江中游"野鱼苗"的种类鉴定[J]. 水生生物学集刊，（3）：315-343.

王川，郭海燕，李秀明，等，2015. 延迟首次投喂对胭脂鱼仔鱼氨基酸和脂肪酸的影响[J]. 水产学报，

39（1）：75-87.

王丹，李文宽，闫有利，等，2007. 鸭绿江斑鳜胚胎及胚后发育观察[J]. 大连水产学院学报，22（6）：415-420.

王涵，田辉伍，陈大庆，等，2017. 长江上游江津段寡鳞飘鱼早期资源研究[J]. 水生态学杂志，38（2）：82-87.

王韩信，李军，肖雨，1998. 香鱼（*Plecoglossus altivelis*）的人工繁殖及胚胎发育[J]. 水产科技情报，（3）：30-31，33.

王红丽，黎明政，高欣，等，2015. 三峡库区丰都江段鱼类早期资源现状[J]. 水生生物学报，39（5）：954-964.

王宏田，张培军，1998. 环境因子对海产鱼类受精卵及早期仔鱼发育的影响[J]. 海洋科学，22（4）：50-52.

王华，郭延蜀，2009a. 波氏吻鰕虎鱼的胚胎发育[J]. 四川动物，28（2）：184-188.

王华，郭延蜀，左林，等，2009b. 安氏高原鳅胚胎和仔鱼发育的观察[J]. 水产科学，28（12）：721-725.

王建，蒲德成，邓星星，等，2017. 大宁河云南盘鮈的胚胎发育初步研究[J]. 重庆水产，（4）：32-37.

王剑伟，宋天祥，曹文宣，1998. 稀有鮈鲫胚后发育和幼鱼生长的初步研究[J]. 水生生物学报，22（2）：128-134.

王杰，李冰，张成锋，等，2012. 盐度对鱼类胚胎及仔鱼发育影响的研究进展[J]. 江苏农业科学，40（5）：187-192.

王金秋，潘连德，梁天红，等，2004. 松江鲈鱼（*Trachidermus fasciatus*）胚胎发育的初步观察[J]. 复旦学报（自然科学版），43（2）：250-254.

王军红，姜伟，高勇，等，2018. 人工鱼巢及孵化暂养槽在三峡水库产粘性卵鱼类资源保护中的应用[J]. 水生态学杂志，39（5）：116-120.

王珂，周雪，陈大庆，等，2019. 四大家鱼自然繁殖对水文过程的响应关系研究[J]. 淡水渔业，49（1）：66-70.

王磊，唐文乔，孙莎莎，等，2013. 钱塘江口弹涂鱼繁殖特征及早期发育[J]. 动物学杂志，48（4）：497-506.

王玲，周一兵，刘海映，等，2008. 哲罗鱼胚胎和仔鱼发育的研究[J]. 大连海洋大学学报，（6）：425-430.

王令玲，仇潜如，1981. 尼罗罗非鱼胚胎及胚后发育的观察[J]. 动物学报，27（4）：327-336.

王令玲，仇潜如，邹世平，等，1989. 黄颡鱼胚胎和胚后发育的观察研究[J]. 淡水渔业，（5）：9-12.

王茂元，2015. 斑鳜仔鱼饥饿试验及不可逆点的确定[J]. 广东海洋大学学报，35（4）：99-103.

王明学，扶庆，周志刚，等，2000. 溴氰菊酯对草鱼早期发育阶段的毒性效应[J]. 水利渔业，20（6）：39-40.

王芊芊，2008. 赤水河鱼类早期资源调查及九种鱼类早期发育的研究[D]. 武汉：华中师范大学.

王芊芊，吴金明，张富铁，等，2010. 赤水河银鮈的早期发育与仔鱼的耐饥饿能力[J]. 动物学杂志，45（3）：11-20.

王倩，刘利平，陈文银，等，2015. 钠、钾离子浓度及比例对鳗鲡早期发育的影响[J]. 上海海洋大学学报，24（6）：834-840.

王锐，李嘉，2010. 引水式水电站减水河段的水温、流速及水深变化对鱼类产卵的影响分析[J]. 四川水力发电，29（2）：76-79.

王万良，李勤慎，刘哲，等，2014. 祁连山裸鲤胚胎及仔鱼发育的观察[J]. 甘肃农业大学学报，49（3）：28-31，36.

王文君，谢山，张晓敏，等，2012. 岷江下游产漂流性卵鱼类的繁殖活动与生态水文因子的关系[J]. 水生态学杂志，33（6）：29-34.

王小谷，孙栋，林施泉，2017. 长江口及其邻近海域仔鱼的生态学研究[J]. 上海海洋大学学报，26（5）：733-742.

王晓龙，温海深，张美昭，等，2019. 花鲈早期发育过程的异速生长模式研究[J]. 中国海洋大学学报（自然科学版），49（12）：25-30.

王振富，陈力，王青妹，等，2015. 硬头鳟卵黄囊仔鱼发育的观察研究[J]. 河北渔业，（7）：32-34，40.

王志坚，张耀光，李军林，等，2000a. 福建纹胸鲱的胚胎发育[J]. 上海水产大学学报，9（3）：194-199.

王志坚，张耀光，廖承红，2000b. 涪江下游川西黑鳍鳈胚胎和幼鱼发育研究[J]. 西南师范大学学报（自然科学版），25（5）：590-595.

韦尔科姆，1988. 江河渔业[M]. 曾祥琮，等译. 北京：中国农业科技出版社.

魏刚，罗学成，1994. 鲶胚胎和幼鱼发育的研究[J]. 四川师范学院学报（自然科学版），15（4）：350-355.

文红波，曹运长，虞佳，2005. 蓝太阳鱼胚胎和仔鱼发育的观察[J]. 水利渔业，25（2）：25-27.

吴鸿图，施有琦，1964. 鳙鱼（*Aristi chthys nobilis*）的胚胎发育[J]. 哈尔滨师范学院学报（自然科学版），（0）：115-124.

吴金明，王芊芊，刘飞，等，2010. 赤水河赤水段鱼类早期资源调查研究[J]. 长江流域资源与环境，19（11）：1270-1276.

吴金明，王芊芊，刘飞，等，2011. 赤水河四川华吸鳅的早期发育[J]. 四川动物，30（4）：527-529，536，670.

吴金明，杨焕超，王成友，等，2015. 不同开口饵料对川陕哲罗鲑仔鱼生长和存活的影响[J]. 四川动物，34（5）：752-755.

吴青，王强，蔡礼明，等，2001. 松潘裸鲤的胚胎发育和胚后仔鱼发育[J]. 西南农业大学学报，23（3）：276-279.

吴青，王强，蔡礼明，等，2004. 齐口裂腹鱼的胚胎发育和仔鱼的早期发育[J]. 大连水产学院学报，19（3）：218-221.

吴晓春，等，2015. 河流生态变更与评价[M]. 北京：中国环境出版社：137-171.

吴兴兵，郭威，朱永久，等，2015. 长鳍吻鮈胚胎发育特征观察[J]. 四川动物，34（6）：889-894.

吴秀鸿，1959. 闽江下游九种野鱼苗的发生、捕捞及驯养情况初步报导[J]. 生物学通报，（6）：242-244.

吴雪，2017. 漓江各类仔稚鱼对环境因子的适应性研究[J]. 广西农学报，32（4）：46-49.

夏继刚，牛翠娟，孙麓垠，2013. PFOS对斑马鱼胚胎及仔鱼的生态毒理效应[J]. 生态学报，33（23）：7408-7416.

夏玉国，李勇，杨大川，等，2013.葛氏鲈塘鳢胚胎发育初步观察[J].黑龙江水产，（3）：2-4.

肖国华，高晓田，蒋燕，等，2011a. 江鳕仔鱼幼体发育及生长研究[J]. 海洋湖沼通报，（1）：137-140.

肖国华，蒋燕，赵振良，等，2011b. 江鳕胚后发育的形态观察[J]. 水生态学杂志，32（1）：57-60.

肖国华，赵振良，高晓田，等，2011c. 江鳕胚后形态发育特征[J]. 水产学杂志，24（1）：34-40.

解玉浩，李勃，富丽静，1995a. 鸭绿江香鱼耳石日轮与生长的研究[J]. 动物学报，41（2）：125-133.

解玉浩，李勃，富丽静，等，1995b. 鳙鱼一幼鱼耳石日轮与生长的研究[J]. 中国水产科学，2（2）：34-42.

谢常青，廖伏初，袁希平，2017. 土谷塘航电枢纽工程库区固定半浮式人工鱼礁增殖修复技术研究探讨[J]. 水能经济，（4）：43-44.

谢恩义，何学福，1998. 瓣结鱼的胚胎发育[J]. 怀化师专学报，17（2）：33-37.

谢恩义，阳清发，何学福，2002. 瓣结鱼的胚胎及幼鱼发育[J]. 水产学报，26（2）：115-121.

谢刚，祁宝仑，余德光，等，2000. 鳗鲡胚胎和早期仔鱼的耗氧量[J]. 大连水产学院学报，15（4）：250-253.

谢刚，叶星，许淑英，等，1998. 广东鲂仔幼鱼的生长特性[J]. 珠江水产，（4）：7-11.

谢骏，余德光，王广军，等，2005. 人工诱导池塘养殖鳗鲡成熟产卵以及胚胎和仔鱼发育[J]. 水产学报，29（5）：688-694.

谢文星，黄道明，谢山，等，2009. 丹江口水利枢纽兴建后汉江中下游四大家鱼等早期资源及其演变[J]. 水生态学杂志，2（2）：44-49.

谢文星，唐会元，黄道明，等，2014. 湘江祁阳—衡南江段产漂流性卵鱼类产卵场现状的初步研究[J]. 水产科学，（2）：103-107.

谢仰杰，孙帼英，1996. 河川沙塘鳢的胚胎和胚后发育以及温度对胚胎发育的影响[J]. 厦门水产学院学报，18（1）：55-62.

谢增兰，郭延蜀，胡锦矗，等，2005. 高体鳑鲏的生物学资料及个体发育观察[J]. 动物学杂志，40（1）：21-26.

邢迎春，赵亚辉，李高岩，等，2011. 北京地区宽鳍鱲的早期发育[J]. 水生生物学报，35（5）：808-816.

熊邦喜，庄平，庄振朋，等，1984. 长江鳡胚前和胚后发育的初步观察[J]. 华中农学院学报，（1）：69-76.

熊洪林，姚艳红，王志坚，2013. 贝氏高原鳅消化系统胚后发育的形态及组织结构[J]. 动物学杂志，48（3）：437-445.

徐滨，魏开金，朱祥云，等，2018. 雅砻江硬刺松潘裸鲤的胚胎及仔鱼发育研究[J]. 水生态学杂志，39（5）：67-75.

徐玲玲，邵邻相，谢炜，等，2012. 七彩神仙鱼胚胎及仔鱼发育研究[J]. 河南师范大学学报（自然科学版），40（1）：125-129.

徐田振，李新辉，李跃飞，等，2018. 郁江中游金陵江段鱼类早期资源现状[J]. 南方水产科学，14（2）：19-25.

徐薇，刘宏高，唐会元，等，2014. 三峡水库生态调度对沙市江段鱼卵和仔鱼的影响[J]. 水生态学杂志，35（2）：1-8.

徐薇，杨志，陈小娟，等，2020. 三峡水库生态调度试验对四大家鱼产卵的影响分析[J]. 环境科学研究，33（5）：1129-1139.

徐伟，耿龙武，李池陶，等，2011. 大鳞鲃的人工繁殖、胚胎发育和耐盐碱测定[J]. 水产学报，35（2）：255-260.

徐兆礼，2010. 闽江口和兴化湾浮性鱼卵和仔鱼分布特征的比较[J]. 上海海洋大学学报，19（6）：822-827.

徐兆礼，陈华，陈庆辉，2008. 瓯江口渔场夏秋季浮性鱼卵和仔鱼的时空分布[J]. 水产学报，32（5）：733-739.

徐兆礼，袁骐，蒋玫，等，1999. 长江口鱼卵和仔、稚鱼的初步调查[J]. 中国水产科学，6（5）：63-64.

许静，谢从新，邵俭，等，2011. 雅鲁藏布江尖裸鲤胚胎和仔稚鱼发育研究[J]. 水生态学杂志，32（2）：86-95.

许蕴玕，邓中粦，余志堂，等，1981. 长江的铜鱼生物学及三峡水利枢纽对铜鱼资源的影响[J]. 水生生物学集刊，7（3）：271-294.

许郑超，王国成，刘青，等，2015. 金鲫仔鱼的饥饿实验和不可逆点研究[J]. 水产养殖，36（4）：14-19.

闫永健，王成武，时永香，等，2009. 淡水黑鲷胚胎发育初步观察[J]. 水产科学，29（4）：188-191.

严太明，何学福，贺吉胜，1999. 宽口光唇鱼胚胎发育的研究[J]. 水生生物学报，23（6）：636-640.

严太明，何智，苗志国，2014a. 大渡软刺裸裂尻鱼仔鱼形态发育及生长[J]. 四川动物，33（3）：409-413.

严太明，杨世勇，杨淞，等，2014b. 重口裂腹鱼眼早期形态发生研究[J]. 四川动物，33（2）：239-243.

严小梅，胡绍坤，施须坤，1996. 太湖银鱼资源变动关联因子及资源测报方法探讨[J]. 水产学报，20（4）：307-313.

严银龙，施永海，邓平平，等，2016. 舌鰕虎鱼的人工繁殖及其胚胎发育[J]. 大连海洋大学学报，31（1）：24-29.

杨德国，危起伟，陈细华，等，2007. 葛洲坝下游中华鲟产卵场的水文状况及其与繁殖活动的关系[J]. 生态学报，27（3）：862-869.

杨华莲，何川，马立鸣，等，2012. 匙吻鲟受精卵胚胎发育的研究[J]. 西南农业学报，25（4）：1489-1494.

杨焕超，杨晓鸽，吴金明，等，2016. 川陕哲罗鲑个体的早期发育观察[J]. 中国水产科学，23（4）：759-770.

杨计平，李策，陈蔚涛，等，2018. 西江中下游鳘的遗传多样性与种群动态历史[J]. 生物多样性，26（12）：1289-1295.

杨明生，2004. 花斑副沙鳅的胚胎发育观察[J]. 淡水渔业，34（6）：34-36.

杨明生，王剑伟，2005. 瓦氏黄颡鱼的胚后发育观察[J]. 动物学杂志，40（4）：69-73.

杨培民，金广海，刘义新，等，2014a. 辽河水系洛氏鱥仔、稚鱼形态发育与生长特征[J]. 水产学杂志，27（5）：28-34.

杨培民，骆小年，金广海，等，2014b. 鸭绿江唇䱻仔、稚鱼形态发育与早期生长[J]. 水生生物学报，38（1）：1-9.

杨青瑞，2007. 三峡水库太湖新银鱼耳石日轮与生长的初步研究[D]. 武汉：华中农业大学.

杨晓梅，侯立静，马跃，等，2005. 泰山赤鳞鱼的胚胎发育和仔鱼发育[J]. 水产科学，24（11）：16-19.

杨雪军，王邢艳，冯晓婷，等，2020. 基于不同人工鱼巢研究黄颡鱼的产卵偏好性[J]. 中国水产科学，27（2）：213-223.

杨宇，严忠民，乔晔，2007. 河流鱼类栖息地水力学条件表征与评述[J]. 河海大学学报（自然科学版），35（2）：125-130.

杨月欣，王光亚，潘兴昌，2009. 中国食物成分表[M]. 2 版. 北京：北京大学医学出版社.

姚国成，1999. 广东淡水渔业[M]. 北京：科学出版社.

姚纪花，周平凡，1997. 铜、锌和甲胺磷对大鳞副泥鳅胚胎发育和仔鱼成活的影响[J]. 上海水产大学学报，6（1）：11-16.

姚子亮，李黎，宓国强，等，2008. 瓯江产唇䱻的早期形态发育研究[J]. 水产科学，27（3）：121-124.

叶剑雄，战培荣，黄晓丽，等，2016. 大庆原油水溶物对方正银鲫胚胎及仔鱼的影响[J]. 海洋渔业，38（2）：182-189.

叶奕佐，1964. 青鱼胚后发育的初步研究[J]. 水产学报，（1）：39-59.

佚名，1911. 仔鱼专号：（一）捕捉仔鱼[J]. 水产画报，（12）：45-46.

佚名，1928. 咨：咨实业部：第九十号（三月十四日）：王子良呈称购轮注册捕鱼现经本部批准暂行备案咨复查照由[J]. 农工公报（北京），（6）：50.

佚名，1935. 长江流域鱼苗之调查[J]. 政治成绩统计，（5）：81-98.

佚名，1936a. 海闻：粤省鱼苗产量调查[J]. 海事（天津），（2）：93.

佚名，1936b. 广东仔鱼出产统计表[J]. 统计月刊，（3）：45.

佚名，1936c. 粤省鱼苗产量调查：年约五万二千余万尾，值七十五万九千余元[J]. 水产月刊，（5-6）：110-111.

佚名，1937a. 广西鱼苗业近况调查[J]. 中外经济情报，（100）：5-8.

佚名，1937b. 渔字第五一三一号 咨湖北 湖南 江西 四川 安徽 江苏省政府本部为继续调查长江流域仔鱼产销情形请转饬沿江各县协助保护由[N]. 实业部公报，（329）：27.

佚名，1941. 令发保护淡水鱼类产卵区亲鱼鱼卵鱼苗暂行办法[N]. 广东省政府公报，（752）：12.

佚名，1952a. 江西省九江专区鱼苗业管理暂行办法[J]. 江西政报，（4）：36.

佚名，1952b. 九江专区采购鱼苗登记暂行实施细则[N]. 江西政报，（4）：36.

佚名，1955. 湖南省人民委员会关于做好鱼苗生产与保护亲鱼工作的指示[N]. 湖南政报，（3）：24-25.

佚名，1957. 江西省人民委员会关于积极发展鱼苗生产的指示[N]. 江西政报，（6）：21-23.

佚名，1958a. 装捕鱼苗技术大革命 顺德农民用大鱼捞巧夺鱼苗[J]. 中国水产，（7）：2.

佚名，1958b. 全国鱼苗生产统计[J]. 中国水产，（7）：1.

佚名，1958c. 全国鱼苗丰收[J]. 中国水产，（7）：1.

佚名，1958d. 人工繁殖鲢鳙鱼苗受到全国各地重视[J]. 中国水产，（7）：4.

佚名，1958e. 中华人民共和国水产部关于鱼苗鱼种生产的指示[J]. 中国水产，（5）：1.

佚名，1959. 全国淡水鱼苗生产一片丰收景象[J]. 中国水产，（14）：23.

佚名，1960a. 张捕鱼苗的几点经验[J]. 中国水产，（12）：19.

佚名，1960b. 广东省掀起大搞鲢、鳙鱼苗人工繁殖高潮[J]. 中国水产，（10）：15.

易伯鲁，梁秩燊，1964，长江家鱼产卵场的自然条件和促使产卵的主要外界因素[J]. 水生生物学集刊，

5（1）：1-15.

易伯鲁，余志堂，梁秩燊，1988. 葛洲坝水利枢纽与长江四大家鱼[M]. 武汉：湖北科学技术出版社.

易雨君，王兆印，陆永军，2007. 长江中华鲟栖息地适合度模型研究[J]. 水科学进展，18（4）：538-543.

易祖盛，陈湘粦，王春，等，2004. 倒刺鲃胚胎发育的研究[J]. 中国水产科学，11（1）：65-69.

易祖盛，王春，陈湘粦，2002. 尖鳍鲤的早期发育[J]. 中国水产科学，（2）：120-124，198-199.

殷海成，吕海英，2010. 黑尾近红鲌仔鱼的生长和发育[J]. 水产养殖，31（9）：40-42.

于殿乙，王生根，戚国扬，1958. 几种鱼苗的鉴别方法[J]. 生物学通报，（1）：63.

于欢欢，陈超，张廷廷，等，2015. 饥饿对云纹石斑鱼（*Epinephelus moara*）卵黄囊期仔鱼摄食和生长
　　的影响[J]. 渔业科学进展，36（6）：37-42.

于淼，方健，薛亭，等，2018. 团头鲂的胚胎发育与观察方法优化[J]. 河南师范大学学报（自然科学版），
　　46（1）：89-94.

于振海，安丽，朱树人，等，2018. 大鳞鲃胚胎发育及仔鱼发育观察[J]. 长江大学学报（自科版），
　　15（6）：38-42，94-95.

余志堂，1982. 汉江中下游鱼类资源调查以及丹江口水利枢纽对汉江鱼类资源影响的评价[J]. 水库渔
　　业，（1）：19-22，26-27.

余志堂，1988. 大型水利枢纽对长江鱼类资源影响的初步评价（一）[J]. 水利渔业，（2）：38-41.

余志堂，李万洲，1983. 葛洲坝枢纽下游发现了中华鲟卵场[J]. 水库渔业，（1）：2.

余志堂，梁秩燊，易伯鲁，1984. 铜鱼和圆口铜鱼的早期发育[J]. 水生生物学集刊，8（4）：371-380.

余志堂，周春生，邓中粦，等，1985. 葛洲坝水利枢纽工程截流后的长江四大家鱼产卵场[C]//中国鱼类
　　学会. 鱼类学论文集：第四辑. 北京：科学出版社：2-5.

袁博，周孝德，宋策，等，2013. 黄河上游高寒区河流水温变化特征及影响因素研究[J].干旱区资源与
　　环境，（12）：59-65.

袁喜，黄应平，靖锦杰，等，2016. 铜暴露对草鱼幼鱼代谢行为的影响[J]. 农业环境科学学报，35（2）：
　　261-265.

岳丙宜，宋学君，张美婷，等，1997. 不同盐度对乌鳢（*Ophiocephalus argus* Cantor）胚胎发育及仔鱼
　　生长的影响[J].天津水产，（1）：19-22.

岳丙宜，宋学君，张美婷，等，1998a. 不同水质盐度对乌鳢（*Ophiocephalus argus* Cantor）胚胎发育及
　　仔鱼生长的影响[J]. 河北渔业，（1）：6-8.

岳丙宜，张美婷，宋学君，等，1998b. 温度对乌鳢（*Ophiolephalus argus* Cantor）胚胎发育的影响[J]. 水
　　产科学，（4）：14-16.

岳兴建，王芳，谢碧文，等，2011. 沱江流域宽体沙鳅的胚胎发育[J]. 四川动物，30（3）：390-393，397，
　　493.

曾祥胜，1990. 人为调节涨水过程促使家鱼自然繁殖的探讨[J]. 生态学杂志，9（4）：20-23，28.

曾艳艺，赖子尼，杨婉玲，等，2014. 铜和镉对珠江天然仔鱼和幼鱼的毒性效应及其潜在生态风险[J]. 生
　　态毒理学报，9（1）：49-55.

张邦杰，李本旺，莫介化，等，2007. 线纹尖塘鳢仔、稚鱼的形态发育[J]. 动物学杂志，42（1）：128-133.

张春光，赵亚辉，2000. 胭脂鱼的早期发育[J]. 动物学报，46（4）：438-447.

张春霖，1958. 鱼类的适应[J]. 动物学杂志，2（2）：100-103.

张德志，郑卫东，2008. 沙塘鳢胚胎和仔鱼发育的初步研究[J]. 现代农业科学，15（2）：44-46.

张冬良，李黎，钟俊生，等，2009. 长江口碎波带刀鲚仔稚鱼的形态学研究[J]. 上海海洋大学学报，
　　18（2）：150-154.

张国华，2000. 耳石形态和元素组成及其与鱼类群体识别的研究[D]. 武汉：中国科学院水生生物研究所.

张宏，谭细畅，史建全，等，2009. 布哈河青海湖裸鲤鱼苗鱼卵的时空分布研究[J]. 生态科学，28（5）：
　　443-447.

张宏安，伊国栋，2002. 黄河三门峡水库不同运行期水温状况分析[J]. 西北水电，（1）：17-19.

张慧，姜锦林，张宇峰，等，2017. 4-壬基酚对斑马鱼（Danio rerio）胚胎/仔鱼的毒性效应[J]. 生态与
　　农村环境学报，33（8）：737-742.

张开翔，1992. 大银鱼胚胎发育的观察[J]. 湖泊科学，4（2）：25-37.

张开翔，1998. 太湖短吻银鱼的胚胎发育[J]. 湖泊科学，10（1）：55-61.

张立彦，曾庆孝，龙佳，等，2004. 齐口裂腹鱼的胚胎发育和仔鱼的早期发育[J]. 大连海洋大学学
　　报，（3）：218-221.

张良松，2011. 异齿裂腹鱼胚胎发育与仔鱼早期发育的研究[J]. 大连海洋大学学报，26（3）：238-242.

张楠，夏自强，江红，等，2010.生物对河流流量的适宜性[J].生态学报，（20）：5695-5701.

张其永，洪万树，戴庆年，等，1987. 大弹涂鱼人工繁殖和仔稚鱼培育研究[J]. 厦门大学学报（自然科
　　学版），26（3）：366-373.

张人铭，马燕武，吐尔逊，等，2007. 塔里木裂腹鱼胚胎和仔鱼发育的初步观察[J]. 水利渔业，27（2）：
　　27-28，38.

张人铭，马燕武，吐尔逊，等，2008. 新疆扁吻鱼的胚胎发育和仔鱼发育的初步观察[J]. 干旱区研究，
　　25（2）：190-195.

张涛，庄平，章龙珍，等，2002. 胭脂鱼早期生活史行为发育[J]. 中国水产科学，9（3）：215-219.

张廷廷，陈超，施兆鸿，等，2016. 温度对云纹石斑鱼（Epinephelus moara）胚胎发育和仔鱼活力的影
　　响[J]. 渔业科学进展，37（3）：28-33.

张晓敏，黄道明，谢文星，等，2009. 汉江中下游"四大家鱼"自然繁殖的生态水文特征[J]. 水生态学
　　杂志，30（2）：126-129.

张玄可，程卫东，梁敏，等，2015. 水体镉暴露对南方鲇仔鱼存活率的影响[J]. 西南大学学报（自然科
　　学版），37（11）：57-62.

张艳萍，王太，焦文龙，等，2013. 厚唇裸重唇鱼胚胎发育的形态学观察[J]. 四川动物，32（3）：389-392.

张耀光，王德寿，罗泉笙，1991. 大鳍鳠的胚胎发育[J]. 西南师范大学学报（自然科学版），16（2）：
　　223-229.

张怡，夏继刚，曹振东，等，2013. 急性铜暴露对中华倒刺鲃幼鱼游泳能力的影响[J]. 生态学杂志，
　　32（9）：2451-2456.

张永泉，刘奕，王炳谦，等，2010. 白点鲑胚胎与仔鱼发育[J]. 动物学杂志，45（5）：111-120.

张运海，丁瑶，顾正选，等，2018. 金沙江和长江长薄鳅人工繁殖及胚胎发育[J]. 湖北农业科学，57（8）：
　　104-107.

赵鹤凌，2006. 胭脂鱼胚胎发育的观察[J]. 水利渔业，26（1）：34-35.

赵健蓉，解崇友，蔡瑞钰，等，2017. 云南盘鮈人工繁殖及胚胎发育初步观察[J]. 南方水产科学，13（5）：
　　124-128.

赵俊，王春，陈湘粦，等，1994. 鲂鱼（Megalobramaskolkovii）早期发育的研究[J]. 华南师范大学学报
　　（自然科学版），（2）：51-59.

赵明蓟，黄文郁，王祖熊，1982. 温度对于湘华鲮胚胎与胚后发育的影响[J]. 水产学报，6（4）：345-350.

赵天，陈国柱，林小涛，2010. 叉尾斗鱼仔鱼耳石形态发育与日轮形成特征[J]. 中国水产科学，17（6）：
　　1364-1370.

赵一杰，张美昭，温海深，2012. 松江鲈鱼胚胎及仔稚鱼形态观察[J]. 现代农业科技，（19）：256-259.

赵优，庄平，章龙珍，等，2008. 纹缟虾虎鱼胚胎与早期仔鱼的发育特征[J]. 中国水产科学，15（4）：
　　533-541.

赵云辉，赵兴文，何媛，2009. 苏氏圆腹䱻胚胎和仔鱼的发育观察[J]. 河北渔业，（12）：39-43.

郑闽泉，丁桂枝，刘伯仁，等，1992. 泥鳅早期发育的观察研究[J]. 海洋湖沼通报，（4）：85-90.

郑文彪，1984. 叉尾斗鱼的胚胎和幼鱼发育的研究[J]. 动物学研究，5（3）：261-268，301.

郑文彪，1985. 泥鳅胚胎和幼鱼发育的研究[J]. 水产学报，9（1）：37-47.

中国科学院动物研究所，中国科学院新疆生物土壤沙漠研究所，新疆维吾尔自治区水产局，1979. 新疆鱼类志[M]. 乌鲁木齐：新疆人民出版社.

中国水产科学研究院珠江水产研究所，上海水产大学，中国水产科学研究院东海水产研究所，等，1986. 海南岛淡水及河口鱼类志[M]. 广州：广东科技出版社.

钟海浪，1988. 不同盐度对鲮鱼胚胎及仔鱼发育的影响[J]. 珠江水产，（12）：47-53.

钟麟，等，1965. 家鱼的生物学和人工繁殖[M]. 北京：科学出版社.

钟贻诚，李玉和，胡连元，1979. 梭鱼胚胎发育及仔鱼前期的观察[J]. 天津水产，（1）：20-27.

钟子恕，1958. 力争完成鱼苗生产任务[J]. 中国水产，（2）：19-20.

周春生，梁秩燊，黄鹤年，1980. 兴修水利枢纽后汉江产漂流性卵鱼类的繁殖生态[J]. 水生生物学集刊，7（2）：175-188.

周洁，周玉，郭先武，1995. 圆尾斗鱼的胚胎和仔鱼发育的研究[J]. 海洋湖沼通报，（2）：30-36.

周秋白，吴华东，吴红翔，等，2003. 黄鳝的胚胎及胚后发育[J]. 水产学报，27（6）：505-512.

周天舒，王磊，唐文乔，等，2012. 大鳍弹涂鱼的胚胎发育及其对盐度的耐受性[J]. 水生生物学报，36（5）：913-921.

周燕，蒲德成，邓星星，等，2018. 大宁河云南盘鮈的胚胎发育初步研究[J]. 黑龙江畜牧兽医，（15）：192-195，245.

周玉，杨振国，张俊辉，2001. 神仙鱼胚胎和仔鱼发育的初步观察[J]. 上海水产大学学报，（4）：370-373.

周镇宏，梁湘，1998. 20世纪广东科学技术全纪录[M]. 广州：广东省科学技术协会，广东省科学技术委员会编；周镇宏，梁湘主编，广东经济出版社出版，1998.12.

朱蕙，刘沛霖，1986. 90锶对鲫鱼胚胎发育的影响及鲫仔鱼对90锶吸收积累的研究[J]. 水生生物学报，10（3）：271-276，302.

珠江水系渔业资源调查编委会，1985. 珠江水系渔业资源调查研究报告[R]. 广州：中国水产科学研究院珠江水产研究所.

庄平，宋超，章龙珍，等，2009. 全人工繁殖西伯利亚鲟仔稚鱼发育的异速生长[J]. 生态学杂志，28（4）：681-687.

邹振华，陆国宾，李琼芳，等，2011. 长江干流大型水利工程对下游水温变化影响研究[J]. 水力发电学报，（5）：139-144.

左鹏翔，李光华，冷云，等，2015. 短须裂腹鱼胚胎与仔鱼早期发育特性研究[J]. 水生态学杂志，36（3）：77-82.

Aldanondo N，Cotano U，Etxebeste E，et al.，2008. Validation of daily increments deposition in the otoliths of European anchovy larvae（*Engraulis encrasicolus* L.）reared under different temperature conditions[J]. Fisheries Research，93（3）：257-264.

Alhossaini M，Pitcher T J，1988. The relation between daily rings，body growth and environmental factors in plaice，*Pleuronectes platessa* L.，juvenile otoliths[J]. Journal of Fish Biology，33：409-418.

Araujo-Lima C A R M，Oliveira E C，1998. Transport of larval fish in the Amazon[J]. Journal of Fish Biology，53：297-306.

Arneri E，Morales-Nin B，2005. Aspects of the early life history of European hake from the central Adriatic[J]. Journal of Fish Biology，56（6）：1368-1380.

Arrhenius F，Hansson S，1996. Growth and seasonal changes in energy content of young Baltic Sea herring（*Clupea harengus* L.）[J]. ICES Journal of Marine Science，53：792-801.

Aydin R，Calta M，Sen D，et al.，2004. Relationships between fish lengths and otolith in the population of *Chondrostoma regium*（Heckel，1843）inhabiting Keban Dam Lake[J]. Pakistan Journal of Biological Sciences，7（9）：1550-1553.

Bardonnet A，2001. Spawning in swift water currents：Implications for eggs and larvae[J]. Large Rivers，12
　　（2/4）：271-291.

Bergstedt R A，Eshenroder R L，Bowen C，et al.，1990. Mass-marking of otoliths of lake trout sac fry by
　　temperature manipulation[J]. American Fisheries Society Symposium，7：216-223.

Bestgen K R，Bundy J M，1998. Environmental factors affect daily increment deposition and otolith Growth in
　　young Colorado squawfish[J]. Transactions of the American Fisheries Society，127：105-117.

Boehlert G W，Yoklavich M M，1985. Larval and juvenile growth of sablefish，*Anoplopoma fimbria*，as
　　determined from otolith increments[J]. Fishery Bulletin，83：475-481.

Brown A V，Armstrong M L，1985. Propensity to drift downstream among various species of fish[J]. Journal
　　Of Freshwater Ecology，3（1）：3-17.

Bunn S E，Arthington A H，2002. Basic principles and ecological consequences of altered flow regimes for
　　aquatic biodiversity[J]. Environmental Management，30（4）：492-507.

Campana S E，1983. Feeding periodicity and the production of daily growth increments in otoliths of steelhead
　　trout（*Salmo gairdneri*）and starry fiounder（*Platichthys stellatus*）[J]. Canadian Journal of Zoology，
　　61：1591-1597.

Campana S E，1984. Lunar cycles of otolith growth in the juvenile starry flounder Platichthys stellatus[J].
　　Marine Biology，80：239-246.

Casas M C，1998. Increment formation in otoliths of slow-growing winter flounder(*Pleuronectes americanus*)
　　larvae in cold water[J]. Canadian Journal of Fisheries and Aquatic Sciences，55：162-169.

Copp G H，Faulkner H P，Doherty S，et al.，2002. Diel drift behaviour of fish eggs and larvae，in particular
　　barbel，*Barbus barbus*（L.），in an English chalk stream[J]. Fisheries Management and Ecology，9（2）：
　　95-103.

Crecco V A，Savoy T F，1985. Effects of biotic and abiotic factors on growth and relative survival of young
　　American shad，*Alosa sapidissima*，in the Connecticut River[J]. Canadian Journal of Fisheries and
　　Aquatic Sciences，42：1640-1648.

DeVries D A，Churchill B G，Michael H，et al.，2002. Using otolith shape analysis to distinguish eastern Gulf
　　of Mexico and Atlantic Ocean stocks of king mackerel[J]. Fisheries Research，57（1）：51-62.

DeVries D A，Grimes C B，Lang K L，et al.，1990. Age and growth of king and Spanish mackerel larvae and
　　juveniles from the Gulf of Mexico and U.S. South Atlantic Bight[J]. Environmental Biology of Fishes，
　　29：135-143.

Essig R J，Cole C F，1986. Methods of estimating larval fish mortality from daily increments in otoliths[J].
　　Transactions of the American Fisheries Society，115：34-40.

Ferreira M T，Rodríguez-González P M，Aguiar F C，et al.，2005. Assessing biotic integrity in Iberian rivers：
　　Development of a multimetric plant index[J]. Ecological Indicators，5：137-149.

Finn J E，Burger C V，Holland-Bartels L，1997. Discrimination among populations of sockeye salmon fry with
　　Fourier analysis of otolith banding patterns formed during incubation[J]. Transactions of the American
　　Fisheries Society，126（4）：559-578.

Fischer P，1999. Otolith microstructure during the pelagic，settlement and benthic phases in burbot[J]. Journal
　　of Fish Biology，54（6）：1231-1243.

Gadomski D M，Barfoot C A，1998. Diel and distributional abundance patterns of fish embryos and larvae in
　　the lower Columbia and Deschutes rivers[J]. Environmental Biology of Fishes，51（4）：353-368.

Geffen A J，1992. Validation of otolith increment deposition rate[G]//Sevenson D K，Campana S E. Otolith
　　microstructure examination and analysis. Canadian Special Publication of Fisheries and Aquatic
　　Sciences：117-126.

Gleason T R，Bengtson D A，1996. Size-selective mortality of Inland silversides：Evidence from otolith microstructure[J]. Transactions of the American Fisheries Society，125（6）：860-873.

Green B S，Mapstone B D，Carlos G，et al.，2009. Tropical fish otoliths：Information for assessment，management and ecology.[J]. Springer，Tokyo，313.

Grinsted A，Moore J C，Jevrejeva S，2004. Application of the cross wavelet transform and wavelet coherence to geophysical time series[J]. Nonlinear Processes in Geophysics，11：561-566.

Gutiérrez E，Morales-Nin B，1986. Time series analysis of daily growth in *Dicentrarchus labrax* L. otoliths[J]. Journal of Experimental Marine Biology and Ecology，103：163-179.

Hawkins C P，2006. Quantifying biological integrity by taxonomic completeness：Its utility in regional and global assessments[J]. Ecological Applications，16（4）：277-294.

Hoedt F E，1992. Validation of daily growth increments in otoliths from *Thryssa aestuaria*（Ogilby），a tropical anchovy from Northern Australia[J]. Australian Journal of Marine and Freshwater Research，43（5）：1043-1050.

Islam M S，Ueno M，Yamashita Y，2009. Otolith microstructure of Japanese sea bass larvae and juveniles：Interpretation and utility for ageing[J]. Journal of Applied Ichthyology，25（4）：423-427.

Islam M S，Ueno M，Yamashita Y，2010. Growth-dependent survival mechanisms during the early life of a temperate seabass（*Lateolabrax japonicus*）：Field test of the 'growth-mortality' hypothesis[J]. Fish Oceanography，19（3）：230-242.

Javis R S，Klodowski H F，Sheldon S P，1978. New method of quantifying scale shape and an application to stock identification in walleye（*Stizostedion vitreum vitreum*）[J]. Transactions of the American Fisheries Society，107（4）：528-534.

Jiang W，Liu H Z，Duan Z H，et al.，2010. Seasonal variation in drifting eggs and larvae in the upper Yangtze，China[J]. Zoological Science，27（5）：402-409.

Jr Gartner J V，1991. Life histories of three species of lanternfishes（Pisces：Myctophidae）from the eastern Gulf of Mexico：I. Morphological and microstructural analysis of sagittal otoliths[J]. Marine Biology，111：11-20.

Jr Methot R D，1983. Seasonal variation in survival of larval northern anchovy，*Engraulis mordax*，estimated from the age distribution of juveniles[J]. Fishery Bulletin，81（4）：741-750.

Jurajda P，1998. Drift of larval and juvenile fishes，especially *Rhodeus sericeus* and *Rutilus rutilus*，in the River Morava（Danube basin）[J]. Archiv Fur Hydrobiologie，141（2）：231-241.

Kalish J M，1990. Use of otolith microchemistry to distinguish the progeny of sympatric anadromous and non-anadromous salmonids[J]. Fishery Bulletin，88（4）：657-666.

Karakiri M，Hammer C，1989. Preliminary notes on the formation of daily increments in otoliths of Oreochromis aureus[J]. Journal of Applied Ichthyology，5（2）：53-60.

Karr J R，1981. Assessment of biotic integrity using fish communities[J]. Fisheries，6（6）：21-27.

Maceina M J，Betsill R K，1987. Verification and use of whole otoliths to age white crappie[G]//Summerfelt R C，Hall G E. Age and growth of fish. Iowa：Iowa State University Press：267-278.

Marques W C，Fermandes E H L，Moller O O，2010. Straining and advection contributions to the mixing process of the Patos Lagoon coastal plume，Brazil[J]. Journal of Geophysical Research Atmospheres，115（C6）：1-23.

Marshall S L，Parker S S，1982. Pattern identification in the microstructure of sockeye salmon（*Oncorhynchus nerka*）otoliths[J]. Canadian Journal of Fisheries and Aquatic Sciences，39（4）：542-547.

McCormick M I，Molony B W，1992. Effects of feeding history on the growth characteristics of a reef fish at settlement[J]. Marine Biology，114：165-173.

Miller B S，Kendall A W，2009. Early Life History of Marine Fishes[M]. Califonia：University of Califonia Press.

Moksness E，1992. Differences in otolith microstructure and body growth rate of North Sea herring（Clupea harengus L.）larvae in the period 1987-1989[J]. ICES. Journal Marine Science，49（2）：223-230.

Molony B W，1996. Episodes of starvation are recorded in the otoliths of juvenile Ambassis vachelli（Chandidae），a tropical estuarine fish[J]. Marine Biology，125（3）：439-446.

Molony B W，Sheaves M J，1998. Otolith increment widths and lipid contents during starvation and recovery feeding in adult Ambassis vachelli（Richardson）[J]. Journal of Experimental Marine Biology and Ecology，221（2）：257-276.

Mugiya Y，Tanaka S，1992. Otolith development，increment formation，and an uncoupling of otolith to somatic growth rates in larval and juvenile goldfish[J]. Nippon Suisan Gakkaishi，58（5）：845-851.

Muth R T，Schmulbach J C，1984. Downstream transport of fish larvae in a shallow prairie river[J]. Transactions of the American Fisheries Society，113（2）：224-230.

Neilson J D，Geen G H，1982. Otoliths of chinook salmon（Oncorhynchus tshawytscha）：Daily growth increments and factors influencing their production[J]. Canadian Journal of Fisheries and Aquatic Sciences，39（10）：1340-1347.

Oesmann S，2003. Vertical，lateral and diurnal drift patterns of fish larvae in a large lowland river，the Elbe[J]. Journal of Applied Ichthyology，19（5）：284-293.

Otterlei E，Folkvord A，Nyhammer G，2002. Temperature dependent otolith growth of larval and early juvenile Atlantic cod（Gadus morhua）[J]. ICES Journal of Marine Science，59（4）：851-860.

Pankhurst N W，Purser G J，Vand K G，et al.，1996. Effect of holding temperature on ovulation, egg fertility，plasma levels of reproductive hormones and in vitro ovarian steroidogenesis in the rainbow trout Oncorhynchus mykiss[J]. Aquaculture，146（3/4）：277-290.

Pavlov D S，1994. The downstream migration of young fishes in rivers：Mechanisms and distribution[J]. Folia Zoologica Uzpi，43（3）：193-208.

Pavlov D S，Sadkovskii R V，Kostin V V，et al.，2000. Experimental study of young fish distribution and behaviour under combined influence of baro-，photo- and thermo-gradients[J]. Journal of Fish Biology，57（1）：69-81.

Plaza G，Honda H，Sakaji H，et al.，2006. Patterns of growth in the early life history of the round herring Etrumeus teres[J]. Journal of Fish Biology，68（5）：1421-1435.

Poff N L，Allan J D，Bain M B，et al.，1997. The natural flow regime[J]. Bioscience，47（11）：769-784.

Polansky L，Wittemyer G，Cross P C，et al.，2010. From moonlight to movement and synchronized randomness：Fourier and wavelet analyses of animal location time series data[J]. Ecology，91（5）：1506-1518.

Postel S，Richter B，2003. Rivers for life：Managing water for people and nature[M]. Washington D C：Island Press.

Radtke R L，Fine M L，Bell J，1985. Somatic and otolith growth in the oyster toadfish（Opsanus tau L.）[J].Journal of Experimental Marine Biology and Ecology，90（3）：259-275.

Radtke R，Fey D P，1996. Environmental effects on primary increment formation in the otoliths of newly-hatched Arctic charr[J]. Journal of Fish Biology，48：1238-1255.

Reichard M，Jurajda P，Ondačková M，2002. The effect of light intensity on the drift of young-of-the-year cyprinid fishes[J]. Journal of Fish Biology，61：1063-1066.

Reichard M，Jurajda P，Václavík R，2001. Drift of larval and juvenile fishes：A comparison between small and large lowland rivers[J]. Large River，12（2/4）：373-389.

Rice J A, Crowder L B, Binkowski F P, 1985. Evaluating otolith analysis for bloater coreogonus hoyi: Do otoliths ring true?[J]. Transactions of the American Fisheries Society, 114 (4): 532-539.

Robillard S R, Marsden J E, 1996. Comparison of otolith and scale ages for yellow perch from Lake Michigan[J]. Journal of Great Lakes Research, 22 (2): 429-435.

Robinson A T, Clarkson R W, Forrest R E, 1998. Dispersal of larval fishes in a regulated river tributary[J]. Transactions of the American Fisheries Society, 127 (5): 772-786.

Rosenberg A A, Haugen A S, 1982. Individual growth and size-selective mortality of larval turbot (*Scophthalmus maximus*) reared in enclosures[J]. Marine Biology, 72: 73-77.

Rybock J T, Horton H F, Fessler J L, 1975. Use of otoliths to separate juvenile steelhead trout from juvenile rainbow trout[J]. Fishery Bulletin, 73 (3): 654-659.

Schludermann E, Tritthart M P H, 2012. Canadian Journal of Fisheries and Aquatic sciences[J]. 69 (8): 1302-1315.

Secor D H, Dean J M, Laban E, 1992. Otolith removal and preparation for microstructural examination[G]// Stevenson D K, Campana S E. Otolith microstructure examination and analysis. Canadian Special Publication of Fisheries and Aquatic Sciences: 117-126.

Sector D H, Arzapalo A H, Piccoli P M, 1995. Can otolith microchemistry chart patterns of migration and habitat utilization in anadromous fishes?[J].Journal of Experimental Marine Biology and Ecology, 192 (1): 15-33.

Stevenson D K, Campana S E, 1992. Otolith microstructure examination and analysis[R]. Canadian Special Publication of Fisheries and Aquatic Sciences.

Szedlmayer S T, 1998. Comparison of growth rate and formation of otolith increments in age-0 red snapper[J]. Journal of Fish Biology, 53: 58-65.

Tan X, Li X, Chang J, et al., 2009. Acoustic observation of the spawning aggregation of *Megalobrama hoffmanni* in the Pearl River[J]. Journal of Freshwater Ecology, 24 (2): 293-299.

Tanaka K, Mugiya Y, Yamada J, 1981. Effects of photoperiod and feeding on daily growth patterns in otoliths of juvenile *Tilapia nilotica*[J]. Fishery Bulletin, 79 (3): 459-466.

Tang J, Bryant M D, Brannon E L, et al., 1988. 温度极限对银大麻哈鱼胚胎及仔鱼死亡率和发育率的影响[J]. 水产科技情报, (4): 22-27.

Taubert B D, Coble D W, 1977. Daily rings in otoliths of three species of Lepomis and *Tilapia mossambica*[J]. Journal of the Fisheries Research Board of Canada, 34 (3): 332-340.

Templeman W, Squires H J, 1956. Relationship of otolith lengths and weights in the haddock *Melanogrammus aeglefinus* (L.) to the rate of growth of the fish[J]. Journal of the Fisheries Research Board of Canada, 13: 467-487.

Tomás J, Panfili J. 2000. Otolith microstructure examination and growth patterns of *Vinciguerria nimbaria* (Photichthyidae) in the tropical Atlantic Ocean[J]. Fisheries Research, 46: 131-145.

Tzeng W N, Yu S Y, 1988. Daily growth increments in otoliths of milkfish, *Chanos chanos* (Forsskål), larvae[J]. Journal of Fish Biology, 32: 495-504.

Tzeng W N, Yu S Y, 1992. Effects of starvation on the formation of daily growth increments in the otoliths of milkfish, *Chanos chanos* (Forsskål), larvae[J]. Journal of Fish Biology, 40: 39-48.

Victor B C, Brothers E B, 1982. Age and growth of the fallfish Semotilus corporalis with daily otolith increments as a method of annulus verification[J]. Canadian Journal of Zoology, 60 (11): 2543-2550.

Volk E C, Schroder S L, Fresh K L, 1990. Inducment of unique otolith banding patterns as a practical means to mass-mark juvenile Pacific salmon[J]. American Fisheries Society Symposium, 7: 203-215.

Volk E C, Wissmar R C, Simenstad C A, et al., 1984. Relationship between otolith microstructure and the growth of juvenile chum salmon(*Oncorhynchus keta*)under dirrerent prey rations[J]. Canadian Journal of Fisheries and Aquatic Sciences，41：126-133.

White M A，Schmidt J C，Topping D J，2005. Application of wavelet analysis for monitoring the hydrologic effects of dam operation：Glen Canyon Dam and the Colorado River at Lees Ferry，Arizona[J]. River Research and Applications，21：551-565.

Widmer A M，Fluder J J，Kehmeier J W，et al.，2012. Drift and retention of pelagic spawning minnow eggs in a regulated river[J]. River Research and Applications，28（2）：192-203.

Wilson D T，McCormick M I，1999. Microstructure of settlement-marks in the otoliths of tropical reef fishes[J]. Marine Biology，134：29-41.

Withell A F，Wankowski J W，1988. Estimates of age and growth of ocean perch，Helicolenus percoides Richardson，in south-eastern Australian waters[J]. Marine and Freshwater Research，39：441-457.

Wright P J，Rowe D，Thorpe J E，1991. Daily growth increments in the otoliths of Atlantic salmon parr，*Salmo salar* L.，and the influence of environmental factors on their periodicity[J]. Journal of Fish Biology，39：103-113.

Xing Y，Zhang C，Fan E，et al.，2016. Freshwater fishes of China：Species richness，endemism，threatened species and conservation[J]. Diversity and Distributions，22：358-370.

Zhang Z，Runham N W，1992. Otolith microstructure pattern in *Oreochromis niloticus*（L.）[J]. Journal of Fish Biology，40：325-332.

Zitek A，Schmutz S，Ploner A，2004. Fish drift in a Danube sidearm-system：II. Seasonal and diurnal patterns[J]. Journal of Fish Biology，65（5）：1339-1357.

Zolezzi G，Bellin A，Bruno M C，et al，2009. Assessing hydrological alterations at multiple temporal scales：Adige River，Italy[J]. Water Resources Research，45：W12421-W12435.